NF文庫
ノンフィクション

日本海軍の大口径艦載砲

戦艦「大和」四六センチ砲にいたる帝国海軍艦砲史

石橋孝夫

潮書房光人新社

日本海軍の大口径艦載砲——目次

日本海軍の大口径艦載砲

──戦艦「大和」四六センチ砲にいたる帝国海軍艦砲史

第1章　それは南北戦争の余剰軍艦から始まる

日本初の装甲艦の搭載砲

言うまでもなく、太平洋戦争における日本海軍の象徴的存在であった戦艦「大和」が搭載した四六センチ四五口径砲は、現在にいたるまで世界最大、最強の艦載砲として知られている。しかし、ここにいたるまでの約八〇年の帝国海軍の歴史の過程において、自国で主力艦の搭載砲を製造した国産砲の歴史は、三十数年にしかすぎない。

富国強兵につとめた明治年間は、砲のプラットフォームである艦艇を先進国の欧米から入手していたのと同様に、砲も当然ながら外国、とくに英国製が主力を占めている。そのコピーからはじまって、日本海軍独自のデザインと技術を確立したもので、日本の工業化に比例して発達してきたといえよう。

さて、日本海軍最初の装甲艦とは、これは明治維新の国内戦乱の最中に日本に到着した旧米国南部連合の装甲艦ストンウォール Stonewall である。

一八六三（文久三）年に徳川幕府が米国に注文していた軍艦は、その後の南北戦争の勃発で引き渡しがのびのびとなっていた。南北戦争終了後の一八六六年に、幕府の使節が渡米して引き渡しを要求したときに、米国政府が余剰艦のなかから本艦の売却を決めたもので、もともとは日本向けに建造された艦ではなかった。

そもそもは南北戦争の勃発後、南軍がフランスのボルドーにあるアルマン造船会社に注文した小型の衝角装甲艦で、同型二隻が建造されている。さらにさかのぼると、最初は英国のレアード社に発注した二七五〇トンの装甲艦二隻が、米国（北軍）の抗議で完成前に英国政府が引き渡しを拒否したために、南軍に好意的であったフランスに注文しなおしたものであった。

しかし、完成直前にやはり米国の抗議により引き渡しが困難になり、注文流れを恐れたアルマン社では、おりからのシュレウィッヒ・ホルステイン戦争を戦っていたデンマークとプロシャ（ドイツ）に一隻ずつ売却をはかった。だが、引き渡し前に戦争は終わり、デンマークが受け取りを拒否してきたため、洋上での奪取をよそおって再度、南軍に売却されるにいたった。

南軍はストンウォールと命名して、スペイン沿岸などに寄港後、本国に向かった。途中、追跡してきた北軍の艦船は、本艦の搭載する三〇〇ポンド砲に恐れをなして近よらなかったという。

一八六五年五月にハバナに入港したが、ここで南北戦争の終戦を知って、艦長は艦をスペイン側に売却、乗員ともども立ち去ったという。のちに米国政府がこれを買い戻して、以後、ワシントン海軍工廠に保管して、自国海軍に編入することはなかった。

すなわち、本艦は米合衆国海軍の艦船ではなく、余剰艦船として保管されていたもので、日本側に体よく押しつけたといえないこともない。

また、本艦の南軍が命名した艦名ストンウォールを、ストンウォール・ジャクソンと誤記する書籍、文献が少なくなく、米国側の文献にも誤りが散見される。悪いことに南軍には当時、ストンウォール・ジャクソンと命名した艦も実在しており、この有名な将軍名が混同に拍車をかけているようである。

南北戦争後、ワシントン海軍工廠に繋留中のストンウォール。同艦の写真は日本に引き渡し後は２枚しか現存していない。

買いかぶられた「甲鉄」

こうした数奇な運命に翻弄された本艦は、一八六八（慶応四）年四月に横浜に到着した。前年の七月にサンフランシスコを出港、途中ハワイで長期間碇泊して、維新騒乱の様子見をしていた。しかし、おさまる気配がないために来航したもので、指揮してきた米海軍少佐ブラウンは、局外中立をたてに幕府側への引き渡しを拒否、実際に官軍側に引き渡されたのは、翌年一月のことであった。

当時は艦名を「甲鉄」と称した。当時の幕軍、官軍の艦船のなかで唯一の装甲艦であったための命名であろう。装甲艦といっても、木造船体に八九〜一一四ミリ厚の鉄板を張りめぐらしたもので、もちろん鋼鉄ではなく、軟鉄と呼ばれる鋳造鉄板と思われた。

本艦の常備排水量は一三〇〇トンほどで、装甲艦としては小型であった。ただ、艦首に大きく突き出した巨大な衝角を備えており、これで相手を突き沈めるという戦法を主にしていた。

そのため、保針性を保つことを目的に、小型艦としては珍しく二軸を備え、推進器の背後にそれぞれ舵を設けるという構造を採用していた。

さて、かんじんの主砲として評判の高かった三〇〇ポンド砲だが、これは英国アームストロング社製の口径一〇インチ（二五・四センチ）の前装砲である。

装甲艦ストンウォールの艦首衝角。米国で入渠中で、形状がよくわかる。

この時代、アームストロング社では一八六〇年代にはいって新型の後装砲を開発製造して、従来の前装砲を凌駕する機能向上を売りに、英海軍のおおくの艦船が採用していた。だが、一八六三年八月の英艦隊による鹿児島砲撃などにさいして、尾栓構造の欠陥から戦闘中に事故を頻発して、ふたたび信頼性の高い前装砲に戻すという事態におちいっていた。

すなわち、この三〇〇ポンド砲はそういう時期に製造された砲で、「甲鉄」搭載砲は#1182という製造番号が刻印されていた。したがって、この砲は前装砲ではあるが、八条のライフルが刻まれた施条砲（砲身内側に刻まれたライフルを施条という、よく旋条と誤記することが多いのに注意）であった。また、滑腔砲と間違えられることがあるが、それなりに進歩した前装砲で、使用弾丸も円弾ではなく、先のすぼまった尖頭弾である。

三〇〇ポンド砲と俗称されるが、この三〇〇ポンドは砲弾の重量をあらわすものである。英国のブラッセー海軍年鑑初版本によれば、同口径のウールリッチ前装砲の砲弾重量は四〇六ポンドと記載されており、かなり差異があるが、そのままとする。

というのも、この「甲鉄」搭載の三〇〇ポンド砲については、日本側の資料がほとんどない。わずかに公文備考に明治二十一年調べの日本帝国海軍現有海軍砲の一覧表があり、これにはこの安式（アームストロング）三〇〇ポンド砲が載っているものの、記載された数値は大半が空欄で、口径、砲身長、重量、施条数、同幅、同深さ以外は不明である。

これによれば、砲身長四・四五五メートル、砲身重量一二・一三七トン、施条数八を知ることができる。

砲は「甲鉄」の船首楼内に艦首正面に向けて装備され、この船首楼が砲郭となっており、鉄板におおわれている。艦首先端部に砲門が切られ、衝角攻撃で相手に接近したときに、この三〇〇ポンド砲を発射して打撃をくわえた後、衝角攻撃をしかける戦法であったらしい。

砲門は艦首砲郭部の左右にも一ヵ所ずつ設けられており、艦首正面以外にも指向できる仕組みであった。人力で左右に砲身を向けるのは大仕事であったに違いなく、それ以前に前装砲なので、次の砲弾薬を装填して発射位置に戻すのが大変だったと思われる。想像では、一〇分以上かかったのではないかと思われた。

射程は一〇〇〇メートル前後あったと思われるが、どっちにしても五〇〇メートル以上では、命中は困難だったのではないかと推定される。

したがって、この装甲艦は、ある型にはまった戦法以外では、それほど威力を発揮するのは、難しかったのではということもできる。

後部のプープ・デッキ前に設けられた円形の砲郭内に二門の安式七〇ポンド、口径一六・五センチ砲を装備していたが、当時の舷側に多くの備砲を装備したフリゲイトなどの在来艦と洋上で交戦した場合は、つねに艦首を相手に指向しないかぎり劣勢はいなめず、それには機関の出力が不足していた。

当時は、こうした実状はあまり知られておらず、三〇〇ポンド砲の威力に関する前宣伝がききすぎたきらいがあり、本艦の実力が買いかぶられていたといえる。

粗製濫造がたたった余生

一八六九（明治二）年一月に官軍（政府軍）側に引き渡された「甲鉄」は、ただちに維新戦争に参加、中島四郎船将が初代艦長として就任した。

三月に宮古湾に碇泊中、本艦の奪取をはかった旧幕軍の「回天」の奇襲を受けたが、艦尾に装備したガトリング砲で接舷した「回天」の切り込み隊を撃退した。艦長をはじめ、多くの乗員をうしなった「回天」は離脱して、目的をはたせなかった。

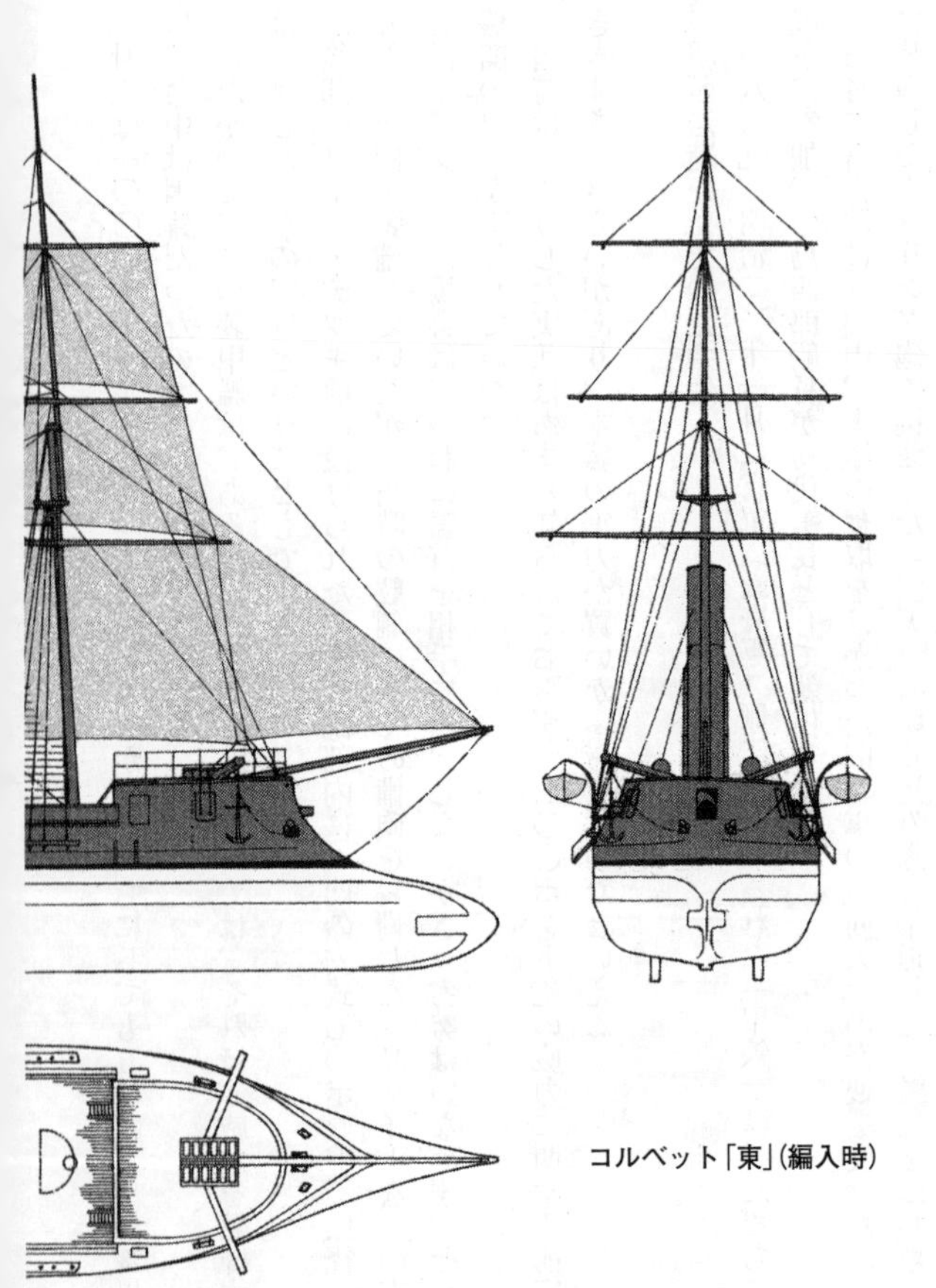

コルベット「東」(編入時)

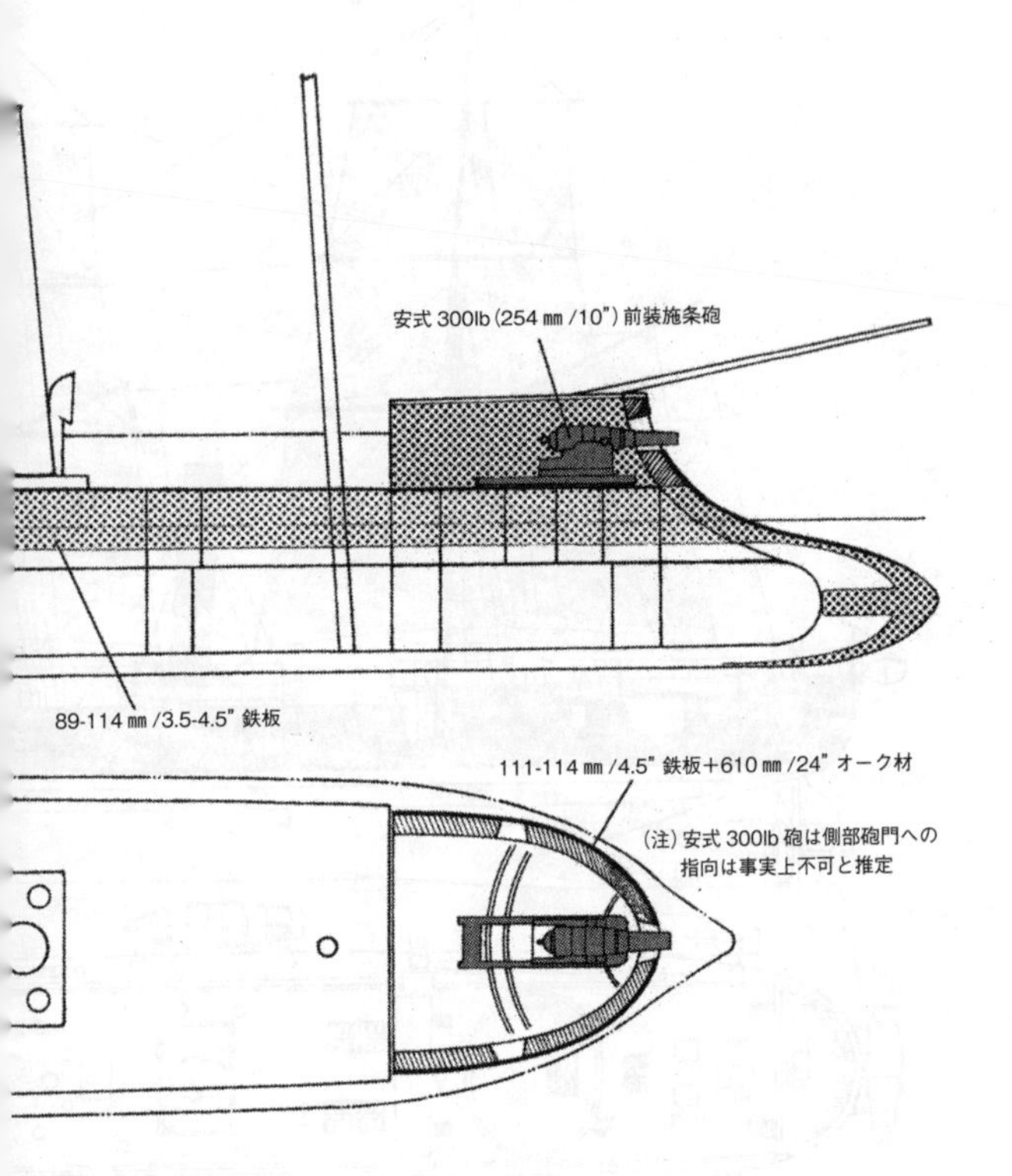

安式 300lb (254 ㎜ /10") 前装施条砲
89-114 ㎜ /3.5-4.5" 鉄板
111-114 ㎜ /4.5" 鉄板＋610 ㎜ /24" オーク材
(注) 安式 300lb 砲は側部砲門への
指向は事実上不可と推定

「東」兵装・防御配置図

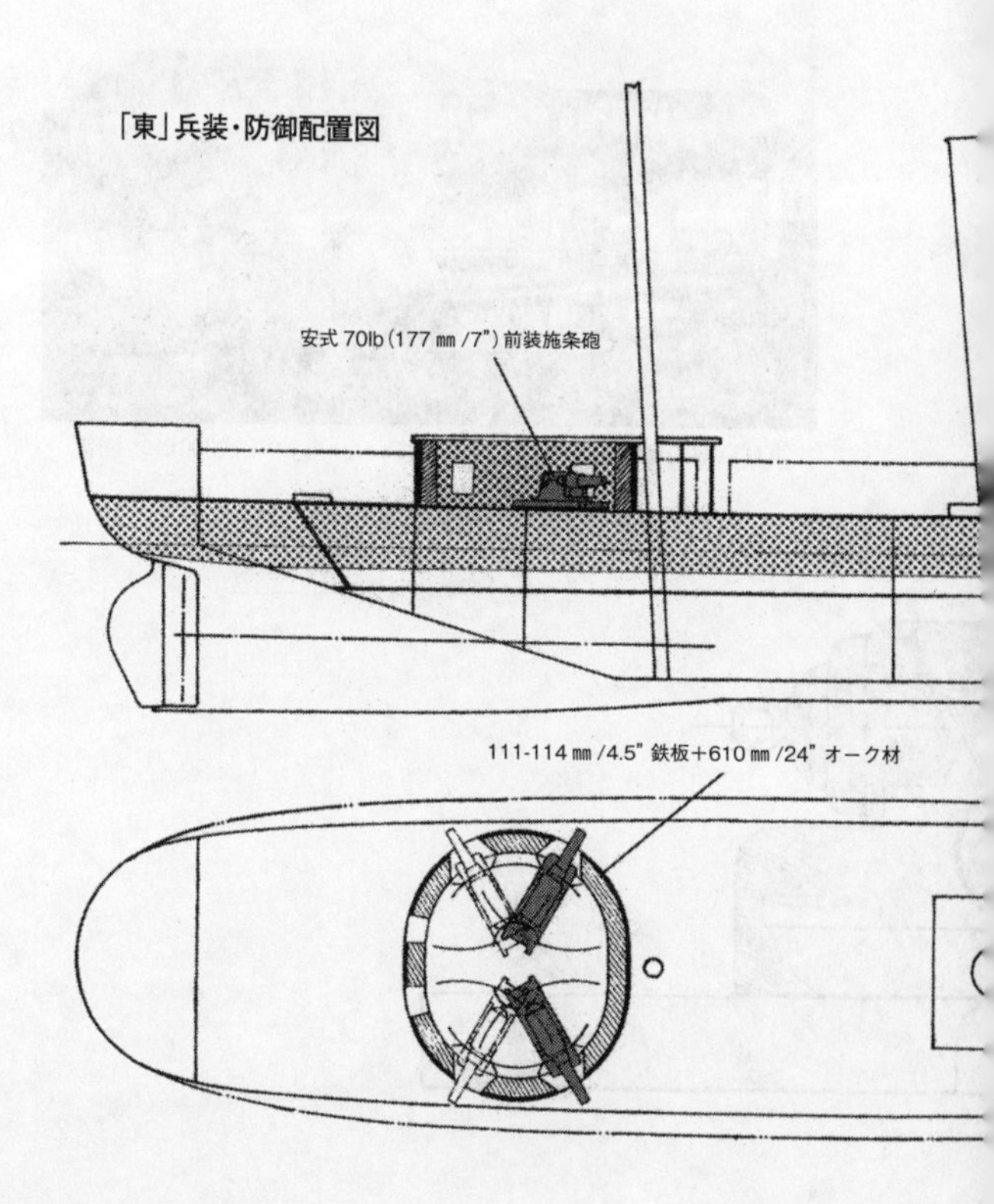

東京原宿の海軍参考館に展示されていた「東」の安式300ポンド砲。

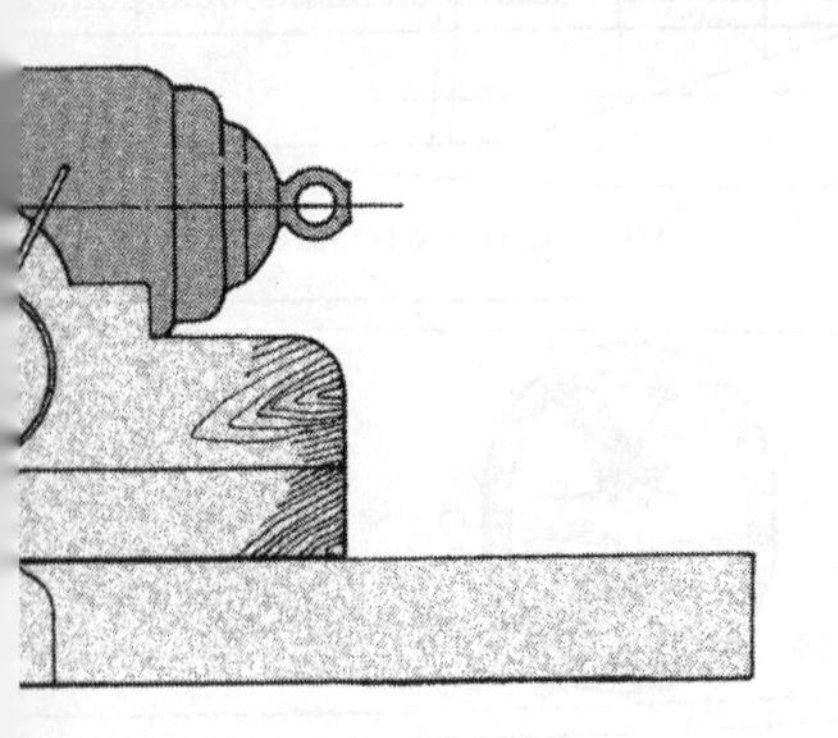

「東」搭載300ポンド砲および砲弾

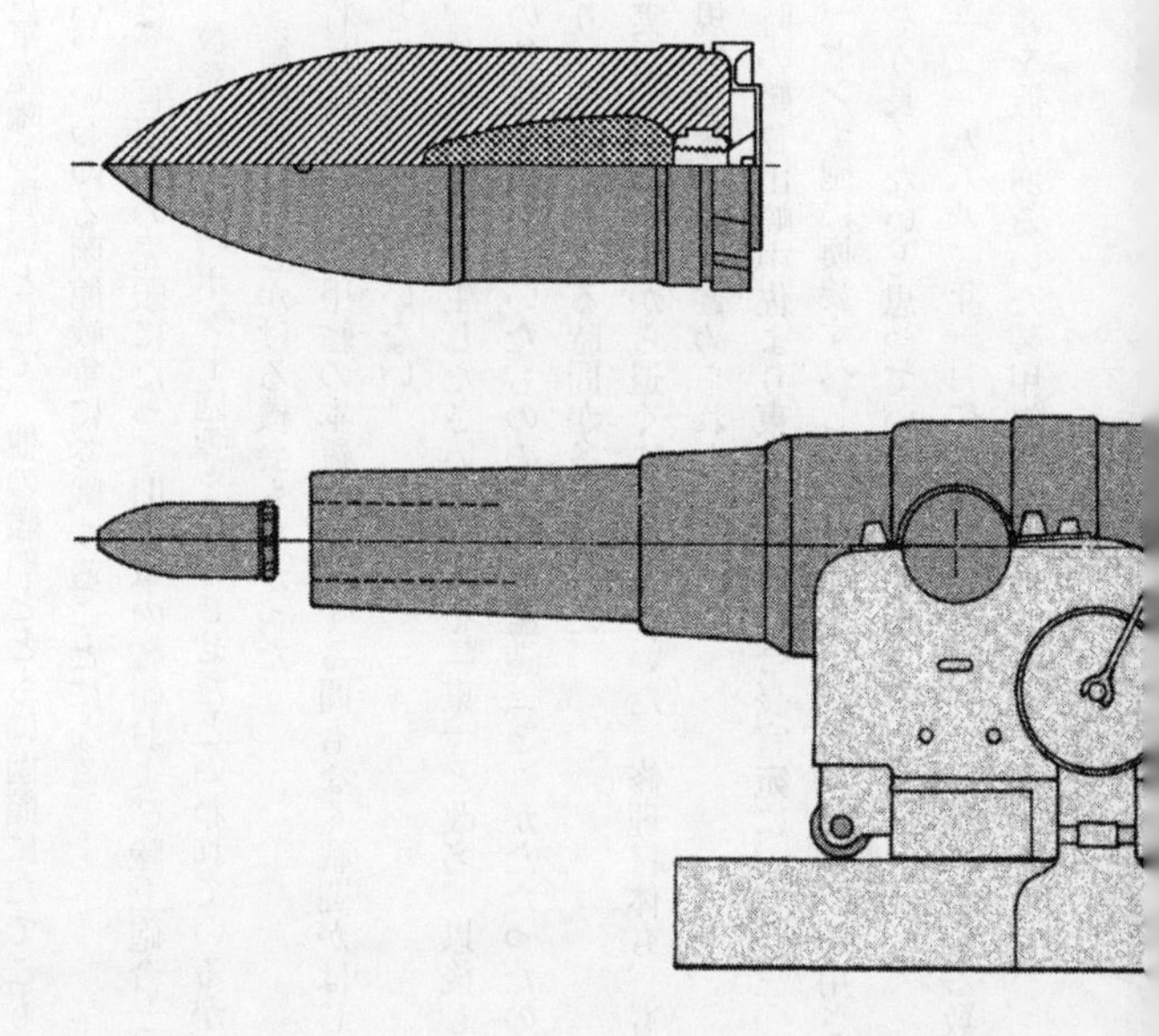

その後、「甲鉄」は官軍艦隊の旗艦として、他の艦船とともに函館にたてこもった旧幕軍を追って北海道に向かい、いわゆる函館戦争に参戦することになる。

この戦闘で「甲鉄」は、官軍側の先頭にたって旧幕軍の艦船および陸上砲台と交戦した。「回天」との戦闘では、数発の三〇〇ポンド砲弾を命中させたといわれているが、思ったほどの致命傷とはならず、衝角戦法をしかける機会もなかった。

たぶん乗船していた将兵は、この装甲艦の本質を理解する間もなく戦闘がはじまり、ずいぶん扱いにくい大砲だと思ったにちがいない。

一八七一年に組織上、日本海軍が誕生したさいに艦名を「東」と改名、以後しばらくは日本海軍の中核艦としての地位を保っていたものの、粗製濫造（?）がたたったのか、修復艦として横須賀にとどまり、修理にかかる時間が多くなった。

明治十年代以降は、実質的に第一線から退くにいたっていた。修理自体も、もはや本格的復帰は無理として、小規模なものにとどめられた。

明治十四年には、当時の艦長山崎中佐より東海鎮守府司令長官宛に、安式三〇〇ポンド砲を克式（クルップ）二一センチ砲に換装すべしとの意見具申があったが、採用されなかった。当局も「東」の寿命がそう長くないと思っていたふしがある。

かくして、明治二十一（一八八八）年一月に「東」は除籍、二四年にわたる数奇な運命に翻弄され、五ヵ国の国籍を渡りあるいた装甲艦は姿を消すことになった。

日本海軍が誕生した明治4年、装甲艦「甲鉄」は「東」と艦名を改めている。

除籍後、実艦的として海上に引き出す話もあったが、老朽化が激しく標的に使用することは中止され、翌年に一万三八七六円で払い下げられ解体された。備砲は予備砲として、日清戦争後あたりまで倉庫に保管されていたが、三〇〇ポンド砲は後に東京原宿の海軍参考館に展示物として、終戦まで置かれていた。

また、解体された鉄板の一部が、明治二十九年に東京の石川島造船所で東京電灯株式会社蔵前発電所の発注した発電機の鉄芯として用いられたというエピソードもあった。

鉄芯として混ざりもののない純鉄を捜していたときに、神奈川の某古鉄屋に「東」を解体した鉄材の一部が残っていて、これが発電機の鉄芯に最適であったという。死して虎は皮をのこすの譬えどおり、「東」も妙なところで役立ったものである。

なお、フランスのアルマン社でストンウォールの同型艦として建造されたもう一隻は、プロシャ海軍に売却されてプリンツ・アダルベルトと命名され、同国海軍最初の装甲艦として就役した。期せずして世の東西で、日本、ドイツという新興海軍国の出発点となった装甲艦が姉妹艦だということを知る人は少ない。

第2章　クルップ砲に傾倒した日本海軍

英国に発注された装甲艦

「東」も参加した維新戦争も落着して明治二（一八六九）年以降、新生日本海軍が誕生したわけだが、正式には明治四年七月二十八日付けで兵部省官制を廃して、陸軍部と海軍部に分離独立する。さらに翌年二月二十七日付けで陸軍省、海軍省が誕生した時点で、日本海軍の出発がはじまった。

東洋の一島国に誕生した海軍の艦船は、十数隻の雑多な各藩から寄せ集めた兵力よりなっていた。もちろん、当時の列強海軍にくらべるすべもないほど、弱小艦船でしかなかった。

当時の海軍幹部は、幕末から維新戦争の混乱期に経験した西欧海軍の実態については、かなり正確に理解していた。同時に、日本という自国の実力についても、冷静に判断できるだけの知識は備えていた。

海軍創設後、初の海外発注の甲鉄コルベット「扶桑」(改装後)。

当時、東洋の大国である中国（清国）が「眠れる獅子」と揶揄されて、欧米の列強に浸食されているありさまからも、島国日本としては、列強の脅威をはねかえすだけの海軍力の整備が急務であることは明白であった。

しかし、当時の日本には、列強に準じた主力装甲艦を建造できる技術も施設もなく、当面は欧米に注文して新造するか、中古軍艦を購入するしかなかった。

問題は艦船建造の莫大な金額にあった。明治三年以降、毎年のように立案される艦船増強案は、実現不可能として実行されることはなかった。

だが、明治七（一八七四）年にいたって、佐賀の乱や台湾征討がつづき、海軍軍備の整備が待ったなしの急務となり、海軍創設いらい初めての外国への艦船発注が実現することになった。

この時に建造されたのが「扶桑」「金剛」「比叡」の三隻である。英国で建造され、明治十一（一八七八）年初めに本邦に到着した。

この三隻は甲鉄コルベットに分類されているが、「扶桑」は三七七七トンの船体に鉄製の小型装甲艦／中央砲郭艦の形態を有しているのに対し、他の二隻は木製船体に鉄装甲帯を配した二二五〇トンのコルベットであった。

「扶桑」と共に発注された「比叡」。「扶桑」よりも小型だった。

建造にあたっては、一八六三〜七〇年に英海軍造船局長をつとめた造船官サー・エドワード・J・リードにすべてを委託された。設計から回航引き渡しまですべてを委ねたのも、当時の日本海軍の実力からはいたしかたないことであった。

リードは当時、造船局長を退任したあと、英国議会貴族院の議員となり、こうした造船関係のコンサルティングを主催して知られる英国の名士であった。

造船局長とは、日本でいえば艦政本部第四部の部長兼主任設計官といったところで、造艦計画の最高責任者であった。

任期中に計画した英海軍の主力装甲艦は、最初の舷側砲門艦から中央部に大型の砲複数を重装甲区画に装備した中央砲郭艦、さらにより大

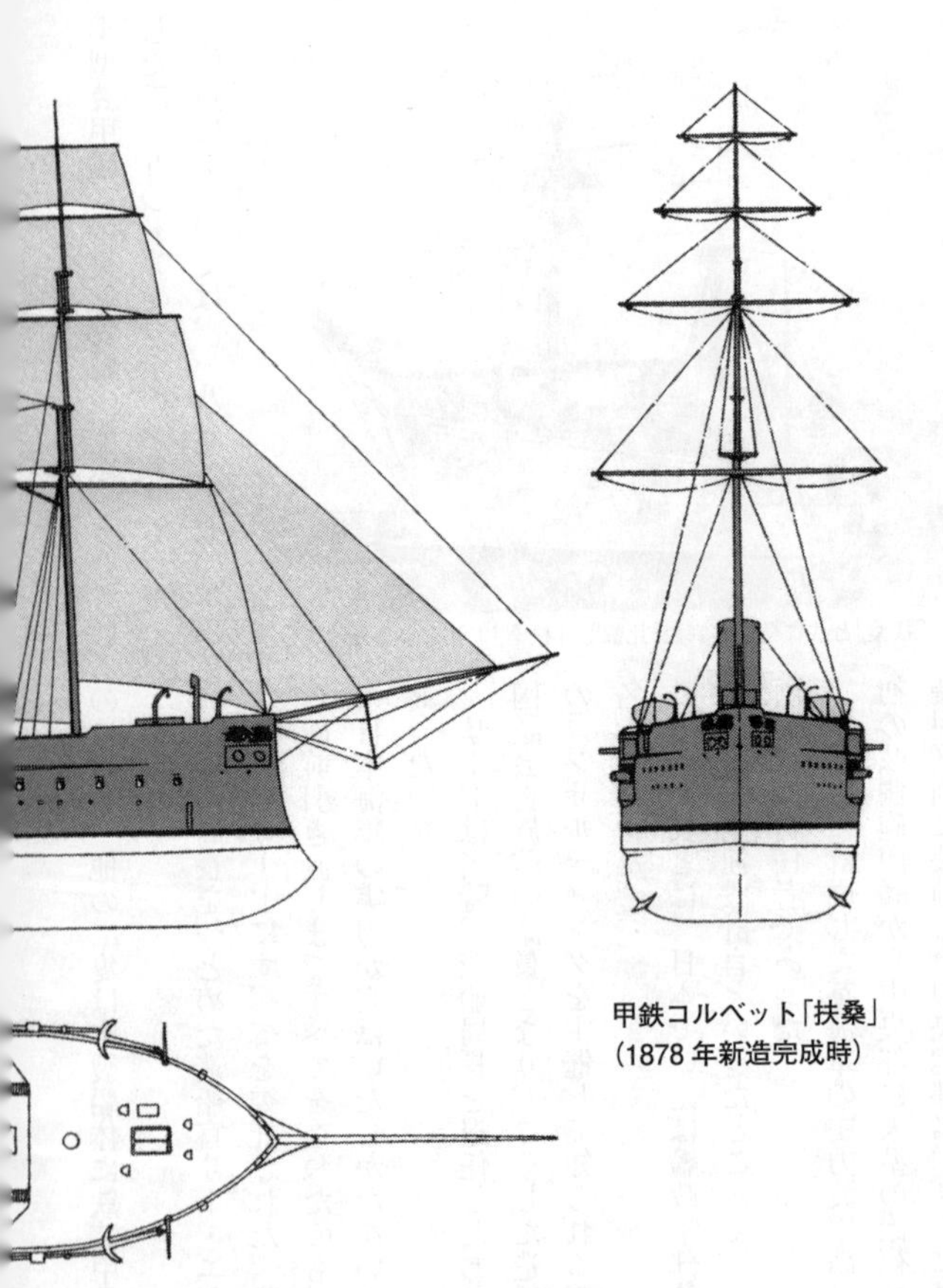

甲鉄コルベット「扶桑」
(1878 年新造完成時)

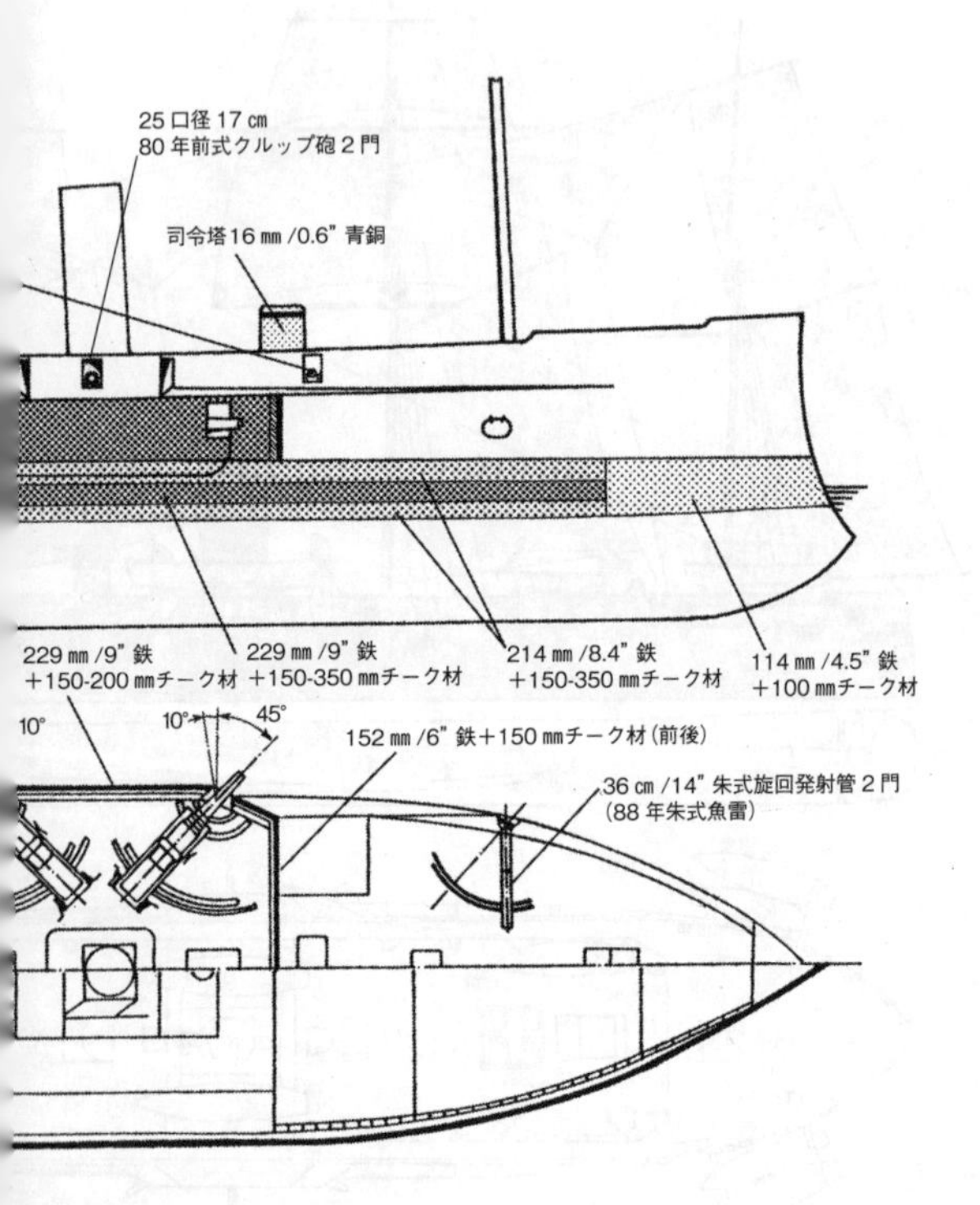
25口径17㎝
80年前式クルップ砲2門
司令塔16㎜/0.6"青銅
229㎜/9"鉄
+150-200㎜チーク材
229㎜/9"鉄
+150-350㎜チーク材
214㎜/8.4"鉄
+150-350㎜チーク材
114㎜/4.5"鉄
+100㎜チーク材
10°
10°
45°
152㎜/6"鉄+150㎜チーク材(前後)
36㎝/14"朱式旋回発射管2門
(88年朱式魚雷)

「扶桑」兵装・防御配置図

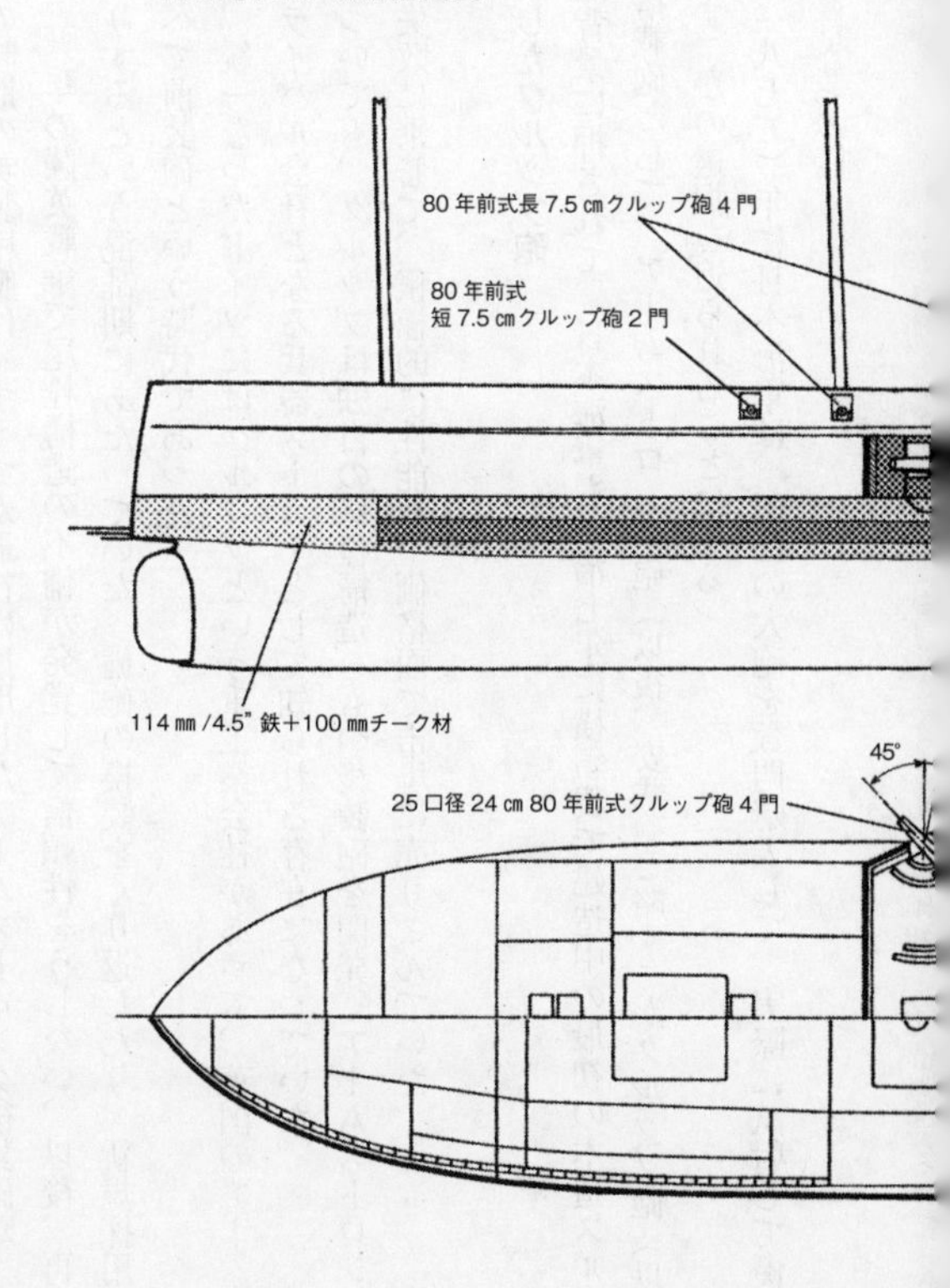

80 年前式長 7.5 ㎝クルップ砲 4 門
80 年前式
短 7.5 ㎝クルップ砲 2 門
114 ㎜ /4.5" 鉄+100 ㎜チーク材
45°
25 口径 24 ㎝ 80 年前式クルップ砲 4 門

っていた。

型の砲少数を旋回砲塔に装備した砲塔艦まで、さまざまな形態の装甲艦を計画した実績をもっていた。

ただ、この時期の英装甲艦は、すべてが最初に採用したアームストロング後装砲が、一八六三（文久三）年の薩英戦争で尾栓構造の不備が発覚して信頼性をうしない、以後、再度前装砲に逆戻りするという混乱期にあたっていた。備砲の換装をくり返したり、新規採用の大口径砲もすべて前装砲という時代であった。

この時期、統一なったドイツにはクルップという重工業会社があって、英国のアームストロング社のライバル会社となる兵器メーカーとして知られる存在になっていた。

艦載砲についても、クルップは独自の尾栓構造をもつ後装砲を開発、アームストロング社の後装砲の失敗に乗じて、積極的に性能面、価格面で市場に売りこんでいた。

試射を制したクルップ砲

こうした背景に押されて、日本海軍も明治七年に横須賀で建造中の最初の木造スループ「清輝」の搭載砲として、アームストロング砲（以後、安式砲と略す）かクルップ砲（以後、克式砲と略す）かの選択を迫られることになる。

明治八（一八七五）年に日本海軍は、両社の大砲を数門購入して、実際に試射して優劣を決めることになった。

越中島で二度にわたって実施された試射の結論は、克式砲の優位が認められて、日本海軍では当面の艦載砲として克式砲を採用することが正式に決定された。

かくして、起工直後の英国注文艦の搭載砲も克式砲の採用が決まり、リードに伝えられることになった。

英人のリードにとっては、自国の安式砲の採用を前提としていただけに、この変更は本意ではなかったと思うが、コンサルティング料として四万二〇〇〇ポンドという高額をもらうことで契約していたので、注文主にしたがうしかなかった。ちなみに、四万二〇〇〇ポンドは「扶桑」の建造費用の全額、二六万一四八九ポンドの一六パーセントに相当する。

これ以後、一八八〇年代を通じて日本以外の欧州においても、安社と克社の砲の優劣をめぐる論争が、新聞紙上などでさかんにおこなわれた。英海軍が主力装甲艦に安社の一二インチ後装砲を主砲として再度採用したのは、一八八六（明治十九）年計画のコロッサス（九一五〇トン）が最初であった。

この時、「扶桑」に搭載されたのが克式二四センチ砲四門で、中央の砲郭部に片舷二門が、おなじ克式一七センチ砲一門とともに装備された。口径からいえば、安式九〜一〇インチ前装砲に相当するが、二五口径の軽量砲で、一八八〇年以降は「八〇年前式二四センチ克砲」が日本海軍での正式な呼称となった。先の「東」の一〇インチ安式砲より口径ではわずかに小さいが、砲としての威力は完全に上回っていた。砲口で三九三ミリ、二〇〇〇メートルの

克式24cm砲身・砲架諸元

名称	一般呼称	80年前式24㎝克砲
	尾栓型式	克式
砲身寸法・重量	実口径（㎜）	240
	砲身全長（㎜）	5230
	腟　長（㎜）	4511
	口径数（弾程／実口径）	25
	薬室長（㎜）	790
	砲身重量（kg）	15500
施条	施条本数	54
	深　さ（㎜）	1.75
	溝　幅（㎜）	10
砲性能	初　速（m/sec）	475
	砲口威力（t-m）	1840
	貫通力（鍛鉄板）	砲口にて393㎜ 2000mにて265㎜
機構	最大仰角／俯角（度）	16/3
	最大射程（m）	5000
	装塡方式	人力
	1門あて弾薬定数	35
	操作人員数	14人
駆動方式	旋回動力	人力
	俯仰動力	人力
	駐退推進機構	水圧
	駆動動力源	人力
製造	砲身構造	層成砲
	製造年	1877？
	製造所	クルップ社（ドイツ）
	製造数	4
	価　格	28245円（砲架共）
使用弾薬	徹甲弾　弾　長（㎜）	2.8口径
	徹甲弾　弾　重（kg）	160
	徹甲弾　炸薬量（kg）	2.1
	通常弾　弾　長（㎜）	2.8口径
	通常弾　弾　重（kg）	136
	通常弾　炸薬量（kg）	7.2
	常装薬量（kg）	35
	同薬種	黒色1孔6稜薬
	薬嚢数	1
搭載艦名		扶桑

距離で二六五ミリ厚の鉄板を打ち抜くとされている。

当時の「扶桑」の全建造費用のうちわけでは、二四センチ克式砲は一門あたり五五八二ポンド、おなじ一七センチ克式砲の二四二一ポンドの倍以上の価格であった。これには、クルップ社から英国造船所までの運搬費もふくまれる。

当時の一ポンド五・〇六円で換算すると、二四センチ砲一門は二万八二四五円ということになる。おなじくクルップ社の二四センチ砲の通常弾が一発一〇〇円、堅鉄榴弾は同一五〇円というデータもある。

日本海軍相応の艦載砲？

当時の克式砲の構造は、図のように檣車とよばれる後方が持ちあがった小さな車輪付き台車に、檣盤という砲身をささえる台座があり、この檣盤の下部に円筒状の駐退機がある。砲身の尾部に横栓式のスライド尾栓があり、弾薬は天井より吊り下げたリフトで砲尾にはこばれ、人力で装填、横栓を挿入し、ネジを締めて固定する。横栓部には、発砲ガスの漏洩をふせぐ特殊なリング構造物がある。火管の発火は摩擦式で、発射索をひくことで発砲する。

発砲時の後退は、水力駐退機と檣盤と檣車の傾斜摩擦面で吸収する。砲身の俯仰は檣盤側部のハンドルで、旋回は檣車後部を人力の梃により振ることでおこなう。照準は、砲身に固定された照門、照星によりおこなう。

全般的に帆船時代の舷側砲の延長にある構造で、人力による要素がおおく、操作は一四名でおこなう。「扶桑」の砲郭の四隅に配置され、前方の砲は真横にたいして前方四五度、後方一〇度、後方の砲は逆に前方一〇度、後方四五度の射角を有する。俯仰角度は一六／三度となっている。

最大射程は五〇〇〇メートルとされているが、有効射距離は三〇〇〇メートル程度であろう。

戦前、「扶桑」より撤去後、海軍参考館で展示中の克式24センチ砲。

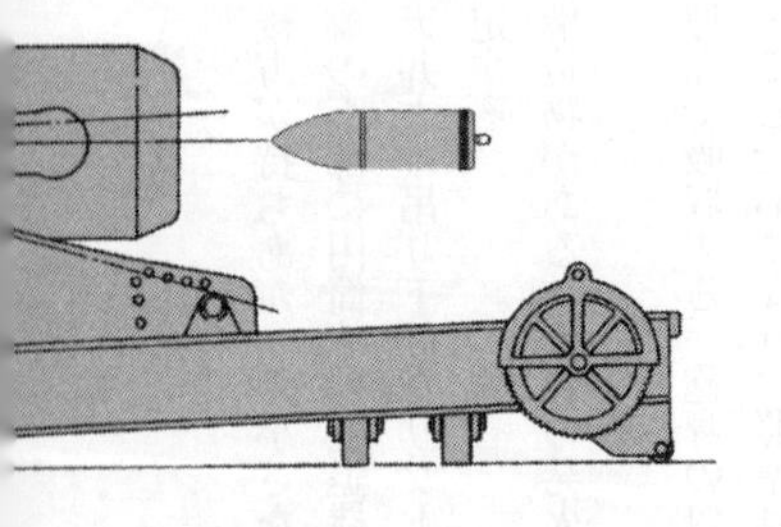

80 年前式 25 口径克式 24 ㎝砲概略図

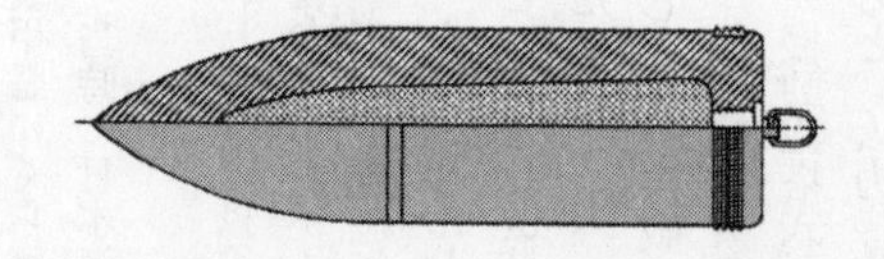

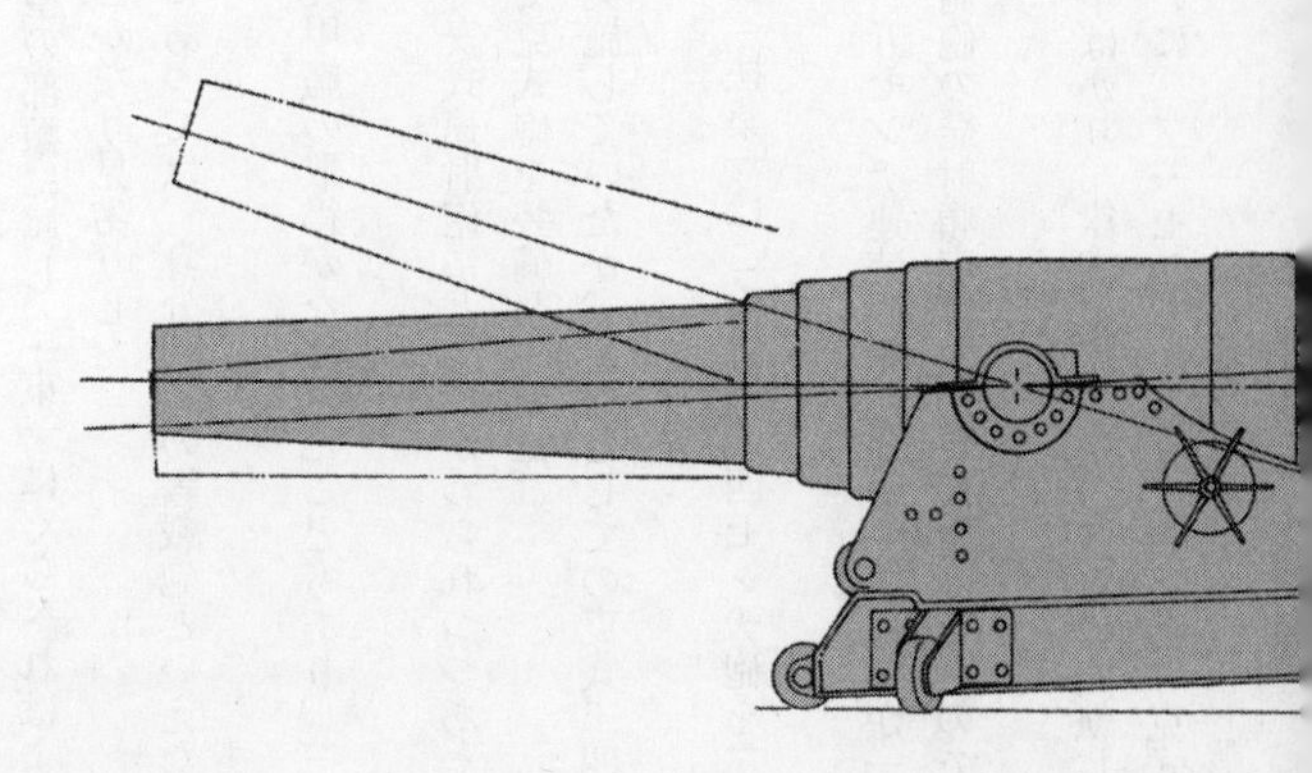

「扶桑」自体が当時の装甲艦としては小型の部類に属し、「東」にくらべればよほどましであるが、列強の第一線装甲艦にくらべるとかなり見劣りした。

克式二四センチ砲は、当時の日本海軍にあっては、身分相応の艦載砲といえないこともない。

のちの日清戦争にさいしては、以後に装甲艦の取得がなかったこともあり、三景艦とともに主力部隊として戦争に参加した。

当時の克式砲は、すでに時代遅れとして安式速射砲にとってかわられつつあったが、参加艦艇のなかばちかくは、まだいぜんとして克式砲を装備していた。

「扶桑」は帆装廃止などの近代化改装を実施していたが、主砲としての克式二四センチ砲は、そのまま搭載されていた。

清国主力艦隊と交戦した黄海海戦では、「扶桑」はこの克式二四センチ砲を二九発発射、一門あたり七発強といった成績だった。

おなじ克式砲ながら、機動砲塔式三〇・五センチ連装砲をもった「鎮遠」が一二〇発を発射していたのにくらべると、人力操作の側砲の発射頻度は、かなり劣ったものであったことがわかる。

いずれにしろ、日本海軍はこの後一〇年ばかり、律儀に克式砲の採用に固執して、国産のスループ、コルベット、小巡洋艦のたぐいに、二一センチから一二センチの克式砲を搭載しつづけることになる。

さらにこの間、英国とフランスに注文した主力の三巡洋艦「浪速」「高千穂」「畝傍」にも、より有力な克式砲を搭載することになる。

清国が保有した最強軍艦

この時期、日本は朝鮮半島の権益をめぐって清国（中国）と対立することが多く、必然的に海軍兵力の増強、整備が急務となっていた。しかし、毎年のように繰り返される艦船の増強案は、実際に実行されるのはごく限定されたものに削られていた。基本的に財政的負担がネックになっていたのは、いたし方ないことであった。

清国も十九世紀にはいって列強の浸食にさらされ、さらに隣国の日本が台頭してくるのに対抗して、自国の海軍力の整備をはからざるをえない立場にあった。

この時期の清国艦艇はドイツ製が大半をしめ、一八八二（明治十五）年にドイツに発注した主力装甲艦二隻が起工されており、日本より優位にあった。

この二隻、「定遠」と「鎮遠」は一八八五年に清国に回航されたが、当時東洋一の堅艦と称された装甲艦である。ドイツ海軍のザクセン級装甲艦の改型で、排水量七一四〇トン、三〇・五センチ二五口径克砲連装砲塔（露砲塔）二基を両舷に梯形に配し、厚い装甲でおおった、装甲艦としては第一級の艦であった。

この二隻に対抗するには、同等の装甲艦、またはこれを上回る装甲艦を持つしかなく、日本海軍の苦悩がこれよりはじまった。

てっとり早い対抗策は、これに対抗できる英仏の中古装甲艦を入手することであったが、いくつか打診はしたものの、実現にはいたらなかった。日本海軍はまず手はじめに、一隻の異形巡洋艦を購入するはめになる。

この発端は、明治十五年に先の「扶桑」の取得を依頼した英人リードの紹介で、当時英国でペルーが二隻の商船を軍艦に改造中であったのを、日本に転売するという話であった。一時、日本海軍は本気に購入を考え、「筑紫」の艦名まで決定していたが、造船官を派遣して実地検分した結果は、とても購入には値しないということで破談になる。その代わりとして持ち上がったのが、当時アームストロング社で建造していたチリ海軍向けの小型巡洋艦三隻が注文流れとなり、格安で購入が可能という話がきた。

ただし、二隻はすでに清国に売却ずみで、残り一隻を日本が購入することになり、「筑紫」と命名されて、明治十六年十一月に横須賀に到着した。

この小型巡洋艦（一三七〇トン）は、アームストロング社の技師であったジョージ・ルンデルが設計した一種の異形巡洋艦で、小型、低乾舷、無装甲の船体にアームストロング式（安式）一〇インチ（二五・四センチ）砲を前後に一門ずつ装備していた。同技師が先に設計して中小海軍に売りこんだ、ルンデル式砲艦と同思想の軍艦であった。

アームストロング社で建造されたチリ海軍向け小型巡洋艦だった「筑紫」。

すなわち、二〇〇〜三〇〇トンの無装甲小型砲艦の艦首に一〇〜一一インチ重砲一門を装備、大型装甲艦に対して、こうした砲艦多数で取りかこんで攻撃することで、有効な防御手段となるという発想であった。

しかし、これを実戦的に証明した海軍はなく、有力な防護巡洋艦が出現するまでの一過性の艦艇とみなされている。

ルンデル式砲艦の多くは前装砲であったが、「筑紫」が搭載した安式一〇インチ砲は、新しい後装式の二七口径砲である。口径では、わずかに先の「扶桑」の克式二四センチ砲を上回り、この時点で日本海軍保有の最大口径砲となった。

砲の旋回、俯仰動力として水圧機動力を採用した最初の日本軍艦で、砲の威力自体も克式二四センチ砲を上回っていたものの、プラットフォームとしての船体が安定したものといえなかった。のちの日清戦争では、黄海海戦で清国側の同型艦「揚威」と「超勇」はとも

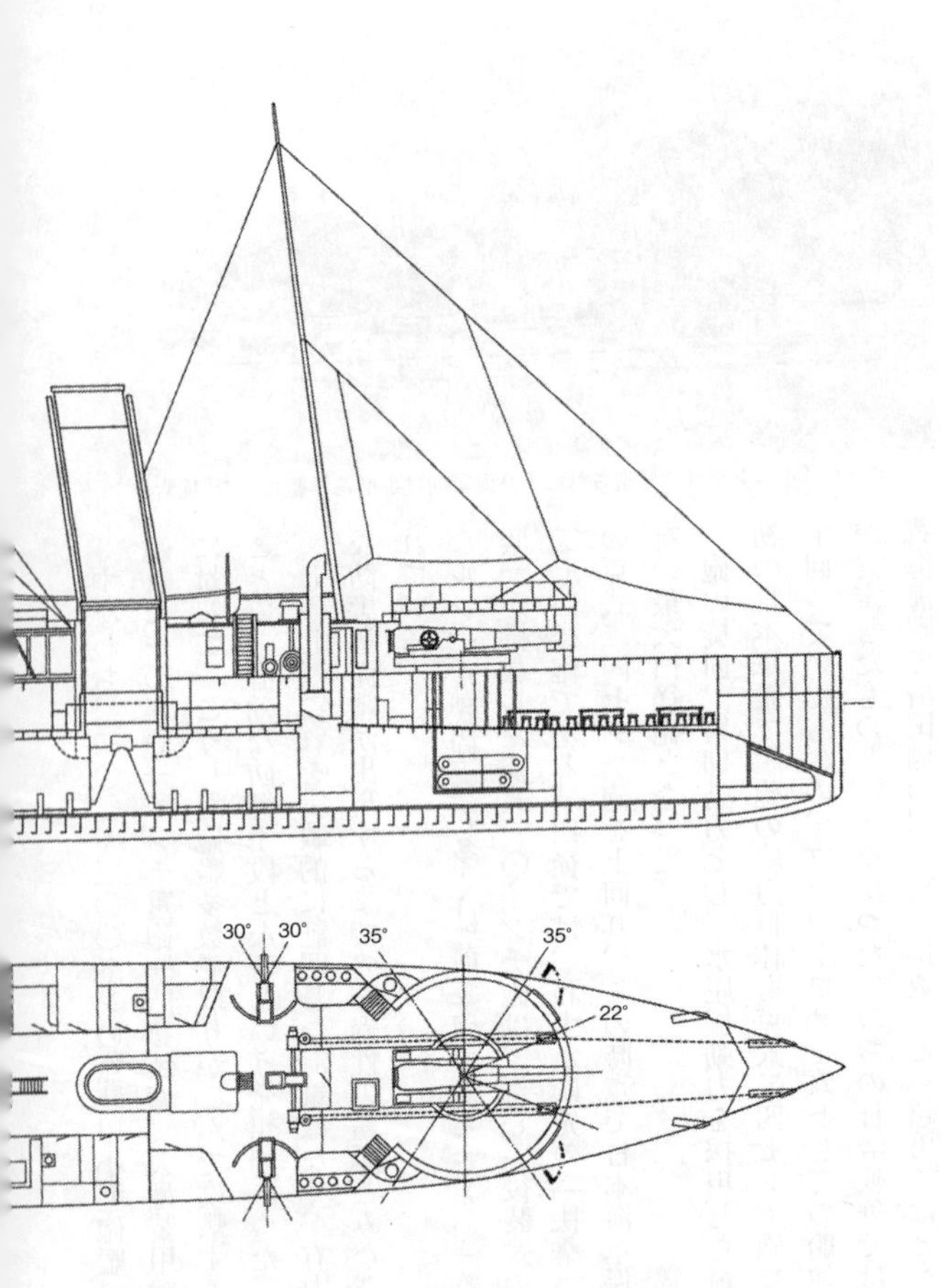
30°
30°
35°
35°
22°

「筑紫」船体断面図

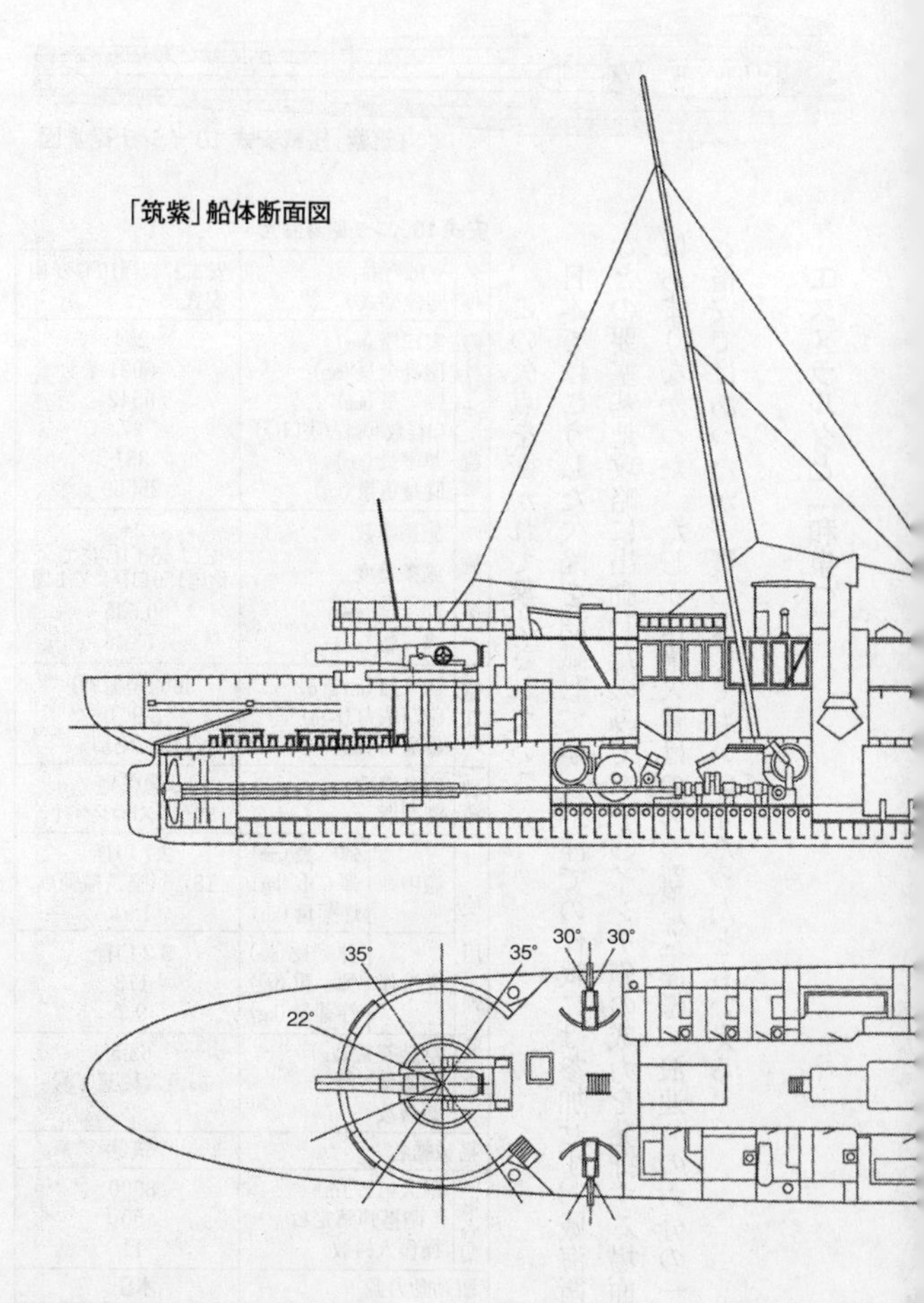

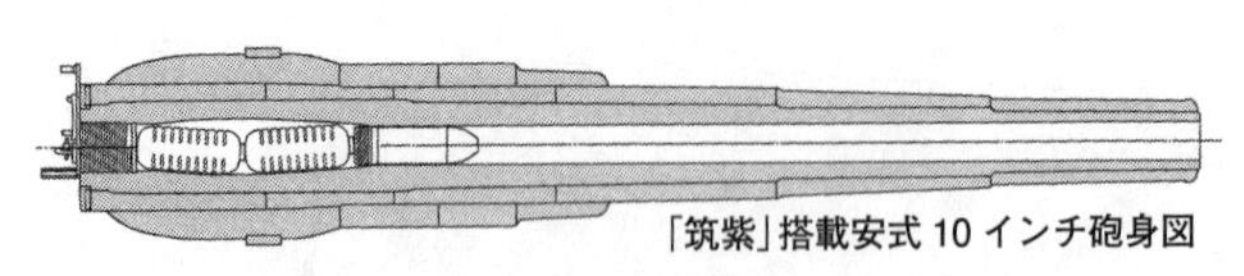
「筑紫」搭載安式10インチ砲身図

安式10インチ砲身諸元

名称	一般呼称		安式27口径10インチ砲
	尾栓型式		安式
砲身寸法・重量	実口径(mm)		254
	砲身全長(mm)		6921
	腔　長(mm)		6542
	口径数(弾程/実口径)		27
	薬室長(mm)		351
	砲身重量(kg)		25569
施条	施条本数		24
	施条纏度		砲口45口径にて／砲尾150口径にて1周
	深　さ(mm)		0.635
	溝　幅(mm)		11.46
砲性能	初　速(m/sec)		560(堅徹弾)
	砲口威力(t-m)		2901
	貫通力(mm)		457(砲口)
製造	砲身構造		層成砲
	製造所		アームストロング社
使用弾薬	徹甲弾	弾　長(mm)	2.7口径
		弾　重(kg)	187.6(堅鉄榴弾)
		炸薬量(kg)	1.91
	通常弾	弾　長(mm)	3.2口径
		弾　重(kg)	173
		炸薬量(kg)	9.2
	常装薬量(kg)		63.5
	同薬種		褐色六稜薬1号
	薬嚢数		2
搭載艦名			筑紫
砲塔・砲架	最大射程(m)		8000
	1砲搭弾薬定数		50
	操作人員数		11
駆動動力源			水圧

に、この欠点を衝かれて撃沈されている。

日本ではこうした欠陥を認識してか、外洋での作戦には参加せず、威海衛などの要塞基地攻略に出動したのみで、一〇インチ砲の威力を発揮する場面はあまりなかった。たしかに購入費はのちの新造巡洋艦「浪速」の六分の一と格安ではあったが、買わなくてもいい船だったともいえる。

エスメラルダと「和泉」

一八八〇年代初めにアームストロング社が考案した防護巡洋艦という艦種は、これまでの砲と装甲の競い合いのなかで続いてきた、主力艦としての装甲艦の発達過程に一石を投じた存在となった。

すなわち、防護巡洋艦とは舷側装甲を廃して、防御甲板と称する比較的に薄い装甲甲板を中下甲板部にわたる艦の全長に設け、中央のバイタルパート部において、この防御甲板を舷側部に傾斜させて水線下舷側と結合して、この傾斜部を石炭庫とした。そして、石炭を防御材として用いることで、装甲艦に対抗できるとしていた。

コスト的に装甲艦一隻分で三隻建造でき、小型で高速のため、魚雷の使用上も有利であると説いていた。

世界最初の防護巡洋艦は、アームストロング社のサー・W・ホワイト（元英海軍造船局長）が設計したチリ海軍向けのエスメラルダで、一八八四年に完成している。排水量三〇〇〇トン、安式一〇インチ砲二門、同六インチ砲六門を装備、二五ミリ厚の防御甲板を設け、公試では一八ノットをオーバーした。

同艦の完成時、日本も購入を希望したが果たせなかった。しかし、期せずして一一年後の一八九五年、日清戦争にさいしてチリより買い取ることが実現して、日本海軍の「和泉」となる運命にあった。

本艦の搭載した安式一〇インチ砲は、「筑紫」の二七口径より砲身の長い三二口径砲で、

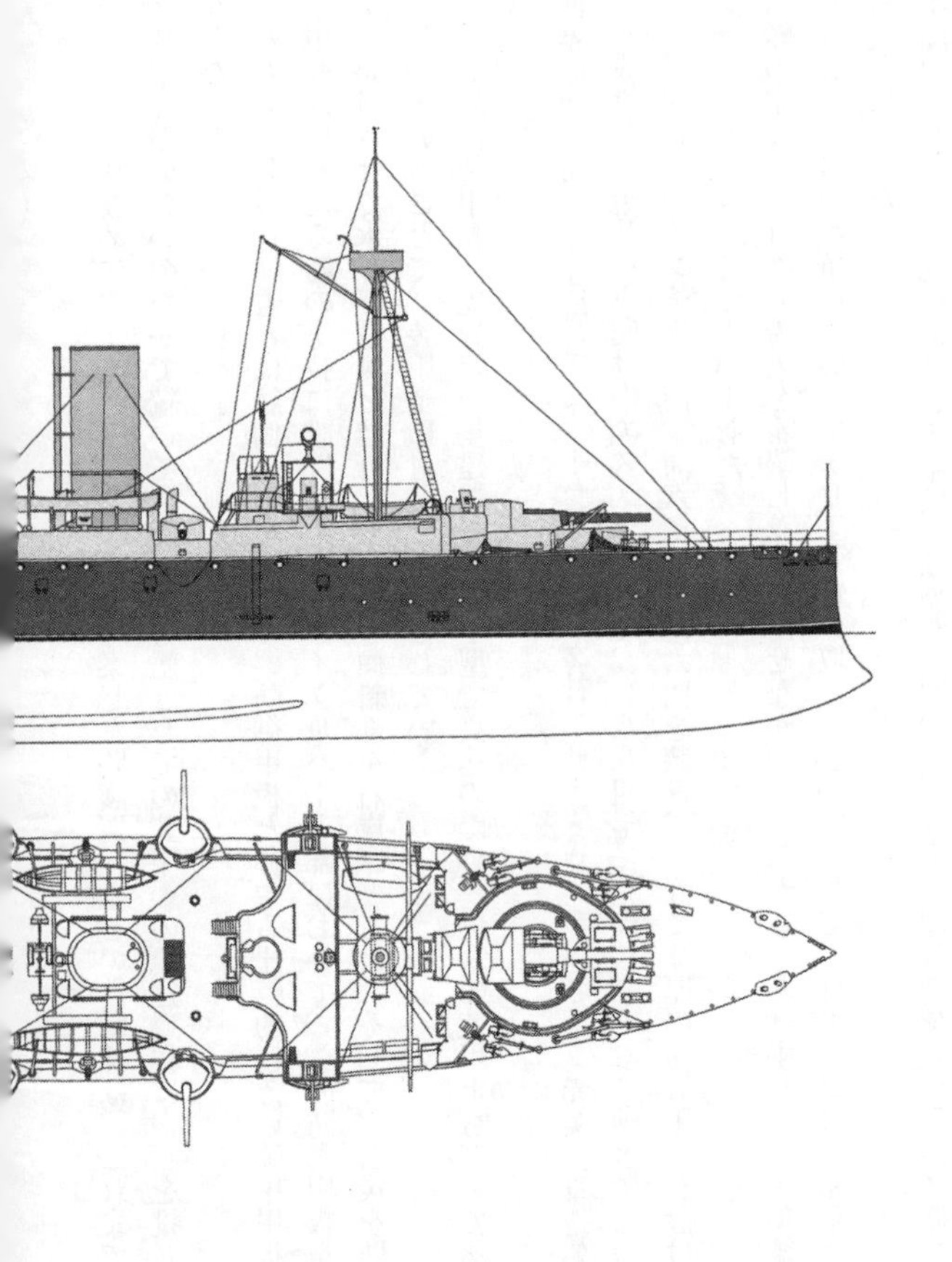

「浪速」(1886 年竣工時)

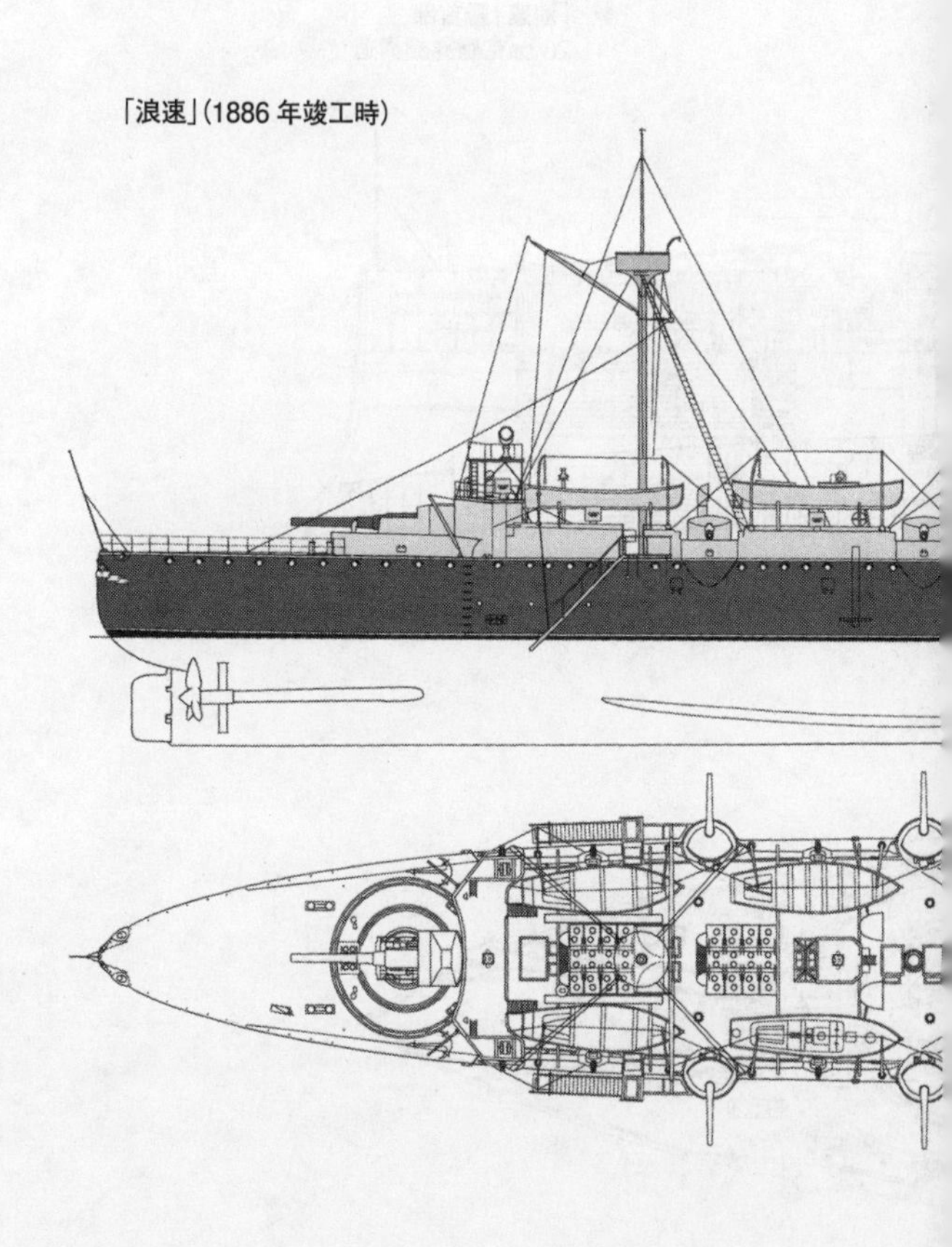

「浪速」艦首部
26㎝克砲詳細構造

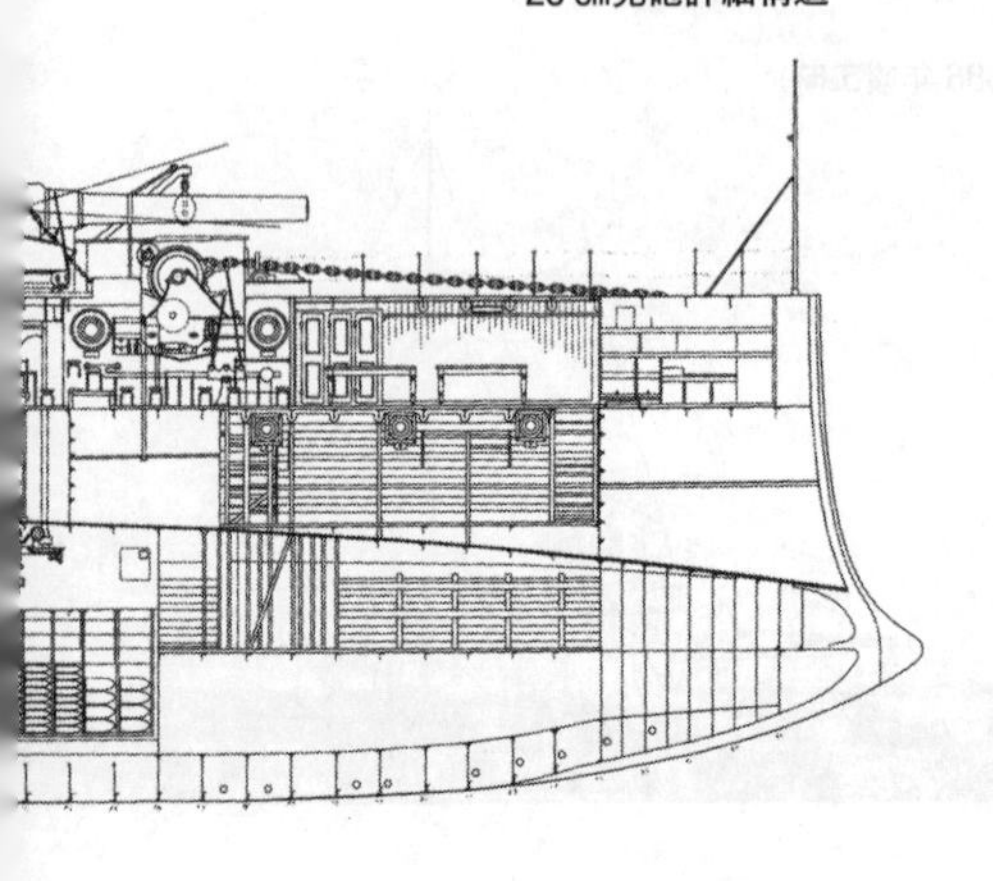

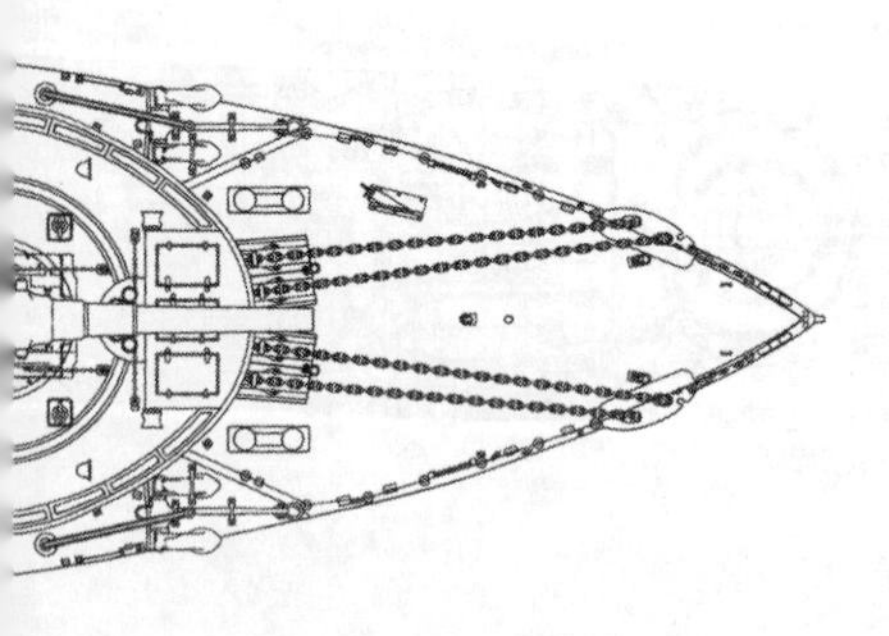

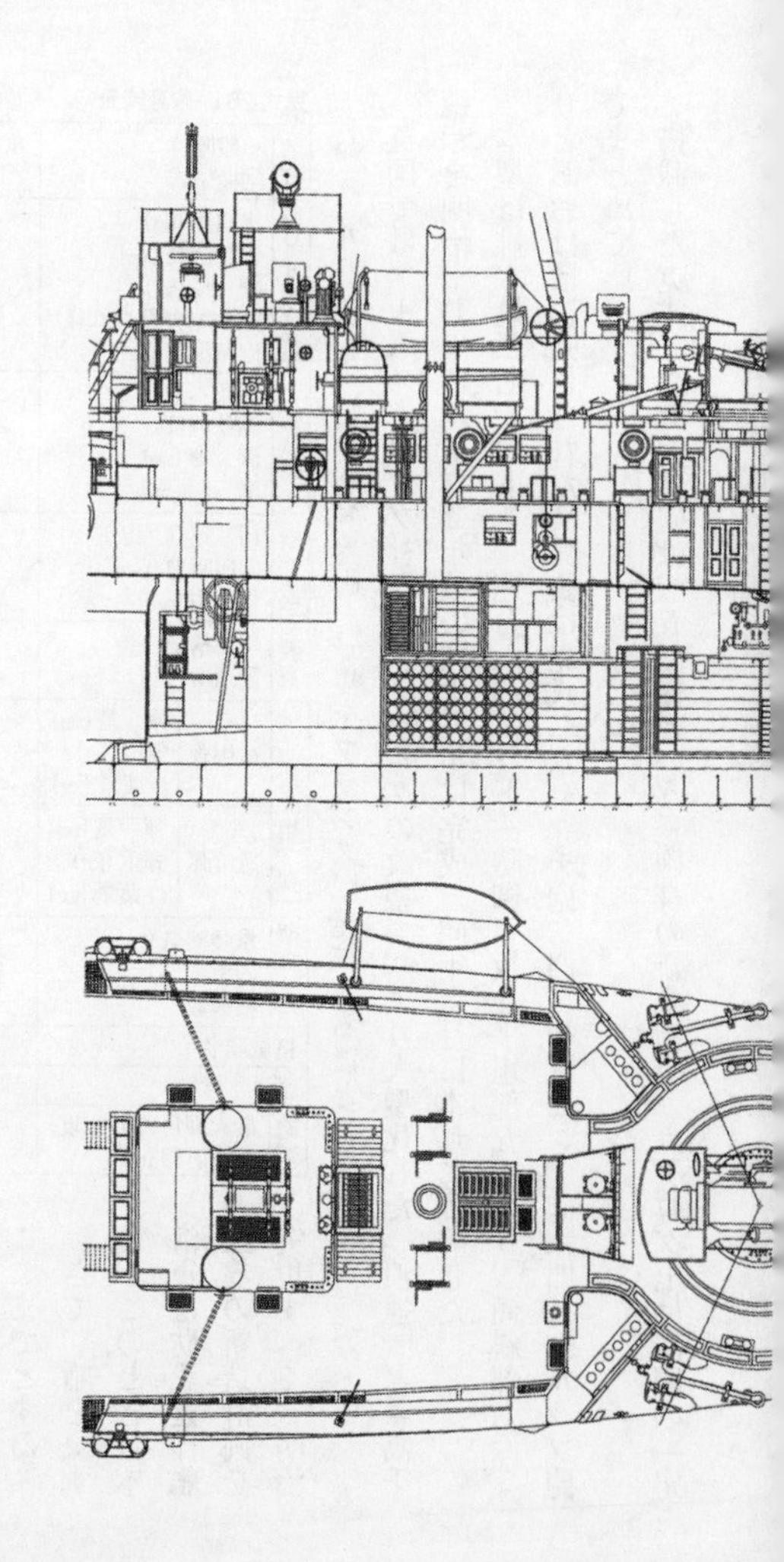

砲の威力は上であったが、当時はこれを上回る大口径砲が存在したので、ここまでとする。

さて、話を戻すと、このとき日本海軍は防護巡洋艦三隻の新造計画を実現すべく、明治十六（一八八三）年に二隻を英国、一隻をフランスに発注することになった。

克式 26 cm砲身諸元

名称	一般呼称	80年式克式26cm砲
	尾栓型式	クルップ式
砲身寸法・重量	実口径（mm）	260
	砲身全長（mm）	9100
	膅　長（mm）	8320
	口径数（弾程/実口径）	35
	砲身重量（kg）	27700
施条	施条本数	60
	施条纏度	25口径にて1周
	深　さ（mm）	1.75
	溝　幅（mm）	9.6
砲性能	初　速（m/sec）	530
	砲口威力（t-m）	3937
	貫通力（mm）	643（砲口）
製造	砲身構造	層成砲
	製造所	クルップ社
使用弾薬	徹甲弾　弾　長（mm）	3.5口径
	徹甲弾　弾重（kg）	275
	徹甲弾　炸薬量（kg）	3.7
	通常弾　弾　長（mm）	4口径
	通常弾　弾重（kg）	275
	通常弾　炸薬量（kg）	9.2
	常装薬量（kg）	87
	同薬種	褐色六稜薬1号
	薬嚢数	2
搭載艦名		浪速、高千穂
備　考		M33に安式15cm砲と換装
砲架	最大仰角/俯角（度）	15/5
	最大射程（m）	12200

英国ではアームストロング社がエスメラルダの改型で、より大型化した「浪速」と「高千穂」を明治十七年に起工、二年後の同十九年に完成、同年六月に本邦に到着した。

本型は排水量三七〇〇トン、速力一八ノット、防御甲板も平坦部五一ミリ、傾斜部七六ミリとおおはばに強化された。兵装は克式二六センチ砲二門、一五センチ砲六門とクルップ砲でまとめていた。

搭載した克式二六センチ砲は三五口径という長砲身の新式砲で、カタログ上は清国の「定遠」が搭載する克式二五口径三〇・五センチ砲と比較すると、初速で上回り、貫通力でも二六センチ砲の方が上とされていた。日本海軍はこの砲で、清国艦の三〇・五センチ砲に対抗できないかを模索した結果かもしれない。

「浪速」型は欧州においても、当時の最有力巡洋艦として話題になった。いずれにしろ、「浪速」型の装備した克式二六センチ砲が、この時点で「筑紫」の安式一〇インチ砲を抜いて、日本海軍最大口径の艦載砲となったのである。

消え去った「畝傍」の謎

アームストロング社の提唱どおり、この種の防護巡洋艦を四～六隻そろえれば、清国の「定遠」「鎮遠」に対抗できないかと日本海軍が考えても、不思議はなかった。

三隻目の防護巡洋艦はフランスのフォルジュ・エ・シャンティエ社に発注、英国製の二隻より若干遅れて明治十九年十月に、日本に向けてフランスを出港した。

「畝傍」と命名されたこの艦は、「浪速」型とほぼ同仕様のもとに発注されたが、最初の見積もりが英艦よりいくぶん安かったことが発注の要因とされている。

当時の日本海軍造船官のうち、フランス派と呼ばれる人々の後押しがあったともいわれている。

設計は完全にフランス式で、主砲は同じクルップ砲ながら二四センチ砲が採用され、四門

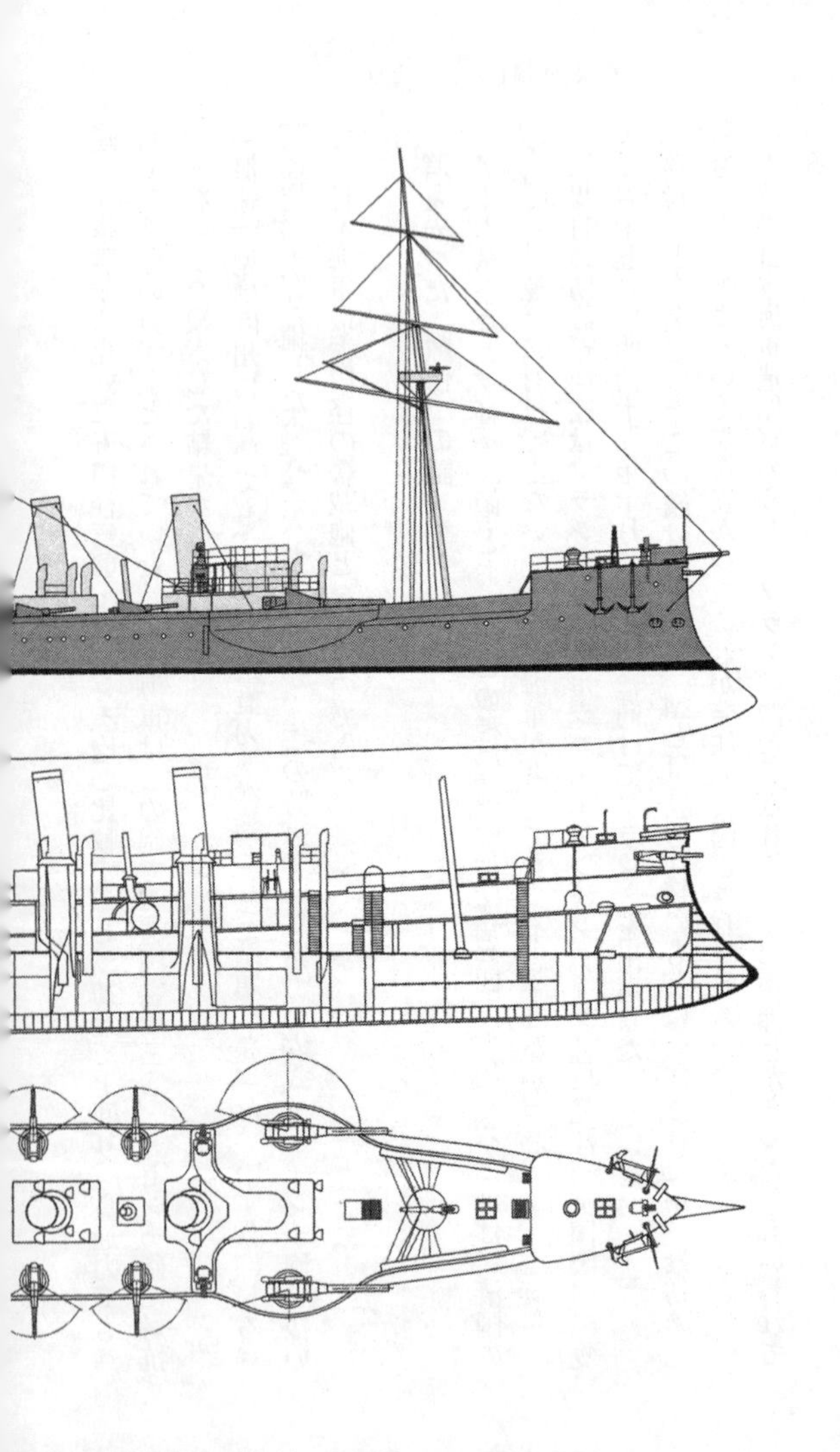

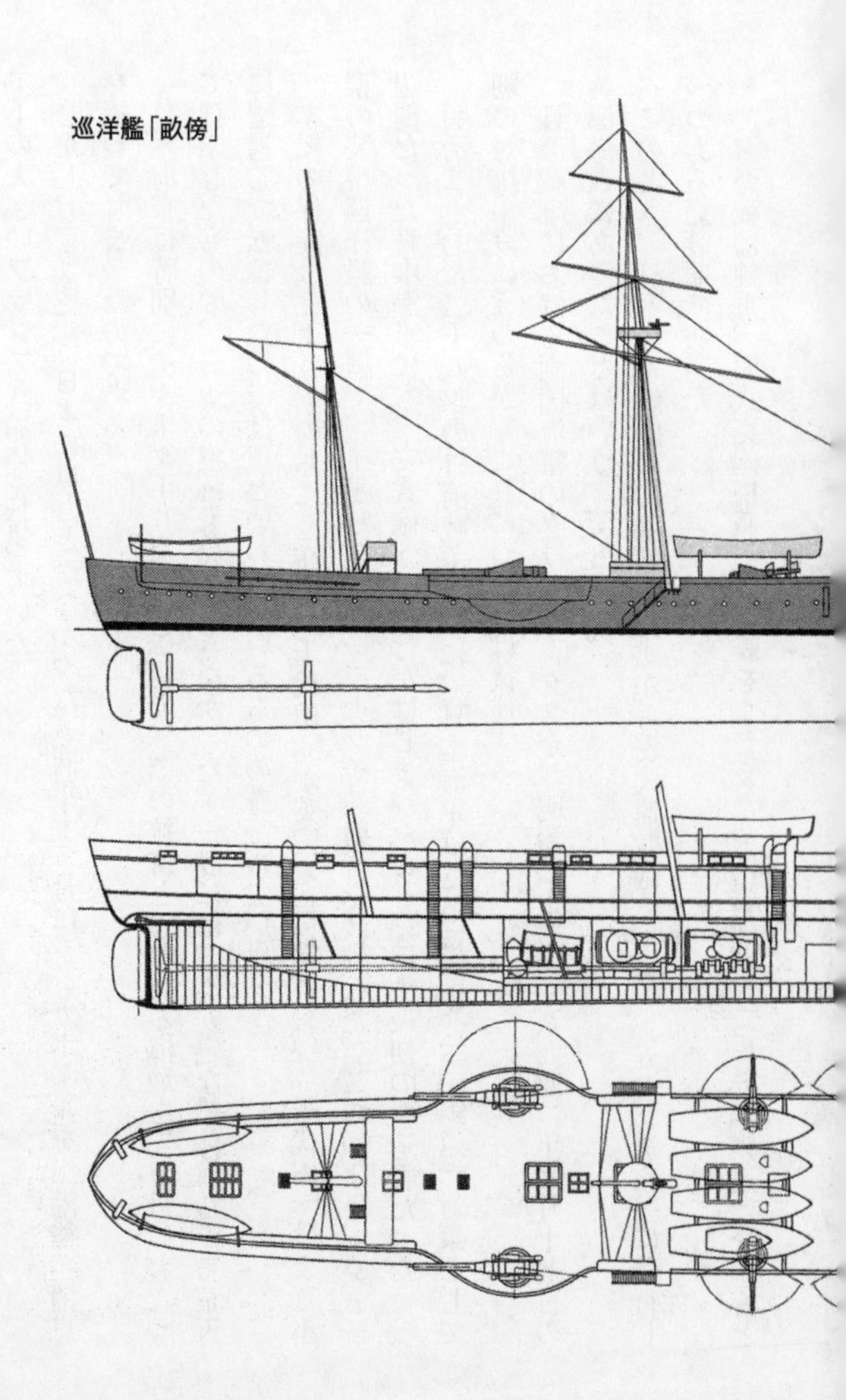

巡洋艦「畝傍」

が舷側より大きく張りだすスポンソンに片舷二門ずつが装備され、艦型も三檣二本煙突でシアーの大きいフランス式船体を持っていた。

しかし、「畝傍」は日本にはとどかなかった。同年十二月にシンガポールを出港後、消息を絶ってしまったのである。

日本海軍は特別にチャーターした汽船二隻で、その航跡と思われる海域を二ヵ月にわたって捜索したものの、一つの痕跡も発見できなかった。一般には、不安定な船体構造から荒天に遭遇して転覆したのでは、といわれているものの確証はない。

本艦の保険金により、のちに巡洋艦「千代田」が英国で建造された。「千代田」はより小型の装甲巡洋艦の一種で、イギリス安式一二センチ速射砲を装備した。この頃より、克式一辺倒だった日本海軍にも、安式砲への移行がはじまったことを示す最初の新造艦だった。

明治二十七～二十八年の日清戦争までに、日本海軍はさらに「定遠」「鎮遠」対策として別の対抗手段にうつるが、これについては後述する。

日清戦争における両国海軍のクライマックスが、明治二十七（一八九四）年九月十七日の黄海海戦にあったことはいうまでもない。

このとき、日本海軍艦艇の艦載砲は克式から安式速射砲（一二～一五センチ砲）に移行しつつある過渡期であった。

黄海海戦は鈍重、旧式克砲搭載、装甲艦をまじえた清国艦隊が、「定遠」「鎮遠」を中心とした横陣で、ほぼ同数の日本艦隊に対峙した。日本艦隊は快速の第一遊撃隊、いくぶん速力で劣る本隊が単縦陣となって、優速をもって清国艦隊の周囲をまわるかたちで砲火をかわした戦闘であった。

第一遊撃隊に属した「浪速」型は、この戦闘で克式二六センチ砲を三三発発射、同じく「高千穂」は二二発を発射した。一門当たりに換算すると、一〇〜一五発という数字になる。その発射速度はきわめて遅く、「鎮遠」が戦闘中に一二〇発を発射したのにくらべても、一門当たりでは半分にも満たない。

これは克式砲の装填、照準動作がきわめて緩慢で、あまり戦局に寄与していないことがわかる。

すなわち、威力のある重砲を有効に使用するには、それにふさわしいプラットフォームとしての安定した船体と、砲操作の機動性の向上が必須であることがわかる。

第3章　安式速射砲で勝った日清戦争

招聘された著名な造船官

隣国清国が当時、東洋で最強の堅艦といわれた装甲艦「鎮遠」「定遠」がドイツで建造されて清国海軍の中核となった直後の明治十九（一八八六）年に、日本海軍はクルップ式二六センチ砲を搭載した「浪速」と「高千穂」の最新防護巡洋艦を取得したものの、厚い装甲で防御された三〇・五センチ連装砲塔二基を持つ本格的装甲艦に対抗するには、あきらかに力不足であった。

装甲艦に対抗するには装甲艦しかないことは、当時の海軍の常識であった。そのため、日本海軍の当事者も以後、毎年のように装甲艦の建造計画、または中古装甲艦の入手を模索するも、財政上の困難から実現しなかった。

明治十八年に提案した四〇〇〇～六〇〇〇トンの海防艦を中心とした海軍拡張計画の一部

清国の「鎮遠」に対抗して建造された「浪速」型は克式24センチ砲を搭載した。

が、明治二十一年になって特別費の補充により、やっと実現することができた。これにより起工されたのが、三景艦と称された「厳島」「松島」「橋立」の三海防艦であった。

当時、海防艦というのは、沿岸海域で来襲する敵艦隊を迎撃するため、一般の主力装甲艦よりいくぶん小型で、乾舷が低く航洋性に劣るものの、主力艦に準じた砲装と防御力をそなえた艦で、主にフランス海軍で発達した、後にいう「海防戦艦」のたぐいが代表的であった。

このとき計画された三景艦の設計は、こうした海防戦艦とはかなり異質なもので、四〇〇〇トンと防護巡洋艦なみの船体に一門の三二センチ砲を装備するという、一種の異形艦であった。

基本計画は当時、フランスから招聘した著名な造船官エミール・ベルタンが担当したものとして知られている。

承知のように日本海軍最初の海軍工廠、横須賀海軍工廠の前身は、日本最初の官営造船所であった横須賀製鉄所で、慶応二（一八六六）年にヴェルニー以下四三名のフランス人を招いて本格的に発足、後に横須賀造船所として創設直後の日本海軍艦船の新造にあたり、その基礎を築いたところである。

ヴェルニーは明治九年に帰国したが、在日中に横須賀に造船学校を開いて日本人造船官の育成につとめ、何人かをフランスの造船学校に送り出してフランス派造船官誕生の端緒となっている。

その名は、今でも横須賀臨海公園がヴェルニー公園の名称でよく知られているとおりである。

ベルタンはヴェルニーの後輩として名門工科大学のエコール・ポリテクニックを卒業、フランス海軍の造船官として、本国では艦船の通風装置や不沈構造の発案で知られた著名人であった。

明治十九年一月に来日、翌二月二日をもって三年の期限で海軍省顧問、兼海軍工廠総監督官、兼艦政局付勅任（少将）待遇という厚遇で迎えられた。月額一九〇〇円は、これまでのお雇い外人月俸で最高額といわれたヴェルニーの一〇〇〇円の倍近い破格の金額であった。

丸呑みされたベルタン案

この時期、これだけの待遇でベルタンを招聘した裏には、フランス派造船官たちの画策があったと思われ、当時日本海軍ではイギリス留学の造船官と、これらフランス派造船官の間で軋轢があったようである。

フランス派造船官としては、かつてベルタンの教え子でもあったことから、このさい著名な恩師を招聘して、新海防艦の計画をまかせたいとする意図があっても不思議ではなかった。こうした経緯からも、三景艦の発想と基本計画がベルタン主導で行なわれたことは、ほぼ間違いなかった。もちろん海軍首脳にも、「鎮遠」「定遠」に対抗できるアイデアの実現には、ワラをもつかみたいという思いがあったことも事実で、著名な造船官ベルタンが、非常に魅力的に見えたのも当然であった。

ベルタンの招聘案は明治十八年八月に海軍卿(海軍大臣)川村純義から太政大臣三条実美に提出された。同十月二十七日、パリで正式に駐仏特命全権公使との間で仮契約が結ばれて、後の本契約にいたったのである。こうした経緯から、来日前からベルタンは、たぶん三景艦の計画にかんしての腹案をねっていたと思われた。

ベルタン来日後、明治十九年四月二十七日に海軍大臣より、新海防艦に搭載する備砲について審議すべき、とする訓令が兵器会議議長宛に出されている。

一ヵ月後の五月二十五日に兵器会議が開催され、新艦に搭載すべき砲として口径三二センチ、砲身長四二口径とすることを決定した。砲の初速は七〇〇メートル/秒以上、使用する鋼鉄榴弾の重量を五四〇キロとすると定めていた。

この決定はただちに海軍大臣に答申され、詳細図面の作成が指示された。

これらの会議にベルタンは出席していないが、こうした巨砲の搭載にあたって、プラットフォームたる船体の基本計画なしに決定できるわけもなく、ベルタンが試案した船体と搭載可能な大口径砲、すなわち清国の「鎮遠」型装甲艦に対抗できる、「鎮遠」型の防御甲帯を貫通できる砲であることが絶対条件であったことは、いうまでもない。初速と砲弾重量の数値指定が、これを裏付けている。

フランス学士院正装姿のエミール・ベルタン造船官（晩年と思われる）。

兵器会議が、こうしたベルタンの意見をほぼ丸呑みしたかたちで承認、推移したのも、当時の日本海軍の造艦、造兵技術レベルではいたし方なかった。

ベルタンの腹案では、三隻の四〇〇〇トン級巡洋艦型船体に、こうした巨砲を一門ずつ搭載すれば、清国の装甲艦二隻に対抗できると考えたものであった。

理論的には、「鎮遠」型装甲艦の三〇五ミリのバーベットと、艦中央の主要部をおおった三五六ミリの装甲帯を撃ち抜ける大

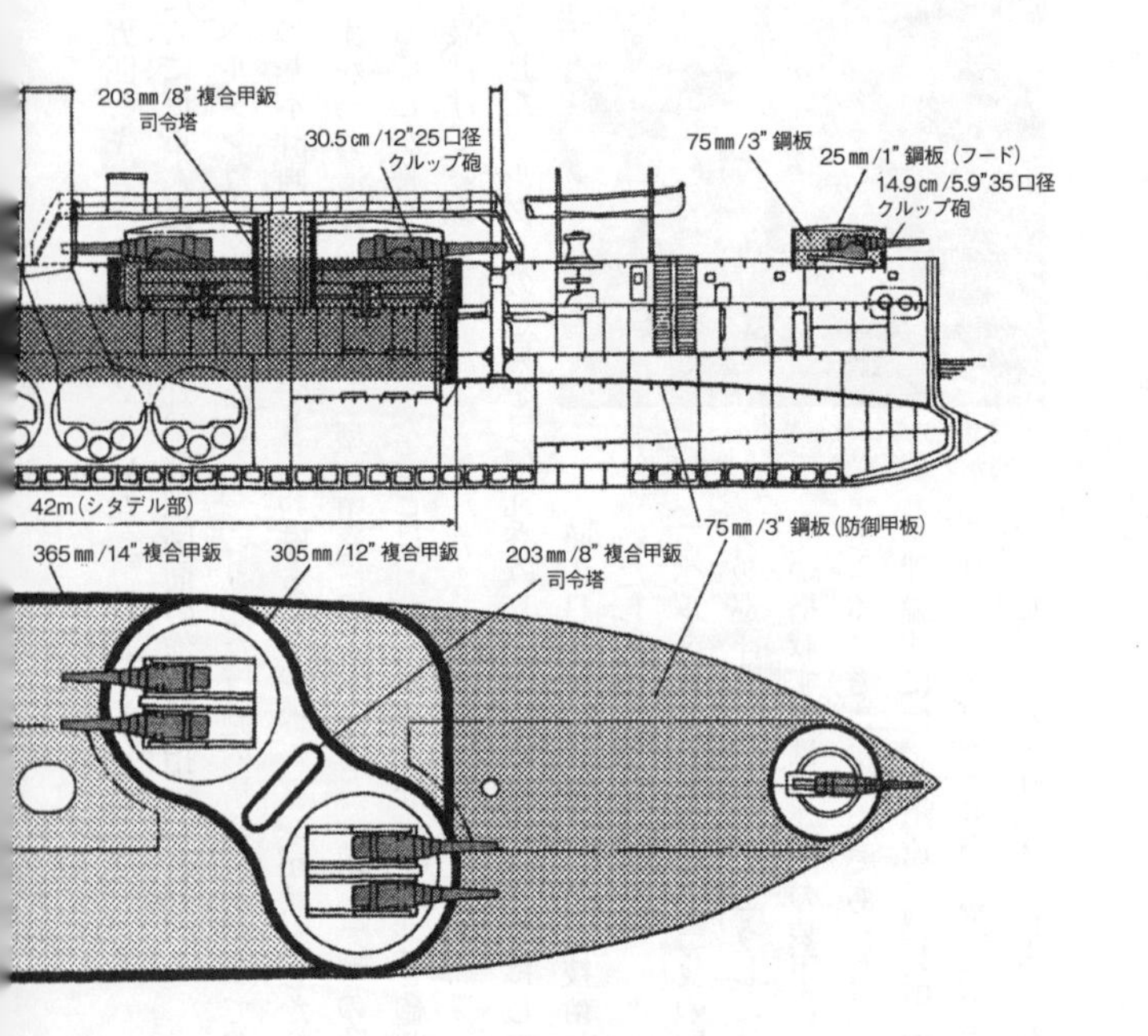
203㎜/8" 複合甲鈑
司令塔
30.5㎝/12"25口径
クルップ砲
75㎜/3" 鋼板
25㎜/1" 鋼板（フード）
14.9㎝/5.9"35口径
クルップ砲
42m（シタデル部）
75㎜/3" 鋼板（防御甲板）
365㎜/14" 複合甲鈑
305㎜/12" 複合甲鈑
203㎜/8" 複合甲鈑
司令塔

清国海軍装甲艦「鎮遠」防御配置図

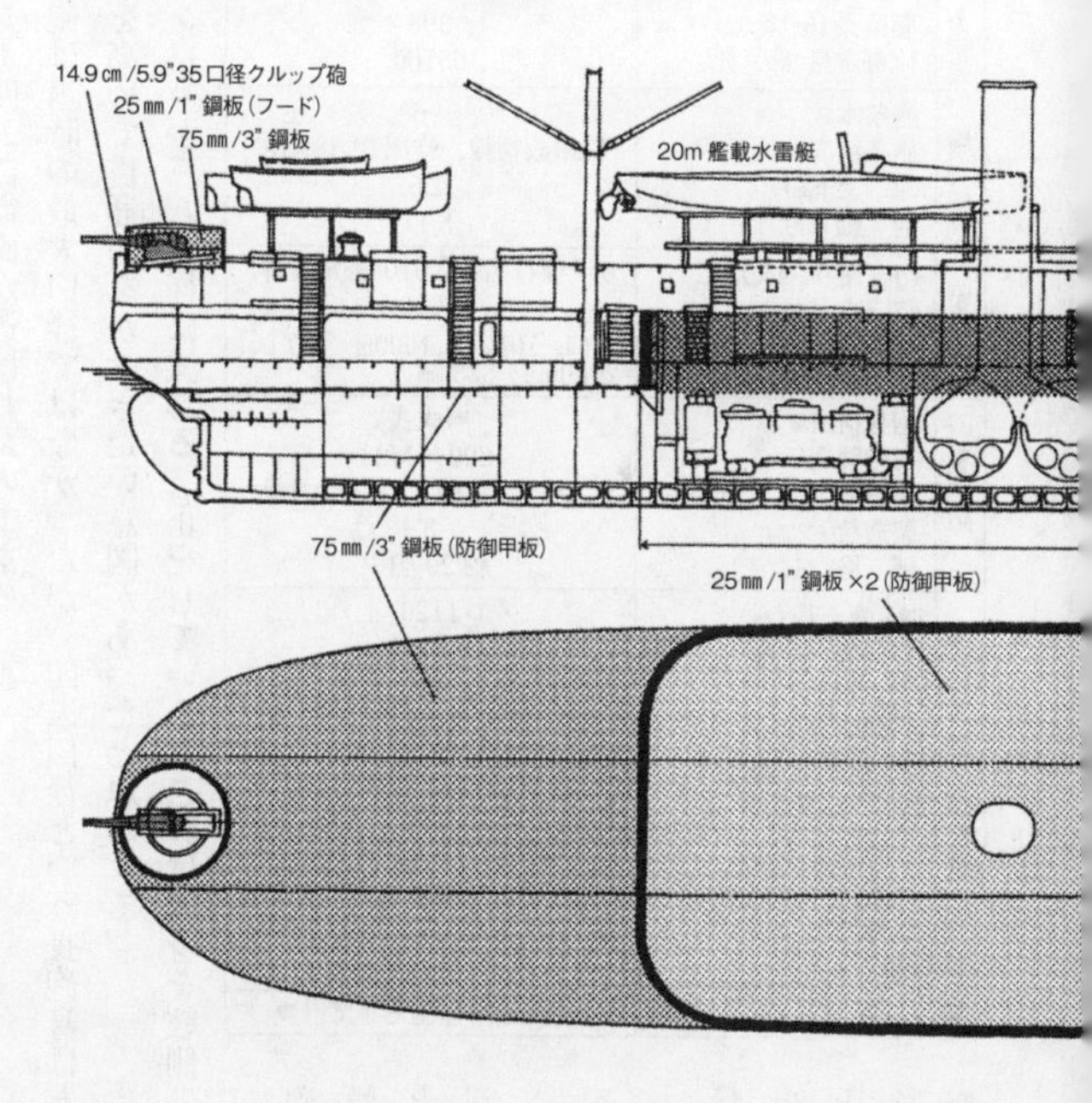

砲として、三二センチ四二口径砲が選ばれたのである。

口径三二センチ砲は当時の最大口径ではなかったが、四二口径という長砲身はあまり例のないもので、初速を高めて貫通力をかせぎたい意図があったと思われる。

この後、ベルタン自身が三八口径に減じる訂正をしている。これは砲身を舷側に向けた時に、船体が砲身重量で傾斜することが設計上、判明したためとしている。

加式 32㎝ 砲身諸元

		一般呼称	加式 38 口径 32 ㎝砲
砲身		尾栓型式	加(カネー)式
砲身寸法・重量		実口径(㎜)	320
		砲身全長(㎜)	12778
		腔　長(㎜)	12161
		口径数(弾程/実口径)	38
		薬室長(㎜)	398
		砲身重量(kg)	65700
施条		施条本数	96
		施条纒度	砲口放物線、砲尾 5°-18′-18″
		深　さ(㎜)	1.6
		溝　幅(㎜)	8.17
砲性能		初　速(m/sec)	650(鋼鉄榴弾) 610(通常榴弾)
		砲口威力(t·m)	9690
		貫通力(㎜)	砲口／1012 ㎜、1000m／907 ㎜、2000m ／ 823 ㎜
製造		砲身構造	層成式
		初砲製造年	1890／M23
		製造所	フォルジュ・エ・シャンティ社
		製造数	3
		価　格	約 20万円
使用弾薬	徹甲弾	弾　長(㎜)	1120
		弾　重(kg)	450
		炸薬量(kg)	5.2
	通常弾	弾　長(㎜)	1120
		弾　重(kg)	350
		炸薬量(kg)	12.2
		常装薬量(kg)	強装 220 ／弱装 160
		同薬種	PB 火薬
		薬嚢数	2
搭載艦名			厳島、松島、橋立
備　考			当初 42 口径砲として計画

ベルタンは本国における造船官としての経験から、この三景観の

加式32㎝ 砲塔・砲架諸元

砲塔・砲架機構	最大仰角／俯角(度)	10/4(松島以外は艦首方向俯角は2度)
	最大射程(m)	12000
	装塡秒時(秒)	約5分
	装塡方式	固定装塡(仰角4°)
	揚弾方式及び速度	水圧約1分10秒(弾丸1、薬嚢2)
	1砲搭弾薬定数	60(鋼鉄／35、通常／25)
	操作人員数	5
寸法	焜輪盤直径(m)	5.78
	バーベット直径(m)	7.8
駆動方式	旋回能力 俯仰動力	機力(水圧)
	駆動動力源	水圧機
砲塔装甲厚	側　面(mm)	
	後　面(mm)	100
	天　蓋(mm)	50
	床　面(mm)	50
	バーベット(mm)	300
重量	砲架及び揚弾薬装置の重量	176トン
製造	製造年	M23／1890
	製造所	フォルジュ・エ・シャンティ社
	製造数	3
搭載艦名		厳島、松島、橋立
備　考		

基本計画をまとめたものと推定されるが、フランス本国でも、こうした一種の異形艦を建造した実績はもちろんなかった。

ベルタンは造船官としての経験は豊富であったが、造兵官ではないため、ある意味、砲については素人（？）ではなかったのか。三景艦のうち、「松島」だけが三二センチ砲を艦の後部に搭載したのは、三隻で逆三角形の陣形を組めば、全周の射界を確保できるとして、ベルタンが考案した（？）とされているが、これを裏付ける証拠の書類はない。

ベルタンとしては、この新海防艦と備砲は当然、フランスの会社に発注することが前提であったと思われ、当時新巡洋艦「畝傍」を建造中のフォルジュ・エ・シャンティエ社に打診したと思われた。

一説には、ベルタンが「畝傍」の設計にかかわっていたということもあり、同年末に回航されるはずの「畝傍」が途中、シンガポール出港後に行方不明となり、日本中で大事件になってしまったことに無関心ではいられなかったはずである。

翌明治二十年の大捜索でも何も発見できず、喪失が正式に決まり、保険金もおりた。しかし、この事件がフランス軍艦にたいする疑念を生じさせることとなったのはいなめなかった。

超高額な新搭載砲

三二センチ搭載砲については、明治二十年八月に三八口径砲にあらためた最終的な仕様に基づく図面が完成して、兵器会議で最終的な議論を行なった。

ここでは、あまり例のない新型砲なので、試験砲を先行して試作、十分な試験を経た後に製造すべきとの慎重論があったほか、発注先についても、定評のあるアームストロング社やクルップ社へも検討すべきとの意見があった。

当時、ベルタンの意向もあり、フォルジュ・エ・シャンティエ社にほぼ内定して見積りも提出されていたのであろう。その見積りでは、砲身の製造費も提示されていたようで、一門約一一万円、砲弾一発も四〇〇〇円前後ときわめて高価である。試験用砲身の製造と十分な発射テストも、諦めざるをえなかった経緯があった。

翌二十一年二月二十三日にパリでフォルジュ社と正式契約が締結され、ここに三景艦の建造がはじまった。ベルタン来日二年後のことだった。

契約では「厳島」「松島」の二隻と、搭載すべき三二センチ三八口径の砲身、砲架および水圧装置を期日までに製造、引き渡すことが定められていた。

各砲身の領収射撃数は二四発で、陸上と艦船に搭載状態で発射すること、使用砲弾は鋼鉄榴弾と通常榴弾の二種、装薬も強装、弱装など数種である。なお、以上の発射で砲身にいちじるしい疲労を生じた場合は、発射数を六〇発までに増加し、その状態で弾道に大差ないこと、かつ発射に危険のないことを保証することを求めていた。また、砲の初速は七〇〇メートル／秒、弾重四五〇キロを保証すべしとされていた。

初速七〇〇メートル／秒については、満たない場合の反則金と、上回った場合の報奨金を定めていた。これについては、砲身長四二口径の場合の数字であり、三八口径では鋼鉄榴弾で六五〇メートル／秒、通常榴弾六一〇メートル／秒が完成後の正式な数字である。したがって、これは仮契約事項であって、本契約では別途、なんらかの改訂があったものと推定される。

三八口径砲の貫通力も一〇〇〇メートルで九〇七ミリ、二〇〇〇メートルでも八二三ミリと、「鎮遠」型装甲艦の防御甲鈑を打ち抜けると理解していたから、初速七〇〇メートル／秒にこだわる意味はなかった。

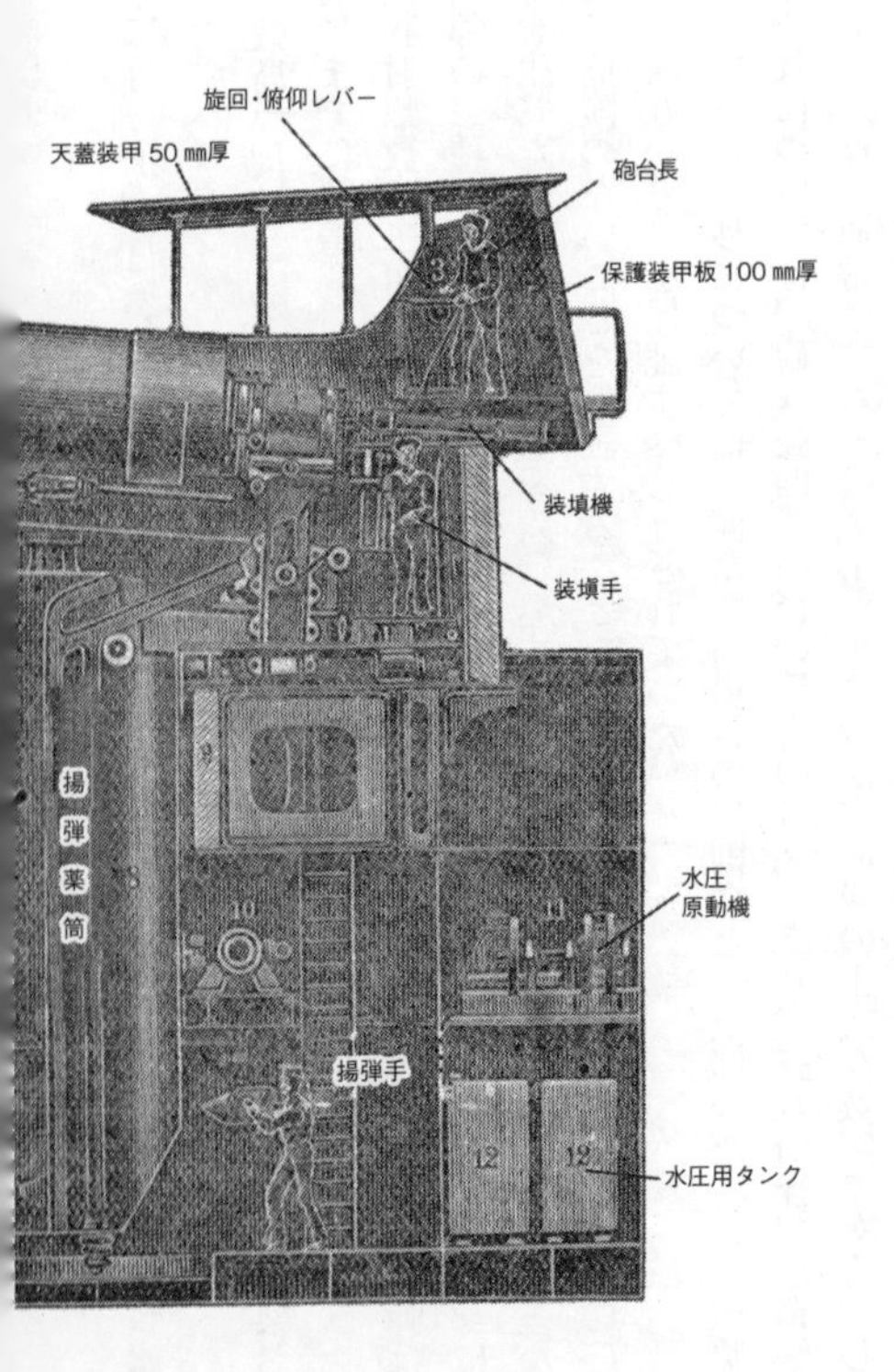
旋回・俯仰レバー
天蓋装甲 50㎜厚
砲台長
保護装甲板 100㎜厚
装填機
装填手
揚弾薬筒
水圧
原動機
揚弾手
水圧用タンク

加式 32 cm砲構造図

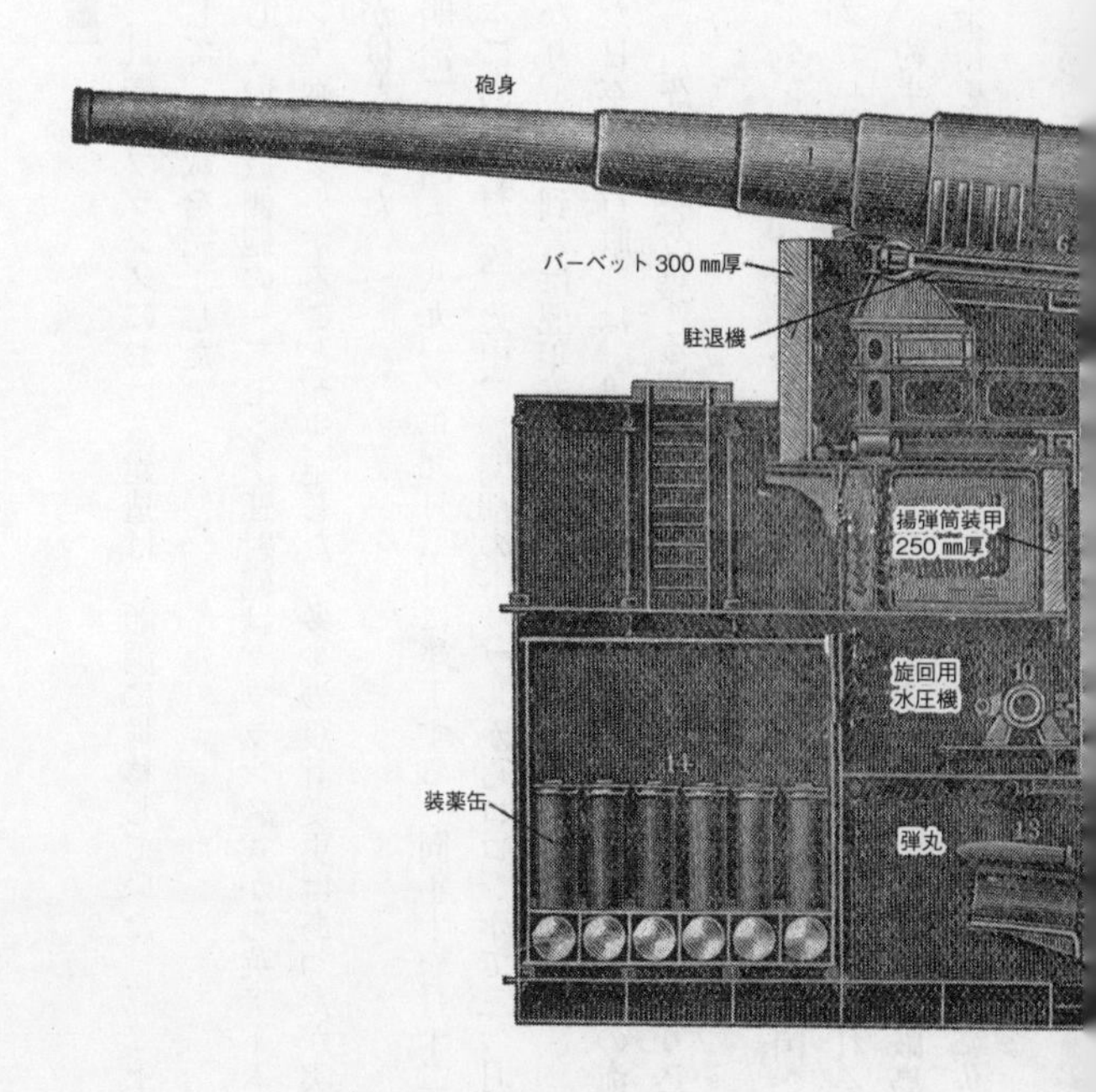

勢ぞろいした「三景艦」

ベルタンが設計した三景艦のフランスにおける建造は、順調に推移していた。三二センチ砲の製造も無事に完成して、搭載を完了した。

ただし、搭載を予定していた舷側砲の一二センチ速射砲は、フランス式から英アームストロング社の安式一二センチ砲に変更することが決定した。多少の設計変更はあったが実行され、安式速射砲のさきがけとなった。

一番艦の「厳島」は明治二十四（一八九一）年九月三日に竣工する。同年十一月十二日にフランスを出港して日本に向かったが、途中、機関部のトラブルからコロンボで三ヵ月かけて修理を行なうはめになり、日本到着は翌年五月とおおはばに遅れた。

到着を待ちかねていた日本海軍首脳部は、果たしてこの巨砲一門を搭載した小型の海防艦が、清国装甲艦「鎮遠」「定遠」に対抗する切り札となるのか、興味しんしんで乗り込んできたにちがいない。

もっとも当事者のベルタンは、この時すでに任期を終えて明治二十三年二月に本国へ帰国していたから、フランスで「厳島」などの建造工程を実際に見ていたものと推定される。

二番艦の「松島」は、約半年遅れで明治二十五年四月五日に完成した。たぶん「厳島」の轍を踏まないためか、余裕をもって七月二十三日にフランスを発ち、十月二十九日に佐世保

明治27年6月、横須賀造船所で完成した三景艦(海防艦)の三番艦「橋立」。

に到着した。

同年十一月には、早くも常備艦隊に編入される。翌年には常備艦隊旗艦となり、日本各地や近隣諸国に寄港している。

ライバルの清国海軍基地をも訪問していることから、三二センチ砲の搭載を、とくに秘匿する考えはなかったようである。

三番艦の「橋立」は横須賀造船所で建造された。フランス建造艦とほぼ同時に起工されたが、工期が長引き、進水までに三年を要し、ベルタンはこの進水を見ないで帰国している。

完成は明治二十七年六月であった。実際は、日清戦争に間にあわすために繰り上げて完成させた経緯があり、かろうじて戦線にくわわることができた。

三二センチ砲が発射されるまで

「橋立」は別にして、「厳島」と「松島」は日清開戦まで二年前後あったから、この間に日本海軍では、その三二センチ砲の実力を、どのように評価したのであろうか。

残念ながら、これらを明らかにする文書等は残されていない。というよりは、この三隻分の三二センチ砲弾丸は、各艦六〇発ずつ（鋼鉄榴弾三五発、通常榴弾二五発）の搭載定数分しか購入していなかったために、そんなに実弾を発射する訓練はできなかった、というのが実状であったらしい。

明治二十六年六月に、「松島」が神戸沖で陸海軍首脳陣を集めて三二センチ砲の実射を披露したと記録されている。それ以外に実射記録は知られておらず、演習での実射数は、年間三発程度に制限されていたようである。

明治二十七年四月に横須賀で「松島」「吉野」などの新鋭艦を天覧に供したが、このときも「松島」は三二センチ砲の装填、運転動作をご覧にいれたのみであった。

当時の西欧列強の装甲艦は一万トン前後であった。艦の前後に露砲塔、または囲い砲塔式の砲座を設けて、口径一二インチ前後の後装砲を連装式に装備するのが一般的である。口径的には三四センチ、四一センチなどの巨砲も実在したので、三二センチという口径はそれほど珍しくはなかった。しかし、砲身長が三八口径という長い砲身は珍しかった。

砲身長を長くとると初速が増して、弾の威力を高めて射程も延びるが、砲の命数は減少し、かつ砲身構造に工夫を要した。

三景艦の三二センチ砲は、露砲塔形式の砲座に装備された。船体上甲板に埋めこまれた円筒形のバーベットは、三〇〇ミリの厚さを有する。

砲架部はバーベット内に設けられ、砲身そのものはバーベット上に露出して装備された。そのため、この形式の砲座を露砲塔という。バーベット自体は固定されており、中の砲架が旋回、俯仰を行なう機構をもっていた。

砲身の長さは一二・八メートル、重量六六トン、舷側に指向すれば船体より大きくせり出すのが、別図からわかる。

日清戦争当時の「橋立」の巨大な32センチ砲。

最初にベルタンが提案した四二口径では、船体が傾斜するといった理由がわかろう。

バーベットの中心部に、艦底の弾薬庫に通じる円筒形の揚弾筒が設けられ、機力により弾薬を砲尾付近まで運搬する。揚弾筒は二五〇ミリ厚の甲鈑で防御されている。

砲尾には砲身に固定するかたちで、砲の照準を行なう砲台長の立

海防艦「橋立」完成図（1894年）

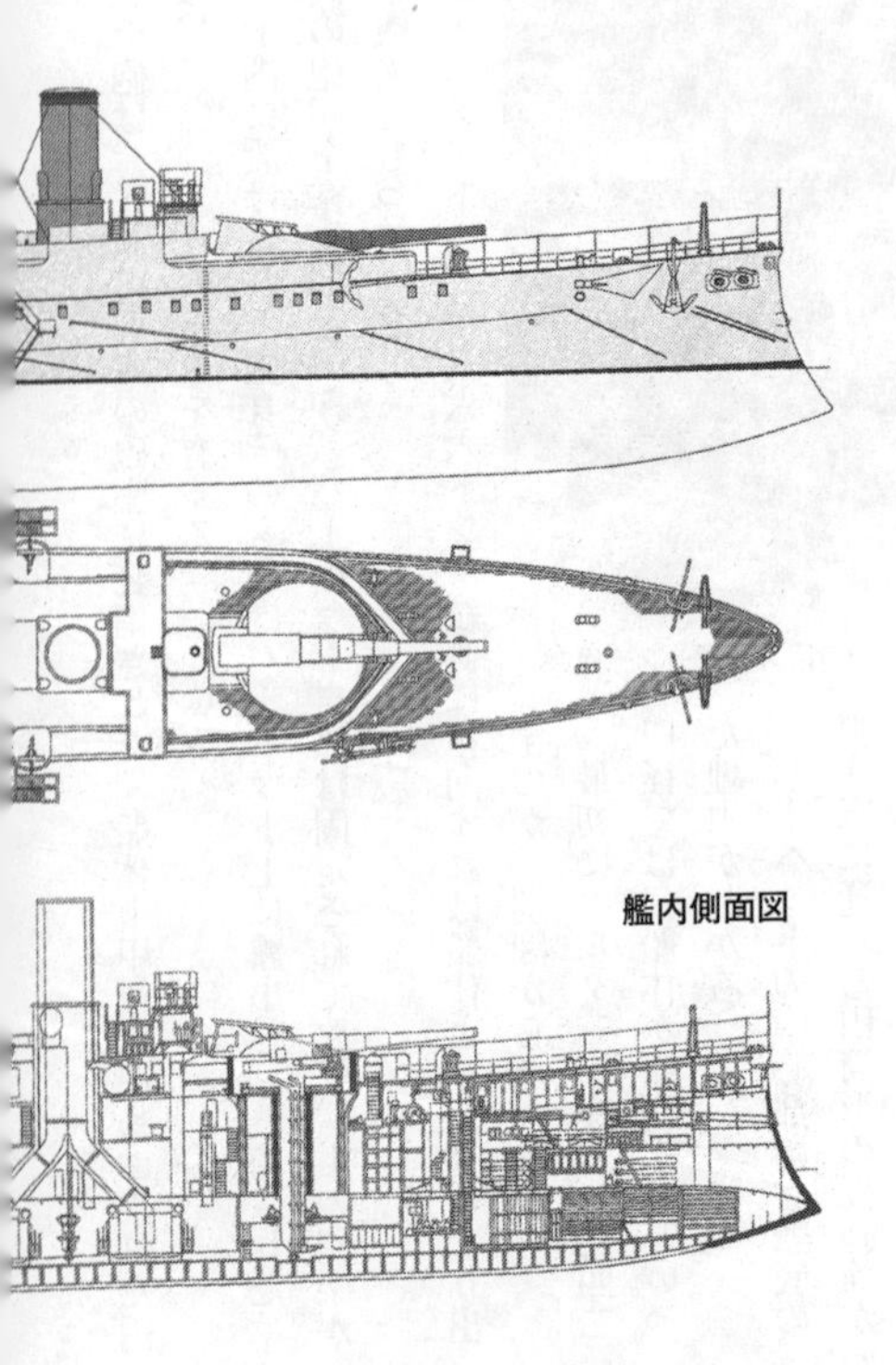

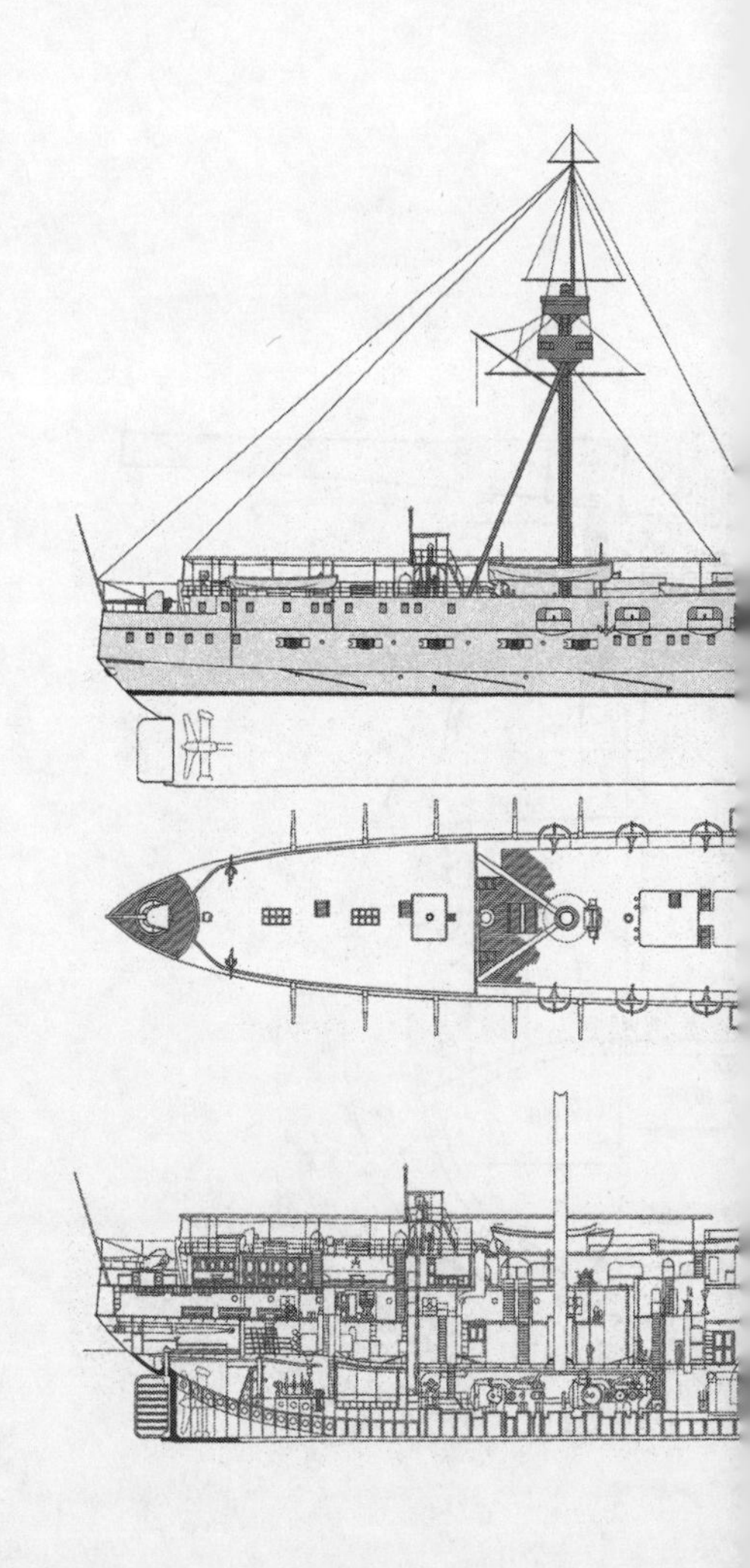

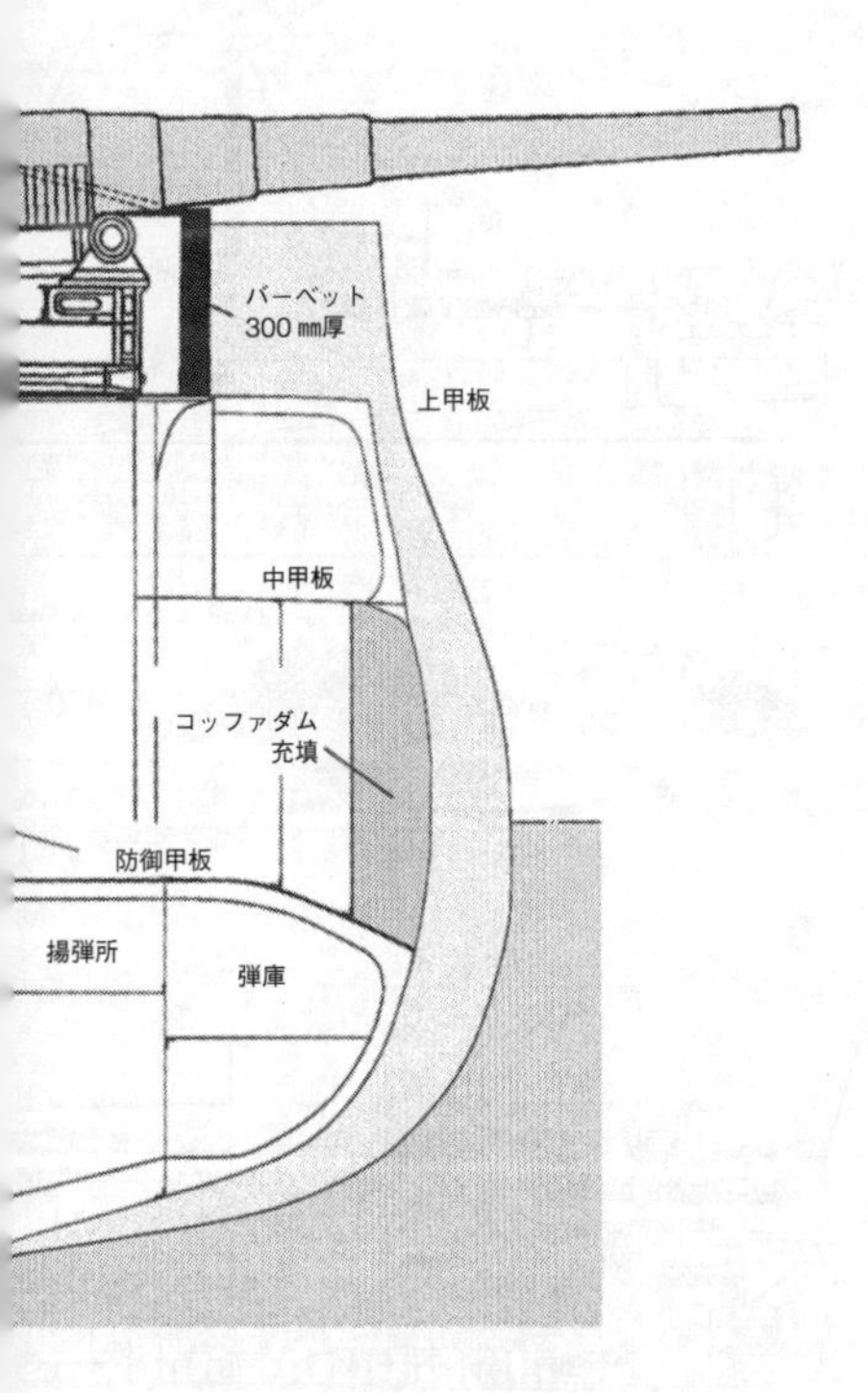
バーベット
300㎜厚
上甲板
中甲板
コッファダム
充塡
防御甲板
揚弾所
弾庫

三景艦バーベット部横断面図
コッファダムとはベルタン考案した浸水防止用特殊素材

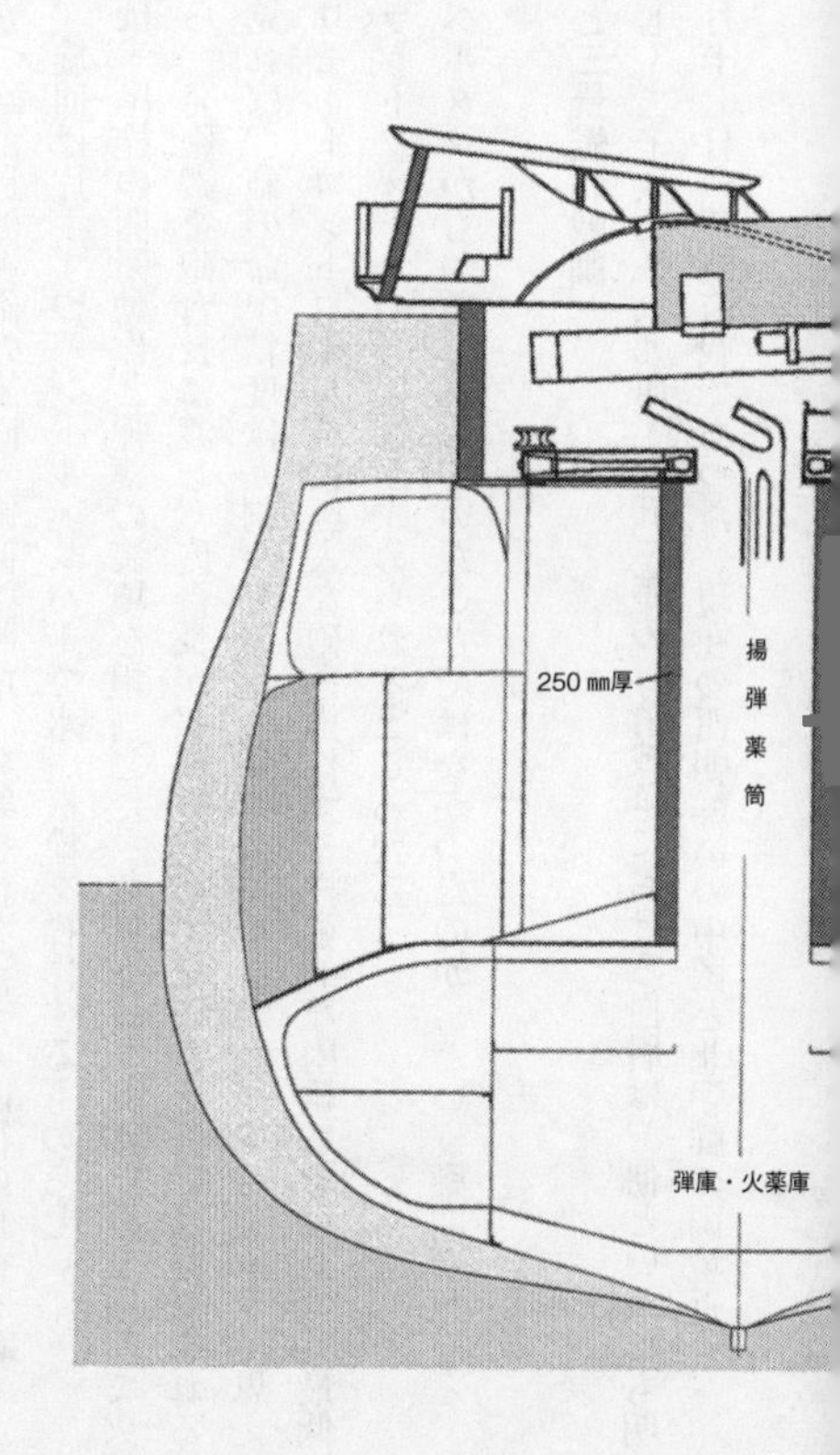

つ台座が設けられ、左右後面を一〇〇ミリ厚の甲鈑でかこみ、天蓋は五〇ミリ厚で砲身前方に延びている。

砲の旋回、俯仰、揚弾薬および装填動作は、水圧駆動機を動力としている。砲の操作は砲台長以外に四名、合計五名という少人数で行なうことを可能にしているのは、この水圧機構のおかげである。

照準台に立つ砲台長は、砲の旋回、俯仰、照準、発射を行なう一人四役の役割をになっている。俯仰、旋回は片手ずつハンドル・レバーで水圧機構を操作するものらしい。

他の四名は、尾栓の開閉動作と弾薬の装填を担当した。装填が終わり、尾栓を閉じて火管を装填したら、発砲索を砲台長に渡し、砲台長が照準を定めて発砲索を引けば発射される。

こうして見れば、砲の命中精度は九割がた、砲台長のスキルにかかっているように思える。この時代のリモートコントロール式に巨大な砲を操作する技術的な困難さを思えば、最低限、安定したプラットフォームの必要性が求められるところだろう。

これは、ベルタンがもっとも忘れていたことではなかったのか、という疑問が生じる。

黄海海戦と三景艦の戦訓

明治二十七～二十八（一八九四～九五）年の日清戦争における白眉は、何といっても明治二十七年九月十七日の黄海海戦であった。現在の西朝鮮湾の中国と北朝鮮の国境近く、中国

日清戦争・黄海海戦の図（太田喜二郎・画）。左下は清国「定遠」型装甲艦。

領の東溝沖合で発生した。日本、清国ともに、当時のほぼ第一線主力艦艇より構成された、ほぼ同勢力の艦隊が交戦した。

十九世紀の近代的海軍同士の海戦では、数年後の一八九八年におきた米西戦争のマニラ湾海戦とともに、以後の各国海軍兵力整備にあたえた影響は大きかった。

この海戦では、日本側の三景艦と清国の「鎮遠」「定遠」が対戦、ライバル同士の優劣に決着がつくはずであったが、現実はかなりあいまいな結果に終わった。

戦闘は、優速の日本側が単縦陣で第一遊撃部隊と本隊に別れて、横陣で迫ってきた清国側を周回するかたちで砲火を浴びせた。その結果、安式速射砲をおく装備した日本側の火力が圧倒的に多数の命中弾を得て、清国側は三隻が沈没、二隻が擱座全損の損害を生じて撤退せざるをえなかった。

三景艦は本隊に属して海戦中、「松島」は四発（鋼鉄三、通常一）、「厳島」五発（鋼鉄）、「橋立」四発（鋼鉄）を発射していた。これらの一三発のうち、何発が清国艦隊に命中したのであろうか。

戦後の情報その他によれば、「定遠」に四発、「鎮遠」に数発、さらに「来遠」に一発、沈没した「致遠」に一発という調査結果が、後の軍令部の公刊戦史に記載されている。

これが事実とすれば、五〇パーセント以上の命中率になり、いささか信じがたいが、ただ「鎮遠」「定遠」の装甲帯を貫通した砲弾はないとしている。

しかし、二六センチ克式砲の砲弾がバーベットや装甲帯に命中した跡はあっても、貫通していないことから、鋼鈑の抵抗力は砲威力を上回っていた可能性がある。カタログ・データは普通の鉄板であるところから、いちがいには信用できない面もある。

ただ、この海戦中の三景艦各艦の発射弾数の少なさは、ある意味、驚きであった。相手の「鎮遠」は海戦中に一二〇発を発射、残弾一〇発程度で戦場を離脱したのとくらべても、その発射速度はあまりにもスローすぎるといえる。

一般的には、三景艦の三二センチ砲の発射間隔は五分前後といわれており、後の明治三十六（一九〇三）年九月に「松島」が仁川沖で候補生見学のため試射した場合の記録では、一、揚弾薬が尾栓位置にとどくまで……一分九秒

二、弾丸、装薬（薬嚢一個）の装填に……一分一六秒
三、尾栓を閉めるまで……四九秒
四、火管を装填、発砲準備完了まで……一分四五秒
以上、合計四分五九秒を要するとされている。
この後、照準がととのえば、ただちに発砲となるが、実戦では砲の旋回、俯仰操作をして照準を定める動作が当然はいるわけで、必然的に発砲間隔は一〇～一五分になるのはうなずける。

結果的に、これではとても実戦的とはいえず、日露戦争前に当時の装甲巡洋艦が装備していた安式八インチ連装砲に換装してはとの意見具申もあった。

海軍当局自体が、すでに三景艦に見切りをつけていたようで、とくに改善改良もしないいま、日露戦争ではかつてのライバル「鎮遠」と一緒に第五戦隊を編成して、日本海海戦にも参加した。「松島」三発、「厳島」一発の三二センチ砲弾を発射しているが、ここでも「定遠」の五発に負けている。

明治四十（一九〇七）年度の検定射撃実施規定には、すでに加式三二センチ砲の規定はなく、当時まだ二等巡洋艦として三景艦が現役にあったのにもかかわらず、三二センチ砲は戦列外のあつかいであった。

「松島」は明治四十一年四月、遠洋航海の帰途、台湾の馬公に碇泊中、火薬庫の爆発事故で

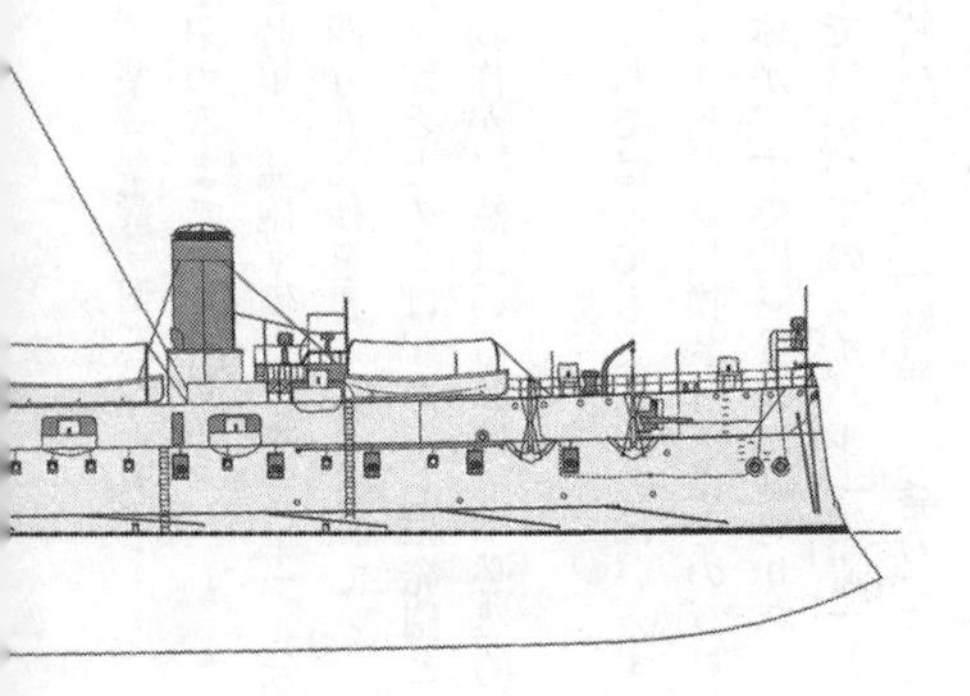

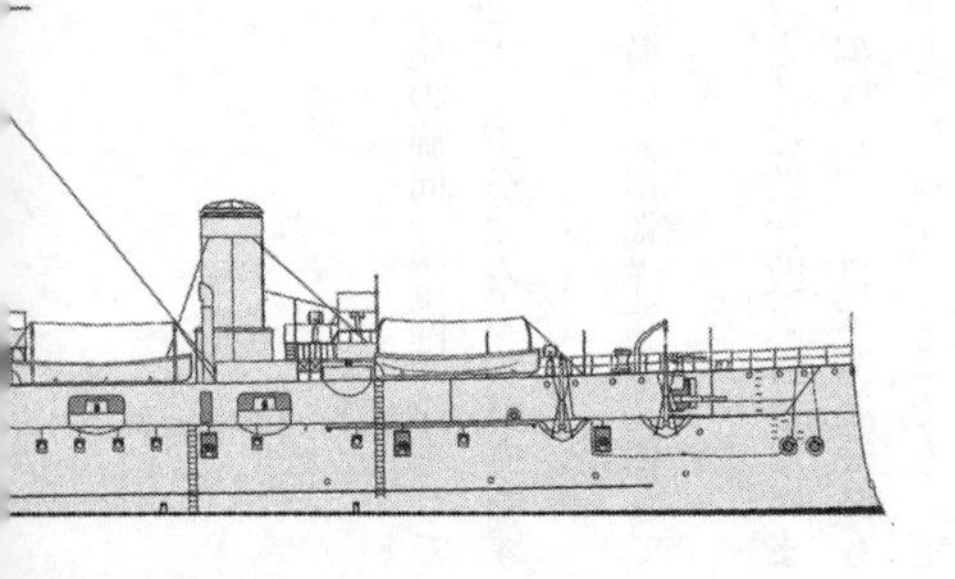

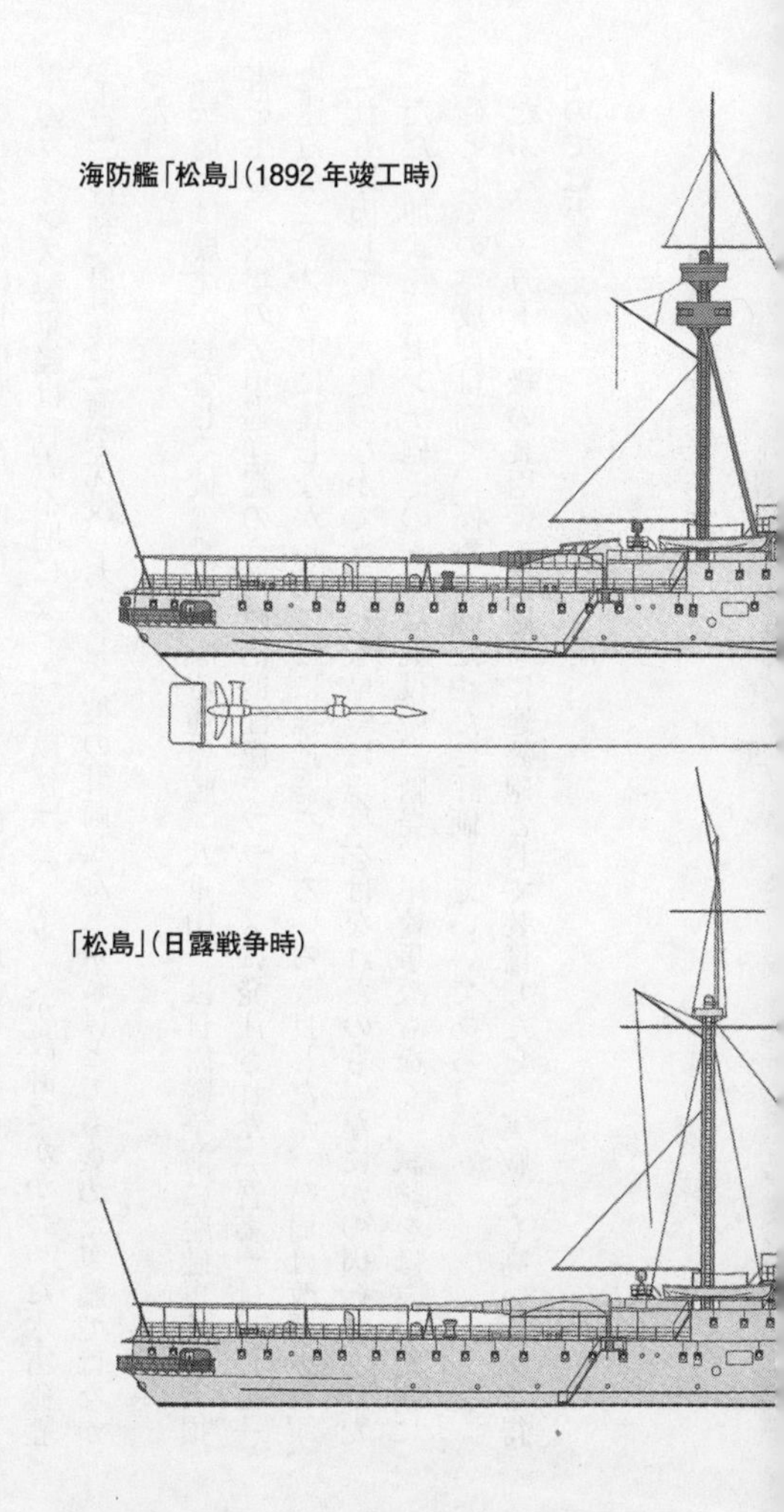
海防艦「松島」(1892 年竣工時)
「松島」(日露戦争時)

沈没した。最後まで現役にあった「橋立」も、大正十一（一九二二）年の除籍にあたって搭載する三二センチ砲の記念保存を提案したが、当局はそれを入れずに廃棄処分を決めており、冷たいあつかいだった。

ベルタンには日清戦争後、明治二十七年十二月に勲一等瑞宝章が贈られているが、日本海軍のフランス製軍艦は行方不明になった「畝傍」、ベルタンが設計にかかわった水雷砲艦「千島」は到着直後に衝突沈没、おなじく彼の計画した三景艦はとても褒めた軍艦ではなかった。

「松島」は爆沈、おなじく彼の設計になる通報艦「八重山」は日露戦争前に座礁事故で大損害を生じ、六隻の装甲巡洋艦のうち政治的配慮でフランスに発注された「吾妻」は、ただ一隻速力が二〇ノットに達しなかった。後に推進器をいろいろ改良したが、結局は改善されず、これも原因して、六隻のなかでもっとも早くに現役をはなれたのも、なにかの因縁であった。

ただ、加式三二センチ砲そのものは就役中、腔発、尾栓事故もなく、試験をはぶいた割には砲としての完成度は高く、優秀な砲だったと評価していいであろう。

たぶん、一万トン級の装甲艦の露砲塔に連装砲として装備したら、実戦でも高い評価を得たのではと考える。

第4章　安式砲の時代と日露戦争

世界最強海軍の新型戦艦

一八八九（明治二十二）年度計画で英海軍が建造した戦艦ロイヤル・サブリン級（一万四一五〇トン）は近代戦艦史上、特筆すべき艦である。

一八六〇年に進水した英海軍最初の装甲艦として位置付けられているウォリアー（九二一〇トン）いらい、約三〇年間にわたってつづいてきた装甲艦の歴史は、試行錯誤の連続といってよく、あらゆるタイプの装甲艦が出現したにもかかわらず、定番といえる艦は出現しなかった。

もちろん、この間に搭載する艦載砲と、その砲弾を防御するための甲鉄は改良、改善をくりかえし、これに応じた船体構造と兵器のレイアウトが考案されてきたのであった。

いうまでもなく、この間も英海軍は世界最強の海軍兵力を維持してきただけでなく、艦船建造技術においても、世界のトップリーダーに位置付けられていた。

このロイヤル・サブリン級について英国のオスカー・パークス博士は、自著『英国戦艦史』のなかで、本級の特徴として次の四つをあげている。

一、英戦艦史上最初の高い乾舷をもち、主砲を上甲板前後に配した最初の艦
二、副砲を舷側ケースメイト内に装備した最初の艦
三、排水量一万二〇〇〇トンを超えた最初の艦
四、鋼鉄（複合鋼鉄）を防御材として採用した最初の艦

さらに少し付けくわえれば、戦艦（Battle Ship）とよばれる最初の艦であり、本級により戦艦の形態というものが確立されたといってよく、かつ英海軍での主力艦建造で、六隻もの同型艦が建造されたのも最初であった。

とはいっても、英海軍はこの形態に一〇〇パーセント自信をもっていたわけではなく、同年度の予算でもう一隻、フッドという戦艦も建造している。同排水量ながら、船体はより低乾舷で、前後の一三・五インチ三五口径連装砲は同じであったが、ロイヤル・サブリン級が露砲塔装備であったものを、桶をさかさまにかぶせたような囲砲塔という、重装甲の砲塔を有していた。

ここでいう砲塔とは、のちの戦艦の砲塔とは構造的には別物で、区別するために囲砲塔という。すなわち、英海軍としては乾舷の高さと、主砲装備形態の比較実験をおこなったもの

である。

たぶん英海軍は、ロイヤル・サブリン級の実艦としての実績を見届けるためか、このあと数年間、主力戦艦の建造計画をもたず、二等戦艦とよばれた一万トン級、一〇インチ主砲搭載艦を建造する。

主力戦艦として自信満々に建造したのが、一八九三年計画のマジェスチック級（一万四五六〇トン）で、同型九隻という多数の同型艦を一挙に建造、一八九五〜九八年に完成した。

英戦艦ロイヤル・サブリン級(上)とマジェスチック級(下)。

このマジェスチック級は、基本的にはロイヤル・サブリン級と同大、同乾舷高、主砲のみいくぶん口径を落として一二インチ三五口径砲として、連装砲を前後に装備した。ただし、露砲塔にかえて、近代的な最初の砲塔構造をもつ。装甲された密閉砲盾＝砲室が、砲架、下部の揚弾薬装置などの構造物と一体になって、船体に固定されたバーベットとよばれる装甲円筒内を旋回できる構造を採用していた。

かくして、本格的戦艦の最初の量産艦が出現したのである。

日本海軍初の近代的戦艦

この間、日本海軍は創設いらい二十数年、最初の試練ともいえる日清戦争開戦を迎える。たびたび提出されては消えていった主力装甲艦取得の企てはすべて破綻して、三景艦のような異形軍艦で戦うはめになった。

ただし、正確には明治二十六年二月の明治天皇の詔勅により、天皇自身の宮廷費返上、公務員各自の俸給一〇分の一返上により甲鉄艦建造費用の捻出を提示されて、ようやく議会も甲鉄艦二隻の建造予算を、はじめて承認するにいたっている。

当初、七年継続予算で建造するところ、日清関係の悪化にかんがみ、五年に短縮して明治二十七年三月には英国に発注するまでにいたった。しかし、その年の七月、ついに開戦となり、戦争にはとうてい間に合わなかった。

二隻の甲鉄戦艦（当時の公文書において、すでに甲鉄戦艦と呼称されていた）は「富士」「八島」と命名されて、テームズ鉄工造船会社とアームストロング社に、それぞれ九三万九

ロイヤル・サブリン級をもとに建造された戦艦「富士」(上)と「八島」(下)。

一七〇ポンド、九四万五二七〇ポンドで契約された。

これは船体、機関、兵器、定備品をふくむ額で、日本円では、これのほぼ一〇倍となる。当時、ロイヤル・サブリン級はほぼ全艦完成しており、マジェスチック級が起工されつつあった時期である。

したがって、日本海軍ではロイヤル・サブリン級をベースとした戦艦を想定して発注したのは当然で、ただ主砲にはアームストロング社製一二インチ四〇口径砲を指定した。

すなわち、主砲のみは起工直後のマジェスチック級のものを採用するが、英海軍の三五口径より砲身長を伸ばした四〇口径砲としていた。本家の英海軍が四〇口径砲を採用したのは、一八九七年計画のフォーミダブル級においてで、この年すでに日本の「富士」「八島」は完

安式40口径12インチ砲身諸元

		安式40口径12インチ(30㎝)砲
一般呼称		安式40口径12インチ(30㎝)砲
砲身名称	型　名	I、XI
	外　型	安式
	尾栓型式	安式
砲身寸法・重量	実口径(㎜)	304.8
	砲身全長(㎜)	12712.47
	腔　長(㎜)	12191.78
	口径数(弾程／実口径)	40
	薬室容積(ℓ)	164.6〜165.1
	薬室長(㎜)	1615
	腔腔断面積(㎠)	7.43〜7.37
	砲身重量 (kg)	48768 (49634のデータあり)
施条	施条本数	48(I型)、72(XI型)
	施条纏度	(注参照)
	深　さ(㎜)	2.03〜1.52(I型)、2.54=2.03(XI型)
砲性能	初　速(m/sec)	732(常装700、減装463のデータあり)
	砲口威力(t-m)	10528
	貫通力	1140㎜(砲口にて鉄板)
	命　数	150
製造	砲身構造	層成鋼線式
	初砲製造年	1897
	製造所	アームストロング社
	製造数	24+8(予備)+24(戦時発注)
使用弾薬	徹甲弾　弾　長(㎜)	3.1口径 (クローム鋼鉄榴弾)
	徹甲弾　弾　重(kg)	385.5
	徹甲弾　炸薬量(kg)	5.9
	通常弾　弾　長(㎜)	3.6口径
	通常弾　弾　重(kg)	385.5
	通常弾　炸薬量(kg)	28.6
	常装薬量(kg)	68
	同薬種	紐状火薬
	薬嚢数	2
搭載艦名		富士、八島、敷島、朝日、初瀬、三笠
備　考		(注)I型(右施条砲尾600口径1回転、砲口30口径1回転) XI型(右施条砲口砲尾まで28口径1回転)

安式40口径12インチ砲塔・砲架諸元

		富士型（安式）	敷島型（安式）	三笠（毘式）
砲塔・砲架機構	最大仰角／俯角（度）	15/5	13.5/5	13.5/4.5
	最大射程（m）	15000	12000	12000
	装塡秒時（秒）	54	54	30
	装塡方式	固定 13.5°	固定 13.5°	固定 4.5°
	1砲搭弾薬定数	80	80	80
	操作人員数	18	15	14
主要寸法	焜輪盤直径（m）		7.1	
	バーベット直径（m）		11.2	
	砲身退却長（m）	0.914	0.914	0.914
駆動方式	旋回能力	水圧	水圧	水圧
	俯仰動力			
	駐退推進機構	液圧—水圧	液圧—水圧	液圧—水圧
	駆動動力源	串型コンパウンド機×2		安式300 HP×2
砲塔（楯）装甲厚	前楯（mm）	152	254	254
	側面（mm）	139	152	203
	後面（mm）	130	254	254
	天蓋（mm）	38（I型鋼格子）	38（I型鋼格子）	38（I型鋼格子）
	バーベット（mm）	356	356	356
製造	製造年	1895	1898	1900
	製造所	アームストロング社	アームストロング社	ヴィッカース社
	製造数	4	6	2
搭載艦名		富士、八島	敷島、朝日、初瀬	三笠
備考		英海軍BII型と同型	英海軍BIII型と同型	英海軍BVI型を改良

成しており、四年ほど先を行っていた。

安式（アームストロング）四〇口径一二インチ（三〇センチ）砲は、口径的には三景艦の加式三八口径三二センチ砲よりいくらか下回ったが、砲口威力では上回っていた。日清戦争の戦利艦として編入された「鎮遠」の克式二五口径三〇・五センチ砲にくらべると、相対的な威力は倍以上にたっしていた。

かくして日本海軍は創設三〇年目にして、初めて海軍兵力の中核となる近代的戦艦を取得したことになり、「鎮遠」「定遠」に代わる東洋における最強戦艦コンビが出現した。

一八九〇年頃にはじまった、この装甲艦の標準化は、すなわち戦艦の時代のはじまりであった。日本は幸か不幸か、複雑な装甲艦時代をへずに、いっきょに戦艦時代から海軍兵力の本格的整備に乗り出すことができたのである。

この時代、欧米列強は戦艦をきそって建造した。戦艦の保有数が即、世界における海軍兵力のランキングになるため、新興海軍国であったドイツと米国は急速に海軍力を高めて、ロシア、イタリア、オーストリアを追いこす状態だった。

日本海軍も日清戦争後には、列強海軍の末席に位置する新興海軍として注目されつつあったが、残念ながら列強七ヵ国とちがって、戦艦を自国で建造する能力がなく、もちろん搭載する大砲も製造できなかった。

日清戦争後の三国干渉のように、列強各国は東洋にそれぞれ有力な艦隊を派遣して、露骨な砲艦外交をおこなっていた。二隻の戦艦だけでは列強の東洋艦隊に抵抗できず、臥薪嘗胆の時代がしばらくつづくことになる。

安式一辺倒の「富士」型

日清戦争から一〇年にして、日本はふたたび大国ロシアと戦端を開くことになるが、これはこの一〇年で、ロシア東洋艦隊に対抗できる海軍兵力の整備ができたからである。

この間、四隻の戦艦と六隻の一等巡洋艦（装甲巡洋艦）を、主として英国で建造、いわゆる「六六艦隊」が明治三十五（一九〇二）年までに完成している。

戦艦は「敷島」以下「三笠」まですべて英国に発注、搭載する主砲四門も安式四〇口径一二インチ（三〇センチ）砲で統一する。装甲巡洋艦においても、主砲はすべて安式四五口径八インチ（二〇センチ）砲四門を搭載、すべて英国のアームストロング社が製造したもので、船体・機関の製造造船所に供給、装備された。

こうした搭載砲の安式への統一は、弾薬供給やメインテナンス上からもきわめて大きなメリットとなる。この時期、副砲としての六インチ（一五センチ）、四インチ（一〇センチ）、三インチ（七・六センチ）各砲も、すべて安式で占めていたのは、明治前半のクルップ（克式）一辺倒の事例を超えるものであった。

「富士」型の搭載した主砲塔構造は別図に示すが、基本的には英海軍のマジェスチック級の搭載したBⅡ型砲塔と同型である。英戦艦の砲塔構造としては、初期の型にあたるもので、のちの戦艦の砲塔構造とはかなり異なっている。

船体側のバーベットは卵型をして、砲塔の後方にのびている。これは下部からの揚弾薬機構と装填装置が、砲塔の旋回部の外側に設置されて、装填にさいしては、砲塔を静止位置にもどして、砲身に一三・五度の仰角をかけた状態で装填がおこなわれる。この一三・五度は、英戦艦での最大仰角である。

戦艦「富士」搭載
安式40口径12インチ砲構造図

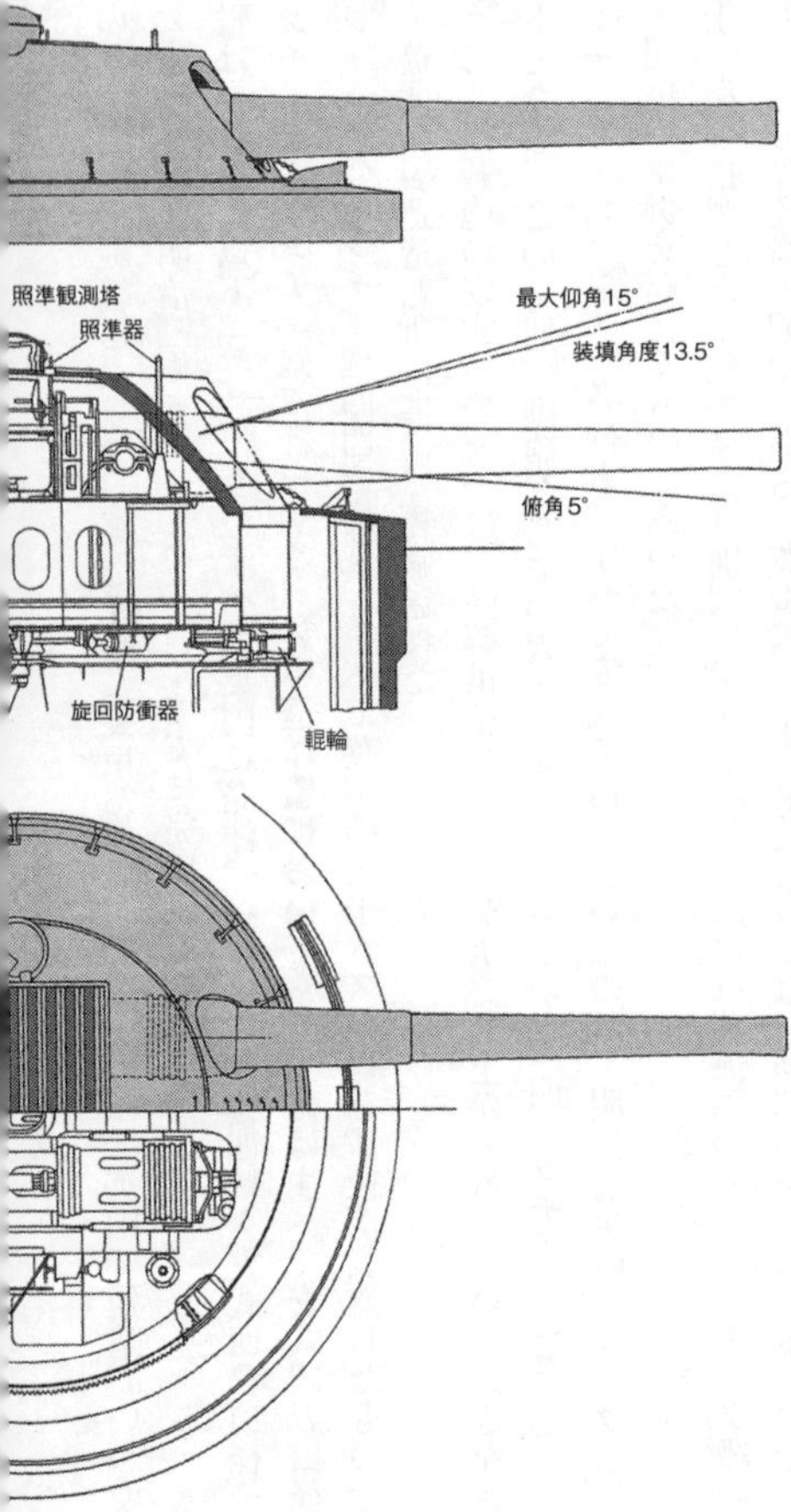

照準観測塔
照準器
最大仰角15°
装填角度13.5°
俯角5°
旋回防衝器
輥輪

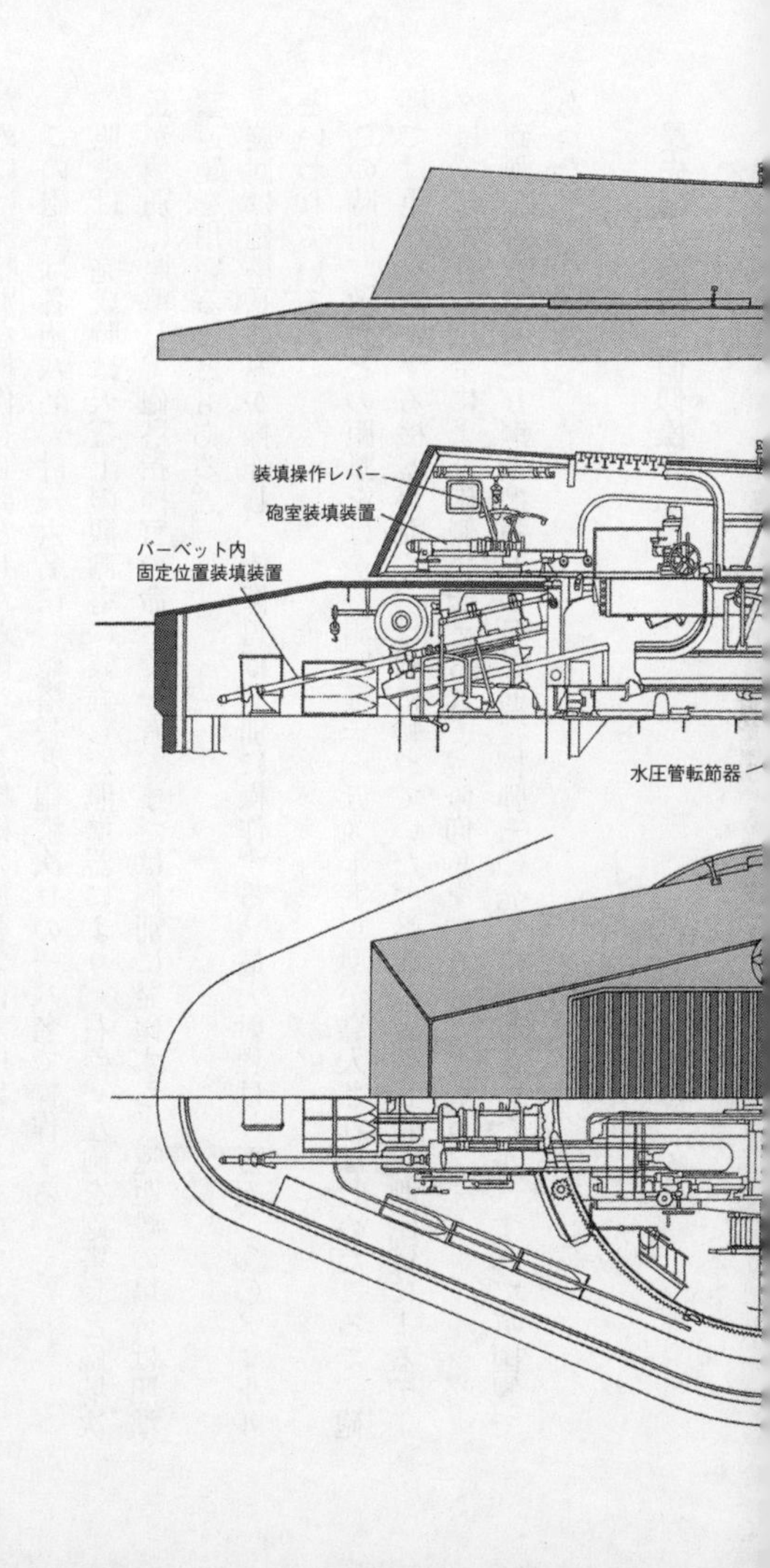
装填操作レバー
砲室装填装置
バーベット内
固定位置装填装置
水圧管転節器

一般に英海軍では、主戦場となる北海は視界が悪く、あまり遠距離での交戦は考慮していなかった。

「富士」型では、これを改めて最大一五度まで仰角を高める構造としたといわれるが、そのためには、特別な操作を必要としたという。各機構の原動力は水圧によるものである。

この砲塔は各砲八名、計一六名に、砲塔長と砲塔次長の一八名で操作する。

照準は、完成時は天蓋上の観測塔に装備した照準器により、右砲、左砲を砲塔長と砲塔次長が個別に照準し、砲塔指揮官の命令で一斉、または個別に発砲する。遠距離の場合は照準望遠鏡を用いることもある。

旋回は砲塔長のみが操作し、俯仰角は個別に操作する。最大射程は一万五〇〇〇メートルといわれている。

この時期、敵艦との距離をはかる測距儀一・五メートル型が導入されはじめたころで、砲塔では距離を測定する機器がなく、目測に頼っていた。艦橋に装備された測距儀によるデータは、伝声管や伝令により砲側に伝えられて、俯仰角を調整したという。

砲弾は、一門あたり鋼鉄榴弾五〇発と通常榴弾三〇発を搭載していたが、すべて英国製であった。

最先端の旋回・俯仰操作

「富士」型につづいて建造された戦艦「敷島」「朝日」「初瀬」三隻の砲塔はほぼ同一で、これも英戦艦マジェスチック級の後期艦と、次のキャノプス級に装備されたBⅢ型砲塔とほぼ同型である。

バーベットの形状は円形に変わり、揚弾薬筒と装填装置は旋回部にうつされた。これにより、どの旋回角度でも装填が可能となったが、装填角度は一三・五度のままで、「富士」型のような最大仰角の追加はなく、これが最大仰角となった。このため最大射程は一万二〇〇〇メートル程度に落ちている。

砲盾は前面一〇インチ厚、側面六インチ、後面一〇インチと、「富士」型砲塔の六インチ、五・四インチ、五・一インチよりおおはばに強化されている。天蓋は通気をかねて〈I〉型鉄骨の格子構造となっており、弾道が直線に近いこの時代の砲戦では、これで十分であった。バーベット部はともに一四インチと厚かったが、鋼鉄材質は「富士」型のコンパウンド鋼からハーベイ・ニッケル鋼に変わっている。

砲塔操作人員は砲手一二名のほかに、砲塔長、砲塔次長および掌弁手の三名、合計一五名である。標準装填秒時は五四秒で、「富士」型と変わりない。

最後に発注された「三笠」はアームストロング社製の砲身を搭載したものの、砲塔構造は建造所のヴィッカーズ社の設計で、英海軍のBⅦ型砲塔に似た構造を採用した。

旋回部の中間に換装室を設けて、ここに揚げた弾薬を短い秒時で砲尾部に移動することができた。かつ、今までの一三・五度の装填角度を四・五度に改めて、標準装填秒時を従来の五四秒から三〇秒に短縮している。また、砲盾の側面厚を八インチに高めている。

この構造は、のちのド級戦艦時代を通じて、戦艦の標準型砲塔構造となった。砲塔操作人員は「敷島」型の掌弁手が減って一名少ないが、下部の換装室には五名が配員されている。

砲台長の操作する旋回、俯仰は、「敷島」型では個別のレバーで操作されていたが、「三笠」では一個のレバーで両動作を操作する、今日のゲーム機のスティック・レバーのような形式に改められていた。

照準と発砲動作が瞬時におこなうことができ、かつ照準望遠鏡も従来のものより見やすく改善されて、使いやすいと艦側の評判もよく、他艦からは同等装備の要求が強かったという。

日本海軍は国家としては貧乏であったが、対露軍備として整備した各種艦艇は、いずれも本家の英海軍に勝るとも劣らない最新の新鋭艦ばかりであった。その兵器、装備品についても、最新のものを惜しげもなく購入して装備していた。

もちろんこれは、来たるべき対露戦争においてロシア東洋艦隊に敗れれば、日本の存亡が問われることを意識していたからに他ならない。

先に触れた測距儀は、そもそも日清戦争直前に取得した防護巡洋艦「吉野」に装備されて日本に届いたのが、日本海軍の取得した測距儀第一号であった。

この測距儀は、英国のバー&ストラウド社が製造して、一八九三（明治二十六）年に海軍

東城鉦太郎画伯の日本海海戦時における「三笠」艦橋の図。東郷長官の背後に見えるのがFA２（1.5メートル）型測距義。右手前は初期の測距義らしい。

用測距儀として最初に英海軍に採用されたＦＡ１型で、出来立ての新製品であった。

日清戦争で測距儀の有効性を認めた日本海軍は、明治三十一年から同三十四年までに、改良型のＦＡ２（一・五メートル）型を五六基購入して、主要艦艇に装備していた。

開戦時、戦艦、装甲巡洋艦には各艦二基あて装備されていたが、開戦前年の一九〇三（明治三十六）年に、バー社が精度を高めた改良型のＦＡ３型を開発したので、開戦直前の明治三十七年一月に一〇〇基を発注した。これらは日本海海戦前に船着、各艦艇に装備された。

また、測距儀とは別に、時計型の距離および方向指示機を一八九八年にバー社は開発、製品化しており、日本海軍向けの日本語仕様の製品を海軍が注文して、一九〇一年末までに発信機三三基と受信機二一五基を納品、主要艦艇に装備された。

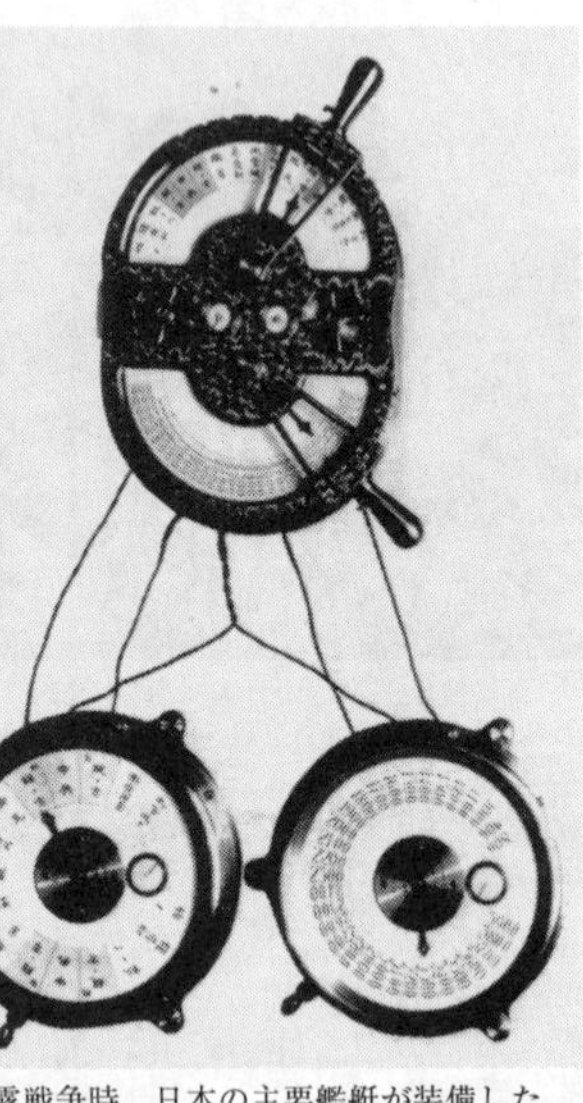

日露戦争時、日本の主要艦艇が装備した英バー＆ストラウド社製の時計型距離／方向指示器。左が発信機、右が受信機。

この発信機は測距儀に装備して、測定した距離を司令塔内の受信機に送り、ここから各砲側の受信機に、距離と交戦すべき目標を将校の砲戦指揮官が決定して砲側に送信した。砲側では、目受信機の指示にしたがって、目標に照準を合わせ、指揮官の命令で一斉発砲するか、個別に発砲する仕組みが、日露開戦前に完成していた。

これは指揮官の命令が、伝声管や伝令の肉声では砲戦時の騒音で聞きとりにくく、時間的ロスをなくすのに有効であった。当時、高声電話機も一部の艦には装備されていたものの、まだ普及するまでにはいたらなかった。日露戦争中に採用の拡大がはかられたが、実現するのは戦後になった。

こうした新型の砲戦指揮装置は、相手のロシア海軍もほぼ同様に取得、装備していたものの、それを使いこなす熟練度はかなり劣っていた。

東郷を悩ませた膅発事故

主力戦艦の勢力がほぼ互角となった明治三十七年二月、日本海軍の旅順港奇襲で日露戦争は開戦する。以後しばらくは、旅順に立てこもるロシア艦隊との小競り合いがつづくが、この間に日本側は虎の子というべき戦艦二隻、「八島」と「初瀬」を一挙に失う大失態が生じた。

日本側の行動パターンを読まれて敷設した機雷にやられたもので、ロシア側も同様のケースで、司令長官マカロフ提督の座乗する旗艦戦艦を司令長官ともども失っていた。

六隻中二隻の損失は、かんたんに補充がつかない戦艦だけに、日本海軍にとって最大の危機となった。しかし、幸いにも開戦直前にイタリア製の注文流れの装甲巡洋艦二隻を購入、開戦直後に日本に到着した「春日」「日進」が、その穴を埋めることで、なんとか態勢を立て直すことができた。

このうち「春日」は、艦首に二〇センチ連装砲の代わりに安式（アームストロング）四〇口径一〇インチ砲一門を搭載しており、この砲は最大三五度という大仰角が可能で、最大射程は一万九〇〇〇メートルと一二インチ砲をしのいでいた。

明治三十七年八月十日、旅順艦隊は急遽出撃、日本側の封鎖を突破してウラジオストクへの脱出をはかる行動にでた。

戦艦「敷島」型搭載安式
40口径12インチ砲塔

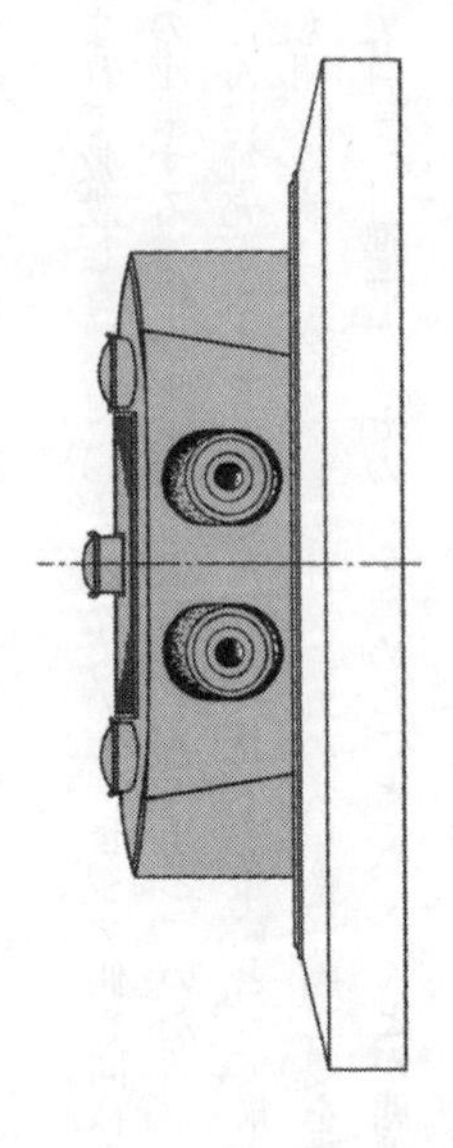

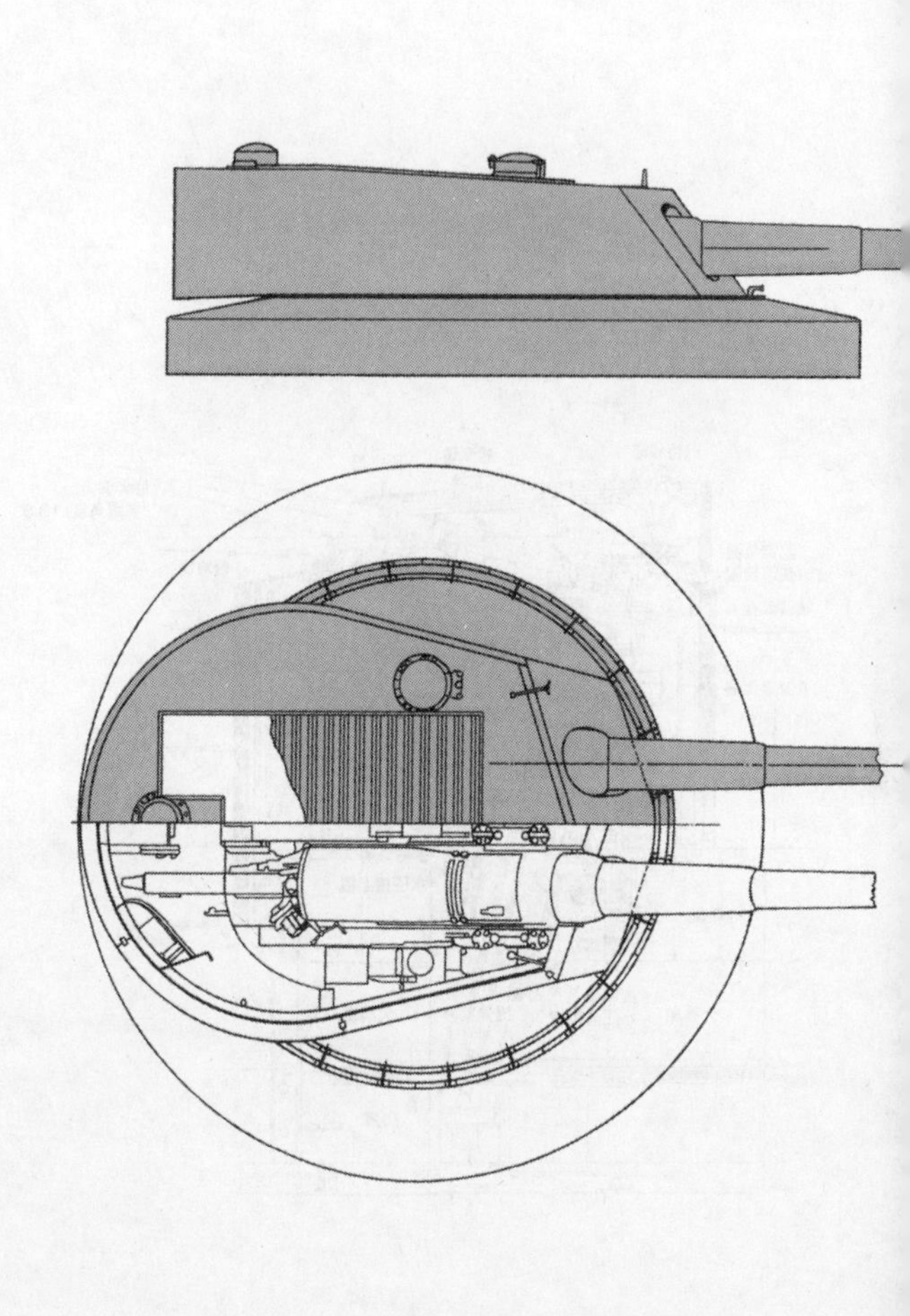

「敷島」型搭載安式40口径12インチ砲塔構造図

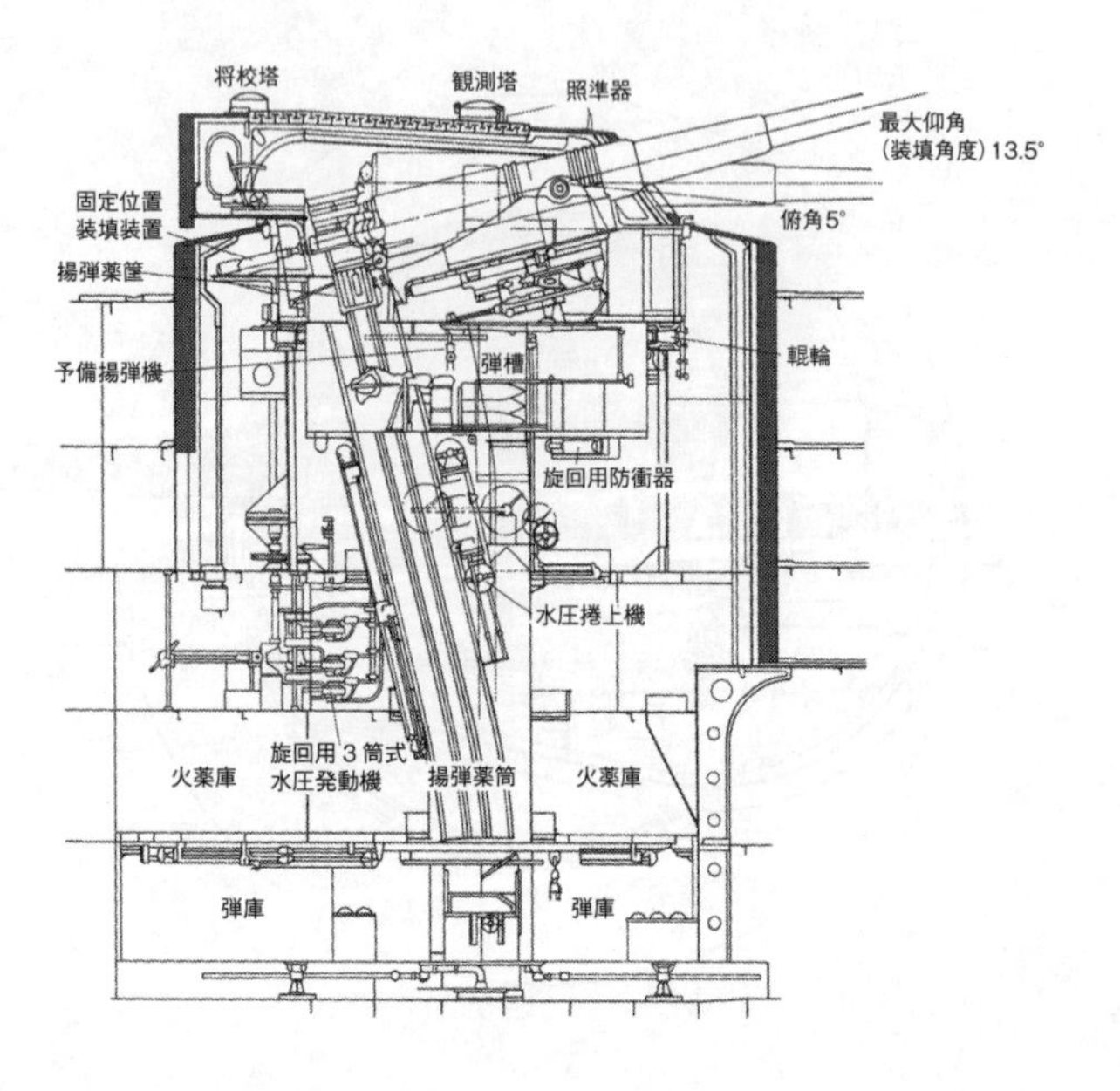

戦艦「三笠」搭載12インチ砲塔構造図

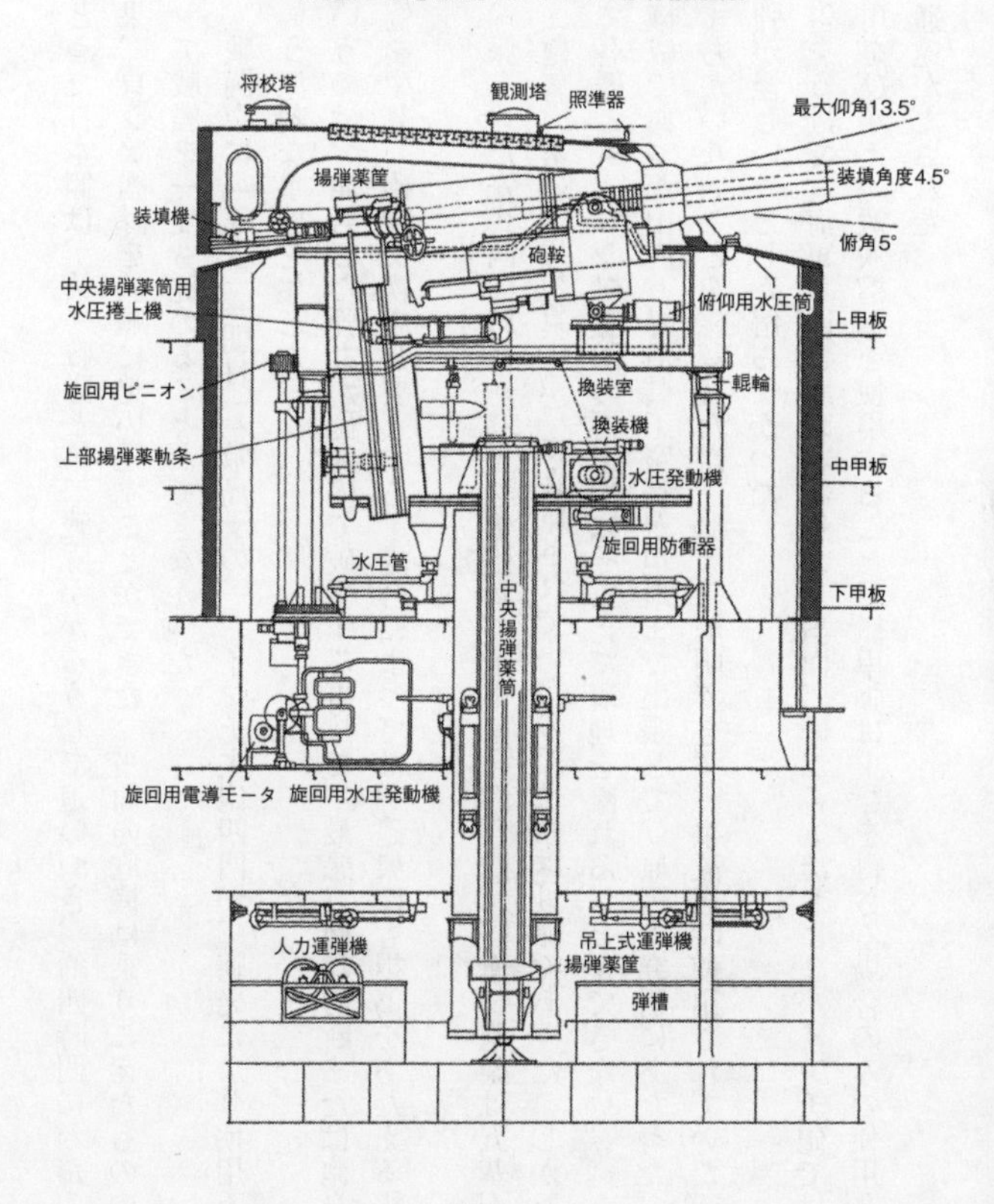

遅れをとった日本側は、第一戦隊と第二戦隊がかろうじて追いつき、約四時間にわたる追撃戦の結果、ロシア艦隊を旅順に追い返すことができた。当面の危機は乗りこえたものの、海戦でロシア戦艦を一隻も沈めることができなかった。

しかも、戦闘中に「三笠」「朝日」「敷島」の一二インチ主砲四門が、腟発により使用不能になるという深刻な事態を生じた。

腟発というのは、発射した弾丸が砲身内で破裂する事故で、最悪、砲身切断または砲身に重大な損傷を生じ、砲身交換を必要とする。場合によっては、砲架にも損傷をあたえる場合があった。

開戦時、保有した安式四〇口径一二インチ砲身の予備は合計八門、同連装砲架は五基が呉海軍工廠（砲架一基のみ横須賀工廠）に在庫されていたので換装は可能であった。しかし、戦闘直後で各艦とも、ロシア艦隊の再出撃にそなえて現地を離れることができない。

大砲の権威であった山内万寿治呉工廠長が現地まで出張して、原因の究明にあたった。腟発事故にまちがいないことを確認したが、原因は解明できず、事故当時使用されていた一号、二号徹甲弾が怪しいこととしか解らなかった。

この報告をうけて、海軍大臣と艦政本部長より当面、一二インチおよび八インチ砲では徹甲弾の使用をひかえ、鍛鉄榴弾を使用すること、徹甲弾は止むを得ざる場合のみの使用とすべしとの通達がだされた。

明治37年８月10日の黄海海戦で膅発により切断された「三笠」の前部右砲。

今日、これは当時採用されていた、日本側の伊集院信管に原因があったとされている。したがって、この信管を装着した弾丸すべてに可能性があったもので、のちの日本海海戦においても案の定、膅発事故が連発することになる。

当時、弾丸本体の瑕疵、さらに砲身内部の傷などの有無、発砲時の砲身温度の高熱化などが疑われ、日本海海戦において「三笠」などでは、砲身に帆布のジャケットをかぶせて海水による冷却を、艦側の独断で実施していた。もちろん、根本的解決にはほど遠かった。

日本海海戦では膅発をおそれて、戦艦四隻で一二インチ砲弾四一四発を発射したが、「富士」と「朝日」は徹甲弾を使用せず、二八発の徹甲弾を撃った「三笠」と四発を撃った「敷島」に膅発が生じたのは、皮肉であった。

第一戦隊の「春日」と「日進」も徹甲弾は一発も発射しなかったのに、「日進」では戦闘中に八インチ砲四門すべてが使用不能となり、三門が膅発事故と推定されている。

このとき艦橋にあった後の連合艦隊司令長官の山本五十六少尉候補生は、この膅発事故による破片で左人差指、中指を欠損、大腿部に重傷をうけている。

疑われた信管と下瀬火薬

当時、一二インチ徹甲弾の製造はすべて英国製で、日本に到着後、内部に下瀬火薬を充填、伊集院信管を装着して完成させていた。鍛鋼榴弾については国産化に成功しており、開戦時から明治三十八年十月までに二七五七発を製造している。

もちろん、この鍛鋼榴弾にしても、伊集院信管を装着しているかぎり膅発事故の可能性があり、しかも炸薬量が多いだけ、砲身損傷程度も大きかったに違いない。

伊集院信管については、当時から疑いがなかったわけではないらしいが、考案した伊集院五郎中将は当時軍令部次長の要職にあり、海軍将官の最先輩であった関係から、あまり表だっていう人がいなかったらしい。

同時に、装填された下瀬火薬にも問題があった。命中時に充填火薬が弾体前方に圧縮されると、瞬時に信管による起爆前に自爆する傾向にあり、単に炸裂する破片や高熱ガスにより、人員や装備品の殺傷や破壊、さらには火災発生に威力を発揮した。しかし、ほんらいの厚い甲帯を貫通してから内部で炸裂する、信管の遅延効果はなかったという。

こうした、いわば欠陥砲弾で日本海海戦に勝利したのは、当日の天候、すなわち「天気晴朗なれど波高し」の波高しにあった。

日本海海戦で腔発により切断された「日進」の前部8インチ砲。

貫通力はなくても、船体の非装甲部分に大破孔を開け、装甲帯にたいしては、命中時の爆発力で船体結合部などの構造体を破壊した。こうした損傷部から、高い波浪が流れこんで浸水を助勢、さらに上構の火災という被害に露艦は耐えられなかったのである。

安式四〇口径一二インチ砲の砲身については、命数が一五〇発程度だったことからも、予備の八門では心もとなかった。そのため、開戦直後に当時の装備数とおなじ予備砲身二四門と同連装砲架四基の製造を、海軍大臣より呉工廠に命じていた。もちろん、砲身の国産化はできなかったので、英アームストロング社に発注することになる。

この注文品がいつ納品されたか不明だが、日露戦争中に換装を要した一二インチ砲は一〇門あり、在庫の八門では足らないはずである。だが、一件は修理可能として換装せず、さらに換装砲身の製造番号から推定すると、日本海海戦時には新しい注文品が何門か入手ずみであった可能性がある。

一〇件中五件は完全に膅発事故で、砲身はすべて廃品になっている。「三笠」では、新造時に搭載していた砲身四門すべてを換装していた。

装甲巡洋艦の安式四五口径八インチ砲は、開戦時の予備砲身の在庫は六門、同連装砲架二基を持っていたが、戦争中の換装要求は一〇門あった。ほんらいなら不足するはずだが、八インチ砲については、戦前から呉工廠で国産砲の製造に成功、戦争中は明治三十八年十月までに三門を製造した。かつ換装要求のうち二件は換装せず、修理ですんだため問題は生じなかった。

第５章　国産砲時代の幕開け

一足早い四五口径砲採用

日本海軍は対露軍備として戦艦六隻、装甲巡洋艦六隻の「六六艦隊」をもって当たることを当面の目標として、明治三十五（一九〇二）年までにその完成をみた。戦艦の主砲は安式四〇口径一二インチ砲で、当時の標準的な戦艦主砲であった。

日露開戦のせまった明治三十六年、海軍大臣は極東の軍事情勢に応じて、第三期拡張計画として一等戦艦（一・五万トン）四隻、一等巡洋艦（一万トン）四隻などの建造計画を議会に提出した。結局、戦艦三隻、一等巡洋艦三隻に修正して議会を通過した。これは当時、ロシア海軍がバルト海で新戦艦五隻の建造に着手していたことに対抗したものであった。

当面、この計画による戦艦二隻「香取」「鹿島」の完成をいそぐため、英国での起工を繰り上げて開戦直後に起工された。

この二隻は英国の二大兵器メーカー、ヴィッカーズ社とアームストロング社に一隻ずつ発注され、英海軍が一九〇一～〇三年計画で同型八隻を建造中のキング・エドワード七世級（一万五六〇〇トン）に範をとった設計であった。

本級は、英国戦艦としては主砲と副砲の中間砲を搭載した、最初の準ド級戦艦（セミドレッドノート）といわれるカテゴリーに属する戦艦であった。

しかし、この二隻にたいし日本海軍では、英艦が従来通りの四〇口径一二インチ砲を搭載していたのにたいして、四五口径一二インチ砲を採用した。中間砲も、英艦の九・二インチ砲にたいして一〇インチ砲を搭載しており、英艦より攻撃力の強化をはかっていた。

かくして、日本海軍は戦艦などの主力艦主砲において、本家より一足早く四五口径一二インチ砲の時代にはいることになった。

一二インチ砲で五口径砲身を伸ばすとは、約一・五メートル砲身長が長くなる。

また、初速の増加にともなって射程が伸び、貫通力も増大するが、反面、砲身命数は減少する。

最初の国産主力艦の主砲

明治三十七年三月、日露開戦後に戦費を維持するため臨時軍事費が設定され、艦艇の建造や兵器の製造などにたいする予算が計上されて、艦艇補足費により戦艦二隻、一等巡洋艦四

英国で建造された戦艦「鹿島」は英戦艦よりも長砲身の主砲を装備していた。

隻などの建造計画が立案された。

　この直後の明治三十七年五月、旅順沖で封鎖任務中の戦艦「初瀬」と「八島」が触雷沈没、戦艦兵力の三三パーセントを一挙に失うという大失態を生じるにいたった。

　この損失を埋めるため、臨時軍事費による一等巡洋艦二隻を急遽国内で建造することになり、「筑波」と「生駒」が明治三十八年一月と三月に呉海軍工廠で起工されることになる。

　海軍当局は、開戦直後に現役戦艦の予備主砲として安式四〇口径一二インチ砲一六門、同砲架四基の製造を呉工廠に命じていたが、もちろんこれは国内では製造できず、英国安社への発注を意味していた。

　さらに、これとは別に臨時軍事費が決定したあと、明治三十七年九月二十八日に英国駐在の監督官に、安社にたいし四五口径一二インチ砲四門、四〇口径一〇インチ砲一門、四五口径八インチ砲一二門、また毘社にたいして四五口径一二インチ砲四門、四五口径八インチ砲一二門を発注することを命じていた。

安社の一二インチ砲は明治三十八年五月三十日に契約、一七ヵ月で完成、毘社の一二インチ砲は同じく同年五月三十一日に契約、一四ヵ月で完成することになっていた。これらの四

45口径30㎝砲身諸元

毘式45口径30㎝砲	呉式45口径30㎝砲	呉式45口径30㎝砲
Ⅱ 毘式 毘式	Ⅲ 安式 呉式	V 安式 41式
左同 14138.8 左同 〃	左同 14258.5 13712.38 左同	左同 14159.4 13758.1 左同
292.9 2078.30 747 58.397	298.9 2067.52 747/738 60.363	298.2 2071.03 747 左同
左同 30口径（右漸加） 2.54 9.97	左同 30口径（右平等） 2.54/2.00	左同 28口径（右平等） 2.54/2.03
左同 左同	左同 左同	左同 左同
左同 1906 英毘社	左同 1907 呉工廠 （安社製砲身の尾栓のみを改造）	左同 1910 呉工廠 （安社製砲身の尾栓のみを改造）
左同 〃 〃	左同 〃 〃	左同 〃 〃
〃 〃 〃	〃 〃 〃	〃 〃 〃
〃 〃 〃	〃 〃 〃	〃 〃 〃
香取×4、生駒×4	筑波×4、薩摩×4	鞍馬×4、安芸×4

		一般呼称	安式45口径30㎝砲
砲身名称		型　名	I
		外　型	安式
		尾栓型式	安式
砲身寸法・重量		実口径(㎜)	304.8
		砲身全長(㎜)	14263.1
		膅　長(㎜)	13715.75
		口径数(弾程/実口径)	45
		薬室容積(ℓ)	298.7
		薬室長(㎜)	2064.98
		膅腔断面積(㎠)	743/738
		砲身重量(t)	60.051
施条		施条本数	72
		施条纒度	30口径(右平等)
		深　さ(㎜)	2.54/2.03
		溝　幅(㎜)	8.87
砲性能		初　速(m/sec)	825
		貫通力(砲口/㎜)	399(クルップ甲鈑)
製造		砲身構造	鋼線式
		初砲製造年	1906
		製造所	英安社
		製造数	8+
使用弾薬	徹甲弾	弾　長(㎜)	1028.3
		弾　重(kg)	400.061
		炸薬量(kg)	12.464
	通常弾	弾　長(㎜)	1179.8
		弾　重(kg)	400.061
		炸薬量(kg)	34.831
		常装薬量(kg)	133
		同薬種	$110C_2$
		薬嚢数	4
搭載艦名			鹿島×4、伊吹×4

五口径一二インチ砲は、いうまでもなく日本最初の国産主力艦「筑波」「生駒」に用意されたものである。

さらにこの時、安社にたいして一二インチ砲粗材二〇門分、一〇インチ砲粗材二四門分、八インチ砲粗材八門分の発注もなされており、明治三十九年二月末納品になっていた。

これまでの定説では、「筑波」は最初の国産大型主力艦として、すべて国産技術と国産材料で建造したとする説をよく耳にする。しかし、主砲については安社より購入した砲身の尾栓形式を、呉式という日本独自（？）の形態にあらためて、日本式の独自性を強調したものらしかった。

呉式という尾栓形式は、安社と毘式の長所を採り入れたものといわれているが、実際にはそれほど優れたものではなかったようである。

「筑波」が訪英したさい、外国武官の前でその動作を披露した時に、閉まらなくなって恥をかいたともいわれており、採用したのは「筑波」と「薩摩」だけで、間もなく四一式尾栓にあらためている。

45口径30cm 砲連装砲塔・砲架諸元

香取砲塔	筑波砲塔	薩摩砲塔
18/5 左同 左同 — — 左同 — 67 左同	23/3 19900 左同 3 1.2(仰)/1.4(俯) 左同 — 60 15+7(換装室)	23/3 左同 左同 3.5 1.2(仰)/1.4(俯) 左同 10秒 左同 左同
左同 〃 〃 〃	左同 〃 〃 〃	左同 〃 〃 〃
〃 〃 〃 〃	〃 〃 〃 〃	〃 〃 〃 〃
330 229 229 76 254	244 152 229 38 178	254 203 229 64 229
137 左同	45.62(伊吹) 109.14(伊吹) 124.43(筑波) 240.05(伊吹) 452.83(〃)	146.62(薩摩) 左同 467.86(薩摩)
左同 英毘社 2	1906 呉海軍工廠 4	1909 呉工×3、横工×1
香取×2	筑波×2、生駒×2	薩摩×2、安芸×2
	伊吹、鞍馬略同	

		鹿島砲塔
砲塔・砲架機構	最大仰角 / 俯角 (度)	18/3
	最大射程 (m)	19500
	装填秒時 (秒)	36
	旋回速度 (角度 / 秒)	3.6 (水圧) /2.3 (電力)
	俯仰速度 (角度 / 秒)	1.6 (仰) /1.7 (俯)
	装填方式	5°～13° (自由)
	揚弾方式及び速度	8秒
	1砲搭弾薬定数	80
	操作人員数	16+4 (換装室)
主要寸法	焜輪盤直径 (m)	7.4676
	バーベット直径 (m)	8.3
	砲身間隔 (m)	2.286
	砲身退却長 (m)	1.067
駆動方式	旋回能力	水圧、電力
	俯仰動力	〃
	駐退推進機構	液圧、水圧
	駆動動力源	水圧、電力
砲塔(楯)装甲厚	前　楯 (mm)	254
	側　面 (mm)	203
	後　面 (mm)	203
	天　蓋 (mm)	38
	バーベット (mm)	229
各部重量	俯仰部 (t)	
	旋回部 (t)	
	装甲部 (t)	115.76
	砲架部 (t)	219.97
	旋回部全体 (t)	500
製造	製造年	1905
	製造所	英安社
	製造数	2
搭載艦名		鹿島×2
備　考		

日本海軍における艦載砲の国産化は呉海軍工廠で行なわれてきたが、日露戦争時に国産できた砲身は、最大口径で八インチ砲三門、以下一五センチ砲二〇門、一二センチ砲三〇門、八センチ砲四九門といったところである。同砲架については、安社八インチ砲単装砲架一基が最大で、以下一五センチ砲砲架一五基、一二センチ砲砲架一三基というのが、その実績であった。

砲身は、鋼塊から製造して完成できるのは呉海軍工廠だけで、ただ八インチ砲については、粗材を購入完成させた可能性もある。砲架は、横須賀工廠と呉工廠でも一部製造可能であっった。

一般的には一二インチ砲の鋼塊からの製造が呉工廠で可能になったのは、明治末期から大正初期の時期である。それまでは、純粋な意味での国産砲身はなかったというのが実態であった。

強化された砲身製造能力

話は前後するが、先の日露戦争時の臨時軍事費では、砲身購入と同時に海外の工作機械メーカーに旋盤、フライス盤、中ぐり盤などの砲身加工用機械多数を注文している。呉工廠としては、砲身工作製造能力の強化をはかる意図があったものと認められる。

日露戦争後、海軍当局は戦争前の第三期拡張計画と、戦時下の臨時軍事費による建造計画の整理をおこない、戦艦二隻、一等巡洋艦四隻を順次起工することになった。

英国建造の「香取」「鹿島」が日本に回航された明治三十九年八月には、戦艦「安芸」、一等巡洋艦「筑波」「生駒」は呉工廠で起工済み、とくに「筑波」はすでに進水済みであった。残った一等巡洋艦「伊吹」は、「安芸」の進水を待って明治四十（一九〇七）年五月に呉工廠で起工された。

その前年の一九〇六年十二月、英国で革新的新戦艦ドレッドノートが竣工して、いわゆる「ドレッドノート時代」の幕が開ける。

日露戦争終結後の明治39年５月号の雑誌『海軍』に掲載された呉工廠における砲身工程の写真。45口径12インチ砲の粗材とその完成品と推定される。

建造中の「薩摩」と「安芸」は、中間砲に四五口径一〇インチ連装砲三基を片舷に搭載する準ド級戦艦としては最有力艦であったが、ドレッドノートの前には、すでに竣工前から旧式艦のレッテルを貼られることになる。

ただし、これは建前で、本型の搭載する一〇インチ砲六門は一二インチ砲四門に匹敵する威力を有しており、実質的な砲力ではほぼ同等であった。

もっとも、本型の一〇インチ連装砲を一二インチ単装砲に換装するという意見もあったが、実現はしなかった。

一等巡洋艦についても、巡洋戦艦の出現を前にして、その価値が疑問視された。それでも従来の装甲巡洋艦にくらべればまだましで、それなりに存在価値はあった。ただ、「薩摩」「安芸」は竣工までに五年弱、「鞍馬」にいたっては五年七ヵ月を要し、さすがに最初の国産主力艦の建造には、意外に手間どっていた。

この時期、日本主力艦の主砲は、最後に英国に発注した「鹿島」と「香取」が、それぞれ建造所の製造した安社砲と毘式砲を搭載して、従来の安社砲一本槍から変化をきたしていた。

ヴィッカーズ社との関係は、すでに戦艦「三笠」の建造でかかわっていたが、このあたりからアームストロング社からヴィッカーズ社にウエイトが移りはじめてきたようである。これは間もなく北海道の室蘭に、北海道炭礦汽船株式会社と英ヴィッカーズ社が合弁で、日本最初の大規模兵器メーカー「日本製鋼所」を設立することと無関係ではなかったようである。

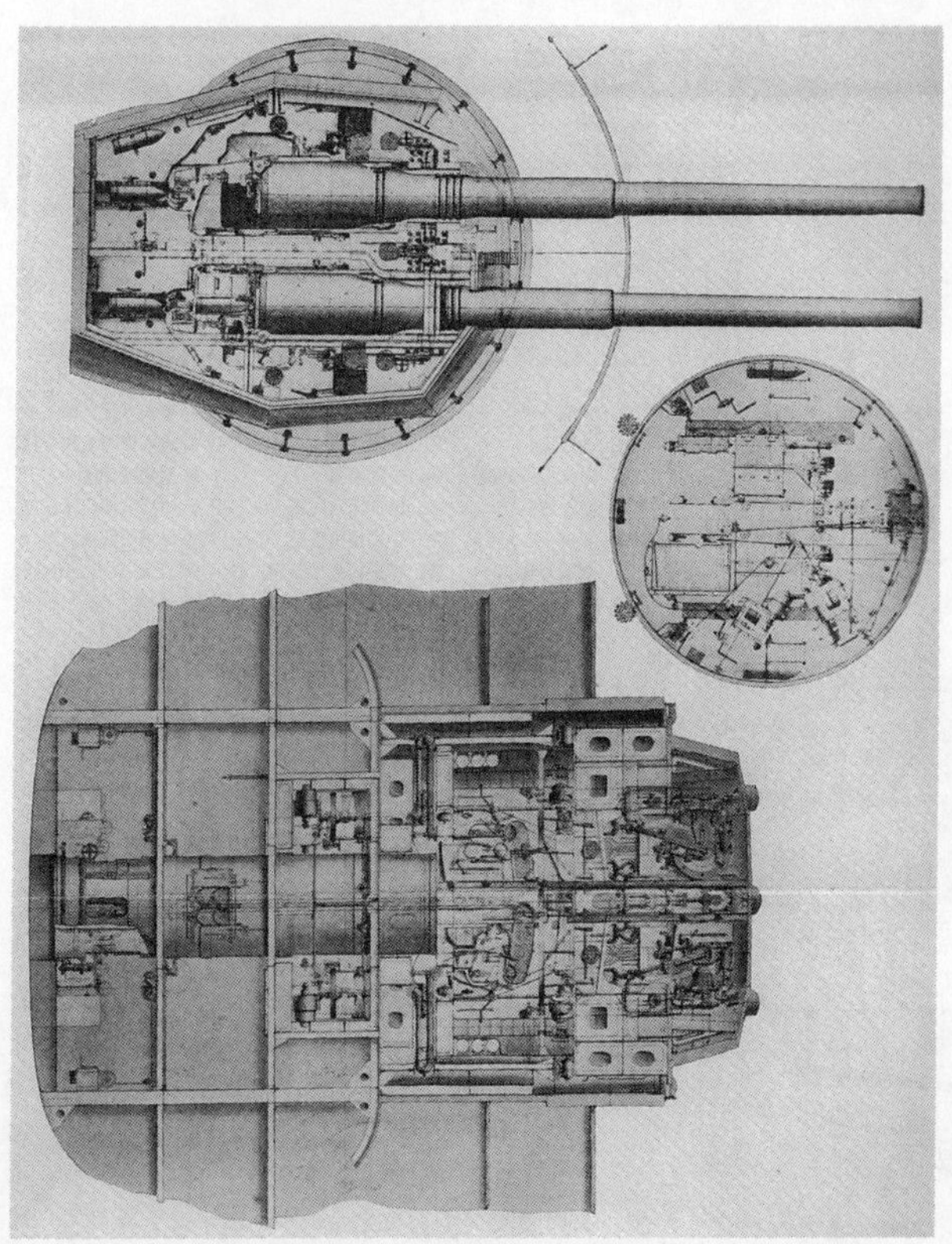

英国で建造された戦艦「香取」(明治39年８月、回航)の12インチ砲塔図。

1 前鈑 254 ㎜
2 後鈑 203 ㎜
3 側鈑 229 ㎜
4 天蓋 64 ㎜
5 中央横梁
6 将校塔
7 中央照準塔
8 側方照準塔
9 照尺手腰掛
10 バーベット
11 旋回盤
12 鎖錠錍
13 上部輾輪盤
14 下部輾輪盤
15 輥輪
16 換装室
17 中央揚弾薬筒
18 同上左輥輪
19 弾槽
20 砲室弾槽
21 水力旋回機
22 旋回機軸
23 旋回歯輪
24 旋回歯弧
25 俯仰用水圧筒
26 中央揚弾薬筐
27 中央揚弾薬気筒
28 弾吊器
29 弾庫内運弾気筒
30 弾庫内揚弾気筒
31 砲尾揚弾薬筐
32 砲尾揚弾薬用水圧筒
33 砲尾揚弾薬用軌条
34 装填腕
35 装填桿
36 装填桿水圧原動機
37 手動装填盤
38 噴気用気蓄器
39 水圧ポンプ
40 換装室入口
41 砲室
42 弾庫

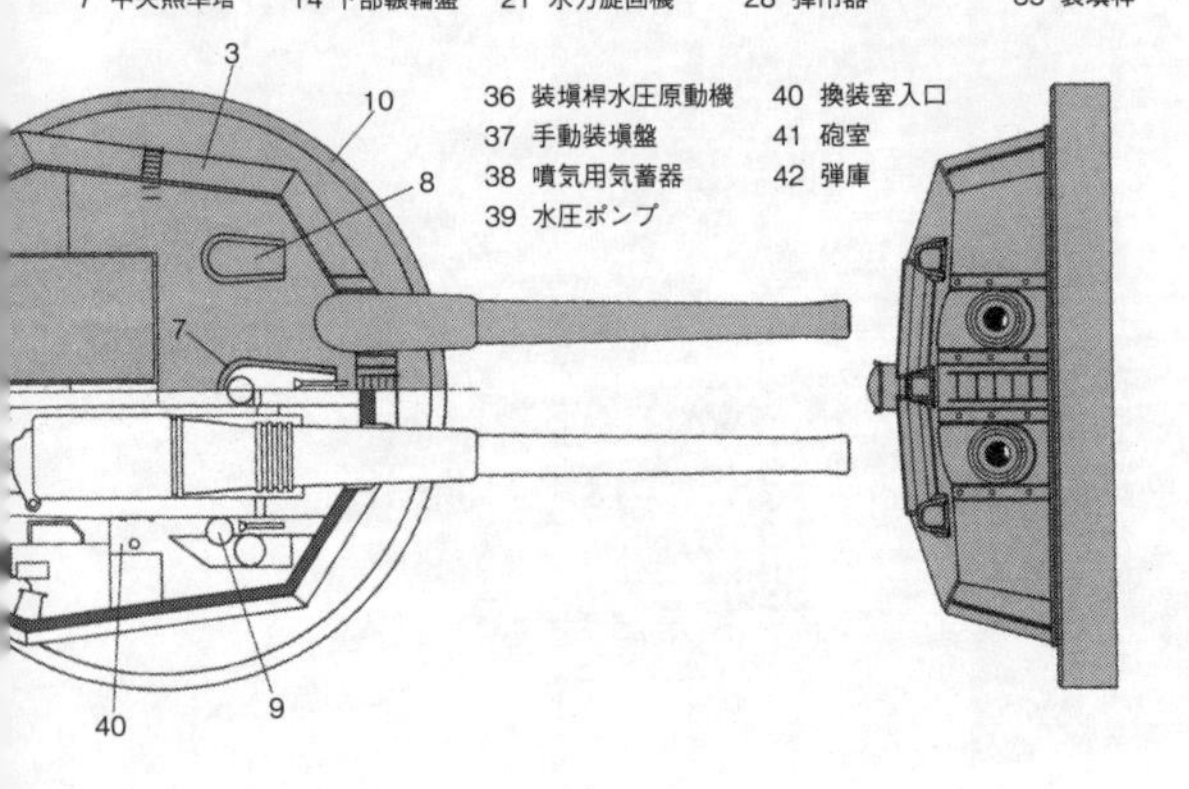

戦艦「薩摩」12インチ砲塔図

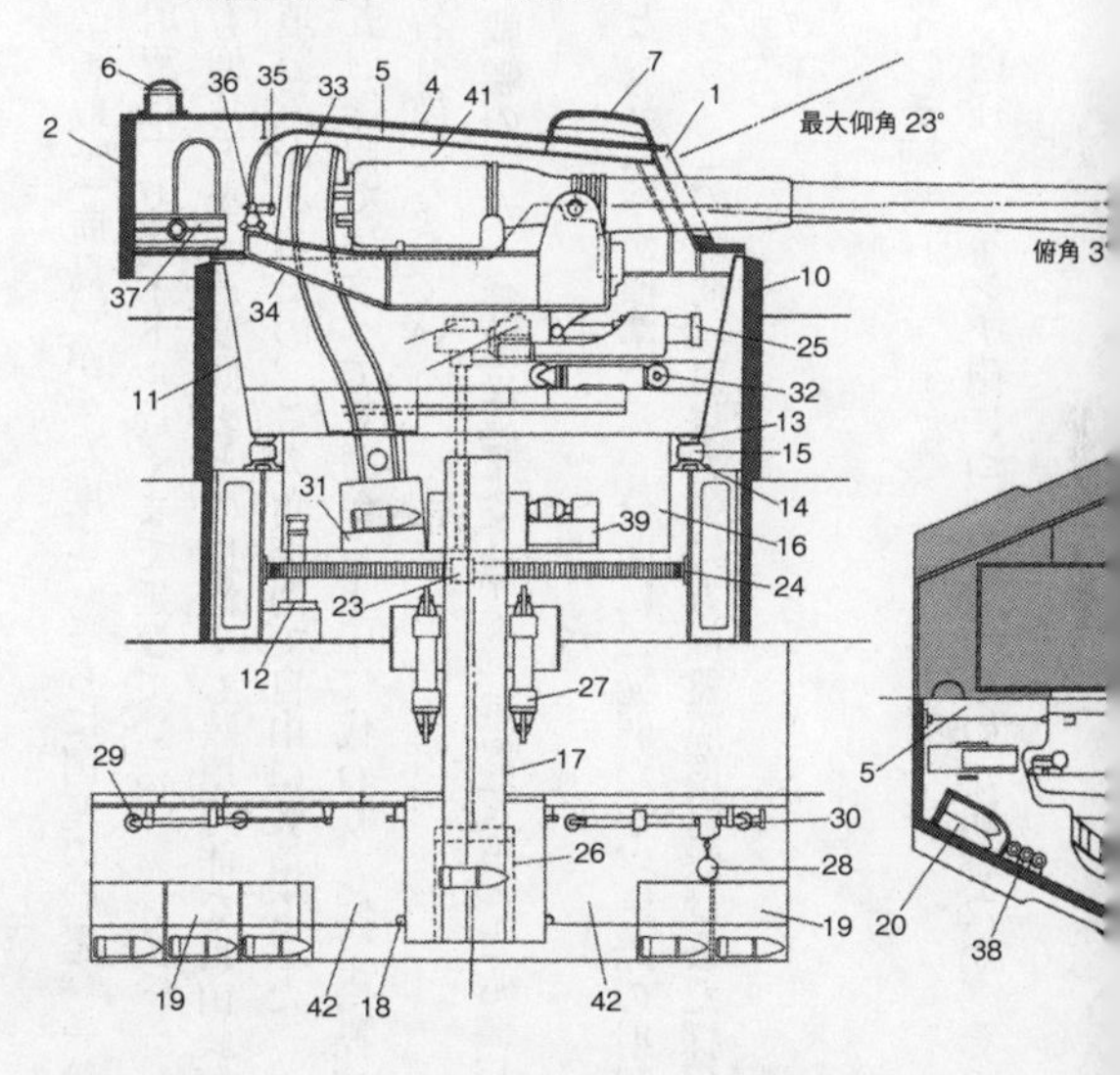

この時期の主力艦の砲塔、砲身は一〇インチ砲をくわえると、呉工廠が三分の二、横須賀工廠が三分の一の製造組み立てを担当していた。ただし、砲身はすべて呉工廠から供給されるのが原則だった。

砲塔の最大仰角は「香取」「鹿島」が一八度に、さらに国産の戦艦、一等巡洋艦では二三度に高められ、最大射程は二万メートル近くまで延びている。

装填は、各砲塔とも仰角五～一三度間のどの位置でも装填可能な自由装填式で、砲身をささえる欐盤後端に装填装置があるため、この角度間で自由に装填できた。

尾栓の開閉も、四五口径砲ではすべて人力から水圧に代わり、砲室内操作人員は換装室の要員をふくめて二〇名前後になっている。

砲室の装甲厚は、戦艦の方が一等巡洋艦より厚く、戦艦でもっとも装甲が厚いのは「香取」の砲室である。

装填秒時は各砲塔とも三六秒が標準で、一分間に二発弱だが、実際の射撃動作では、毎分一発程度が最短であろう。この時期、射撃方式に方位盤照準射撃はまだ採用される前で、砲側照準が標準であった。

露式四〇口径一二インチ砲考

順序として次は五〇口径一二インチ砲について述べるのが順番だが、その前に日本が旅順港で接収したロシア海軍の戦艦搭載砲について、かんたんに触れておこう。

戦争中に日本海軍は戦艦二隻を失ったものの、大口径艦載砲を搭載した旧露艦として、旅順で接収した戦艦四隻、日本海海戦で降伏接収された戦艦二隻、海防戦艦二隻の合計八隻が戦後、日本海軍に編入された。

このうち、旅順で接収したレトウイザン（肥前）とポルタワ（丹後）、日本海海戦で接収したアリヨール（石見）の三隻は、日本戦艦とおなじ四〇口径一二インチ砲連装二基を搭載、インペラトル・ニコライ一世（壱岐）は旧式な三〇口径一二インチ連装砲一基を搭載していた。

旅順にあったペレスウエート（相模）とポビエダ（周防）は四五口径一〇インチ連装砲二基を搭載した高速戦艦のはしりで、日本海海戦で降伏したゲネラル・アドミラル・アブラキシン（沖島）とアドミラル・セニャーウィン（見島）は海防戦艦で、四五口径一〇インチ砲を三〜四門搭載していた。

これらのうち、もっとも新式だった「石見」の主砲は露艦時代のまま使用され、米国製の「肥前」は砲架は露艦のままで、砲身のみ安式（アームストロング）一二インチ砲に換装された。「丹後」は尾栓のみ、日本式の四一式に改造して使用された。

その他の艦では、ほぼ露艦時代のまま使用されることになり、たぶん旅順で予備砲身や弾薬類も相当数を入手したらしかった。

全体にロシア艦の設計はフランス式造艦デザインを踏襲しており、英国製の日本艦艇とはかなり異なっていた。とくに兵装も、主砲塔などは楕円形で比較的に高さのある形態を有しており、内部の機構も動力源に電力を多用した独自のものであった。

なかでも「相模」の一〇インチ砲は最大仰角三五度もあり、日本戦艦よりは長大な射程を可能にしていた。

全体的に、この時代の帝政ロシア海軍の造兵技術は、歴史が長いだけに、日本海軍よりは高い国産造砲技術と設備を備えていた。四〇口径一二インチ砲は完全に国産化しており、バルト海の海軍工廠で製造していた。

ただ、砲自体は英国の安式砲と大差なく、他の日本戦艦にくらべて大きく異なるものはなかった。しかし、この時期、海軍兵力の中核というべき戦艦に革新的な変化が起こりつつあったのに、こうした在来型戦艦類に多大な修復費をかけて日本海軍に編入したことにたいする批判も少なくなく、その予算を新造艦に当てた方が、より有効な海軍兵力の整備ができたのではとの疑念ももっともであった。

のちの明治四十三（一九一〇）年末に、呉海軍工廠から設立直後の室蘭日本製鋼所に、露式四〇口径一二インチ砲三門が代金一七万一四八〇円で発注されており、就役した「石見」「肥前」用の予備砲身ではと推定される。

日本最初のド級戦艦として竣工した「河内」の後部50口径12インチ連装砲。

「河内」型の一二インチ砲

日本海軍は明治三十六（一九〇三）年計画の戦艦「香取」「鹿島」および日露戦争後の戦艦、一等巡洋艦の新造計画において、英海軍に先立ち四五口径一二インチ砲を採用したことは前に述べた。もちろん、砲そのものは英国安社および毘社（ヴィッカーズ）の製造である。本家の英海軍の採用遅れは、英国独特の保守性の強さによるもので、いつものことであった。

日本海軍では、最初のド級戦艦となった「河内」と「摂津」は明治四十二年初めに、横須賀と呉海軍工廠で伊号戦艦、呂号戦艦の仮名で起工されたが、実際の各工廠にたいする製造訓令は、これよりかなり早く明治四十年六月二十二日に発せられていた。

起工が遅れたのは、船台があかなかったか

らではなく、主機のタービン機関の契約の遅れや、図面の改正があいついだことに原因していた。

本型の主砲配置は、前後に各一基、舷側に各二基、計六基の四五口径一二インチ連装砲で、アレンジとしては各国初期ド級戦艦計画案に多く見られたオーソドックスな配置である。実

「河内」型及び「石見」搭載 30 cm砲身諸元

50口径30cm砲	45口径30cm砲	40口径30cm砲
Ⅲ 毘式 毘式	Ⅸ 毘式 毘式	Ⅳ 露式 露式
304.8 15659 13170 50 370.38 272.14 746 69.24/69.09	304.8 14135 11530 45 292.4 218 746.25 58.54	304.8 12238 9710 40 185.4 199.43 744 42.78
72 28 2.54 8.87	72 30 2.54 9.97	68 28 2.29/1.78
27.62 915 150	825	700
半鋼線構造 1910/11 英毘社 8+ 157500円	左同 〃 〃 16+ 105692円	左同 1903 露国
1028.3 400.06 24.46	左同 〃 〃	385.6
1179.8 400.06 34.83	〃 〃 〃	
149.82 90C2 4	133 110C2 4	4
河内×4、攝津×4	河内×8、攝津×8	石見×4

	一般呼称
砲身名称	型　名
	外　型
	尾栓型式
砲身寸法・重量	実口径（mm）
	砲身全長（mm）
	腟　長（mm）
	口径数（弾程/実口径）
	薬室容積（ℓ）
	薬室長（mm）
	腟腔断面積（cm²）
	砲身重量（t）
施　条	施条本数
	施条纒度
	深　さ（mm）
	溝　幅（mm）
砲性能	最大腟圧（kg/mm²）
	初　速（m/sec）
	命　数
製　造	砲身構造
	初砲製造年
	製造所
	製造数
	価　格
使用弾薬	徹甲弾　弾　長（mm）
	徹甲弾　弾　重（kg）
	徹甲弾　炸薬量（kg）
	通常弾　弾　長（mm）
	通常弾　弾　重（kg）
	通常弾　炸薬量（kg）
	常装薬量（kg）
	同薬種
	薬嚢数
搭載艦名	

際にこのレイアウトで建造されたのは、「河内」型以外にはドイツ海軍のウエストファーレン級四隻と、次のヘルゴランド級四隻があるのみである。

日本海軍は中心線配置による合理性より、日露戦争などの戦訓から、用兵側が片舷ずつの戦闘方式に固執していたきらいがあり、前型の「薩摩」型を踏襲した形となったものである。

「河内」型の前後の主砲のみを五〇口径一二インチ砲に変更したのは、起工前の明治四十一年十一月十二日の改正訓令により行なわれている。たしかに、この改正通知は軍令部長の名で出されており、当時の軍令部長はかの東郷平八郎大将であった。

これが東郷軍令部長個人の意向なのか、軍令部としての意向なのかは明らかでないが、これをもって東郷さんが日本海軍の艦載砲に、いち早く五〇口径一二インチ砲を採用して、造兵技術の進歩に先見の明を示したと評価する人もいるが、はたしてそうであろうか。

当時、本家の英国ではドレッドノートが四五口径一二インチ砲を搭載した。最初のド級戦艦ベレロフォン級もおなじで、次の一九〇七年計画のセントヴィンセント級で、はじめて五〇口径一二インチ砲を採用していた。

一九〇八年当時、本級は年の後半に進水して、一九〇九〜一〇年に竣工していたので、

「河内」型及び「石見」搭載30㎝連装砲塔・砲架諸元

50口径30㎝連装砲塔	45口径30㎝連装砲塔	40口径30㎝連装砲塔
25/5	25/5	15/5
25500	20800	15000
26	27	72
200		
150		
自由	自由（5°〜8°）	
毘式、10秒		
80	80	65
	16	20
7.47	7.47	
8.53	8.30	
2.29	2.29	
1.07/1.12	/1.07	
水圧	水圧	電動機
水圧	水圧	〃
横置式、300HP ×3		
279	279	254
279	254-279	254
279	279	254
76	76	63
	64	
279	279	203
138	117	85.56
53.64	50.51	
153.01	99.16	
188.64	185.79	
549.18 攝津を示す	502.08 攝津を示す	
1910〜11	1911〜12	1904
英毘社	呉工廠	露国海軍工廠
4	8	
河内 ×2、攝津 ×2	河内 ×4、攝津 ×4	石見 ×2

砲塔・砲架機構	最大仰角／俯角（度）
	最大射程（m）
	装塡秒時（秒）
	旋回速度（角度／分）
	俯仰速度（角度／分）
	装塡方式
	揚弾方式及び速度
	1砲搭弾薬定数
	操作人員数
主要寸法	焜輪盤直径（m）
	バーベット直径（m）
	砲身間隔（m）
	砲身退却長（m）
駆動方式	旋回能力
	俯仰動力
	駆動動力源
砲塔（楯）装甲厚	前　楯（mm）
	側　面（mm）
	後　面（mm）
	天　蓋（mm）
	床　面（mm）
	バーベット（mm）
各部重量	砲　身（t）
	俯仰部（t）
	旋回部（t）
	その他機構部
	装甲部（t）
	旋回部全体（t）
製造	製造年
	製造所
	製造数
搭載艦名	

「河内」型より就役は早かった。しかし、海軍における五〇口径一二インチ砲の時代は意外に短く、次の一九〇八～九年計画の戦艦三隻に搭載されたのみで、巡洋戦艦インデファチカブル級三隻には搭載を見合わせ、四五口径一二インチ砲で完成させ、次級からは新たな一三・五インチ砲に移行してしまった。

英海軍での五〇口径砲の評判が悪く、実績もこれを証明していたからである。

これは、後の巡洋戦艦「金剛」を英国毘社に発注したさい、当初この五〇口径一二インチ砲を搭載する予定でいたものの、監督官からの連絡で、五〇口径一二インチ砲の一部に構造的問題があり、かつ新しい一三・五インチ砲にくらべて散布界が大きくて命中率に劣り、また長砲身砲の宿命として、高初速のため砲の寿命、命数が少ないという欠陥もあったことが判明、はじめて日本海軍はこの事実を知ったのであった。

この変更により、二艦の造兵費は各八五万円、甲鉄重量も二七トンほど増加をきたした。

そのため、同時建造の駆逐艦の予算を流用する処置をとっている。

当時、英海軍の五〇口径一二インチ砲は毘社が大半を製造しており、マークXIとして八〇門以上が製造された実績経緯があったから、日本海軍はその悪評にまったく気付いていなかった。

呉工廠における国産砲の製造は、この時期まだそのレベルになく、このため毘社にたいして二艦分八門、同連装砲架四基分が発注されることになった。この時、舷側の四五口径一二インチ砲についても、砲身のみはすべて毘社に発注されている。

これは当時、「薩摩」「安芸」「伊吹」「鞍馬」などの搭載砲に追われ、国内の製造工作能力に余裕がなかったためと推定される。

ことなる口径砲の使い方

艦政本部では明治四十二年九月に直接、艦本予算で同砲一門を毘社に注文、国産化に備えて構造、材質、性能などの研究用に対応することになった。

当時の艦本見積では、四五口径一二インチ連装砲の砲身、砲架、砲室など砲塔一式の製造価格は、諸費用をふくめて八一万二一八〇円、同五〇口径砲では安社の見積が一二三万七一八〇円、同五〇口径砲国産の場合は一一九万六九六〇円という数字が公文備考に残されている。

明治四十五（一九一〇）年に「河内」「摂津」は完成、日本海軍最初のド級戦艦として就役した。

艦首尾と舷側砲の砲身長がことなるという搭載例は他に例がなく、砲戦指揮上では、後に方位盤射撃方式が確立すると、弾道のことなる二種の砲の存在が問題となり、五〇口径砲を減装して四五口径砲の弾道に合わせる手段がとられた。

これでは、五〇口径砲を搭載する意味がなくなってしまう。就役後しばらくは従来型の射撃指揮方式がとられており、それなりに長砲身の威力を示すことがあったかも知れない。

ただ、長砲身砲の宿命である砲身寿命の短さを示すデータが残されている。後のワシントン条約で廃棄された戦艦、巡洋戦艦の搭載砲が、陸軍の要塞砲に転用された保転砲のデータでは、「摂津」の艦首尾砲は大正五（一九三〇）年に砲身の換装、または内筒を換装したことが記録されていた。

ここで注目すべきは、艦首砲の左砲と艦尾砲の左砲がともに呉工廠製造の国産砲「呉#2」「呉#3」に換装されていることで、製造番号からもこの時期、国産砲の製造が実現していたことがわかる。

このとき、同時に保転砲になった「摂津」の舷側砲は、いずれも新造時に搭載した砲身であることからも、その命数の違いがわかろう。同型の「河内」は大正七年七月に徳山湾に停

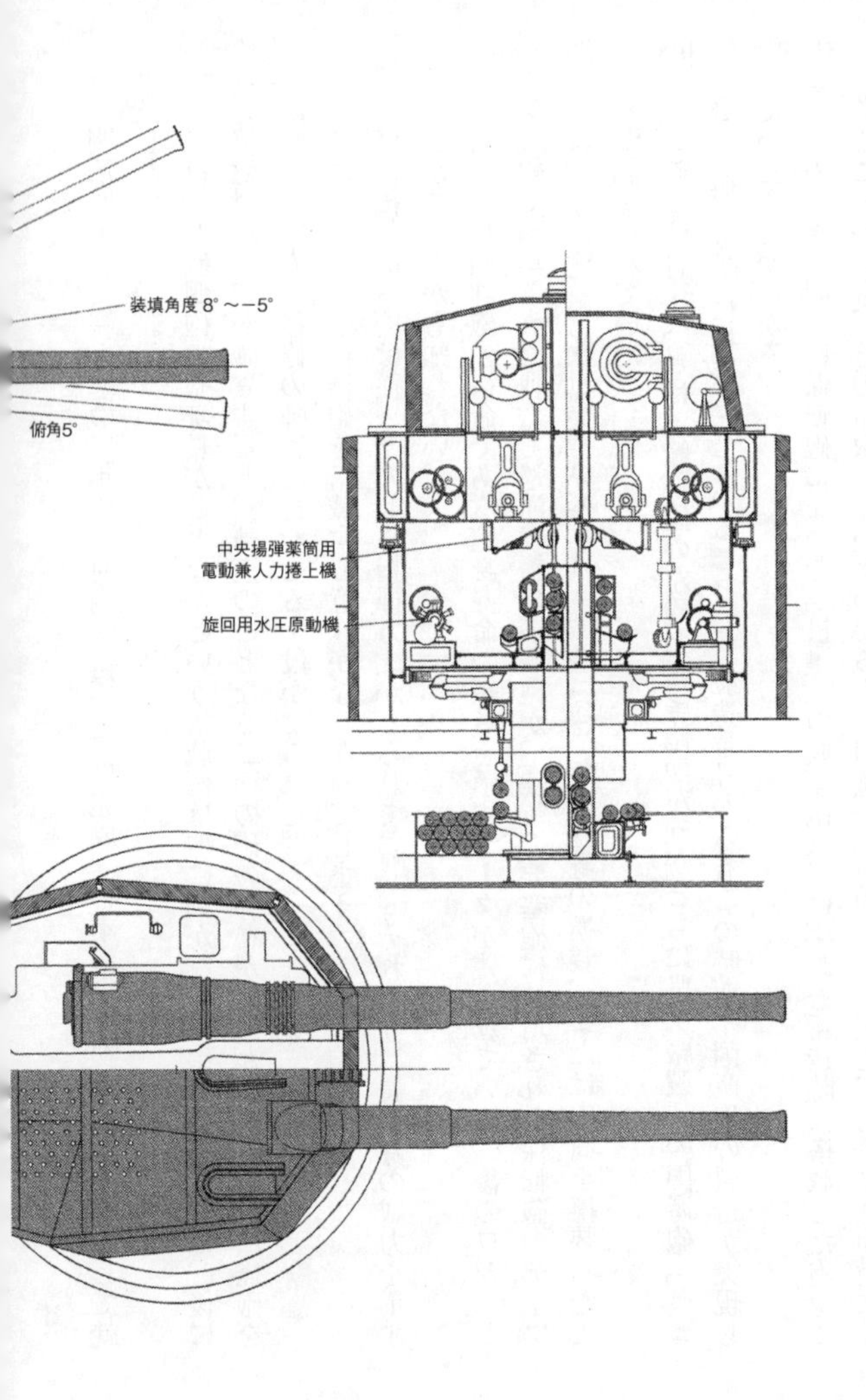
装填角度 8°～−5°
俯角5°
中央揚弾薬筒用
電動兼人力捲上機
旋回用水圧原動機

戦艦「摂津」45口径12インチ砲(舷側砲)

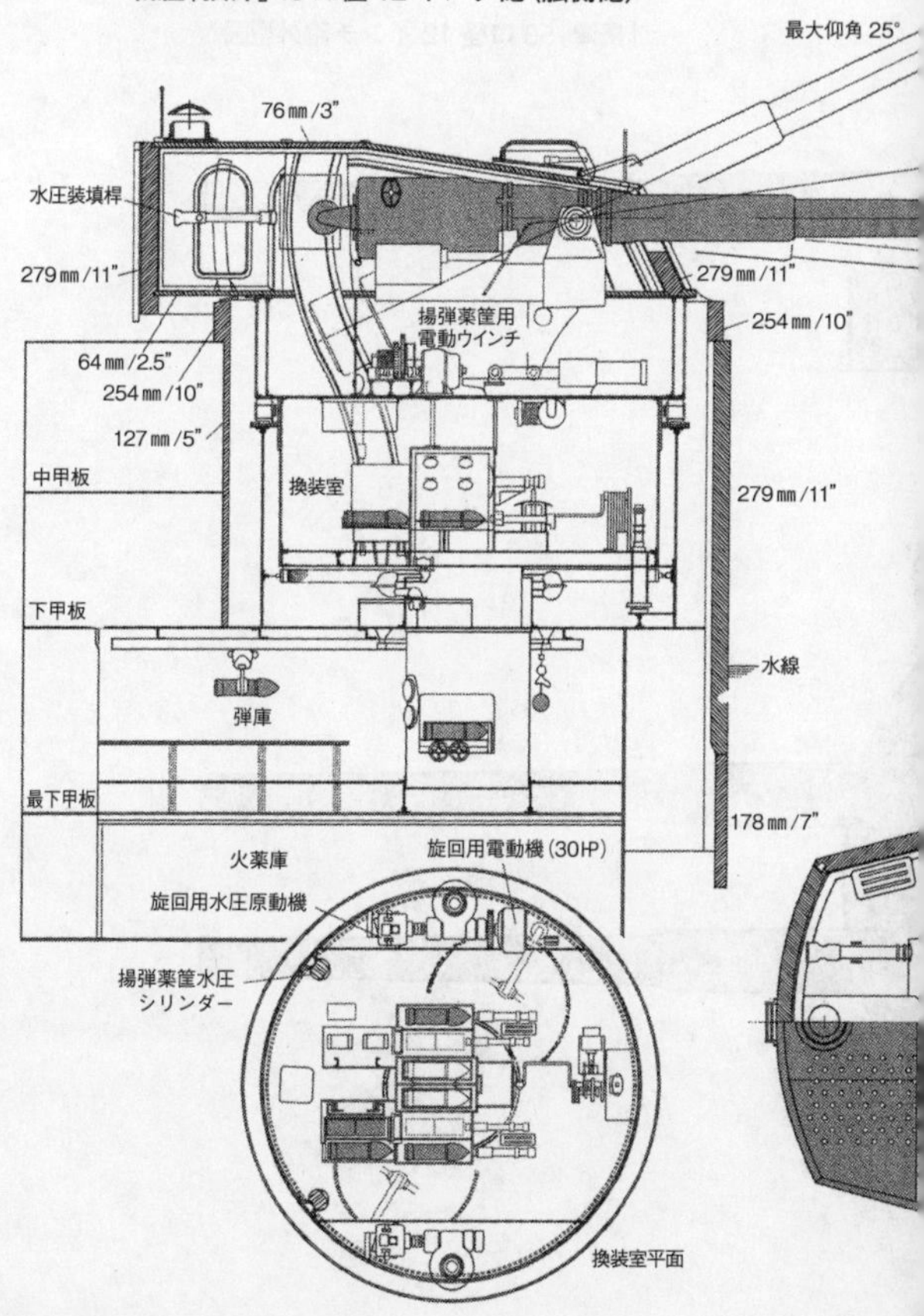

「摂津」50口径12インチ砲外型図

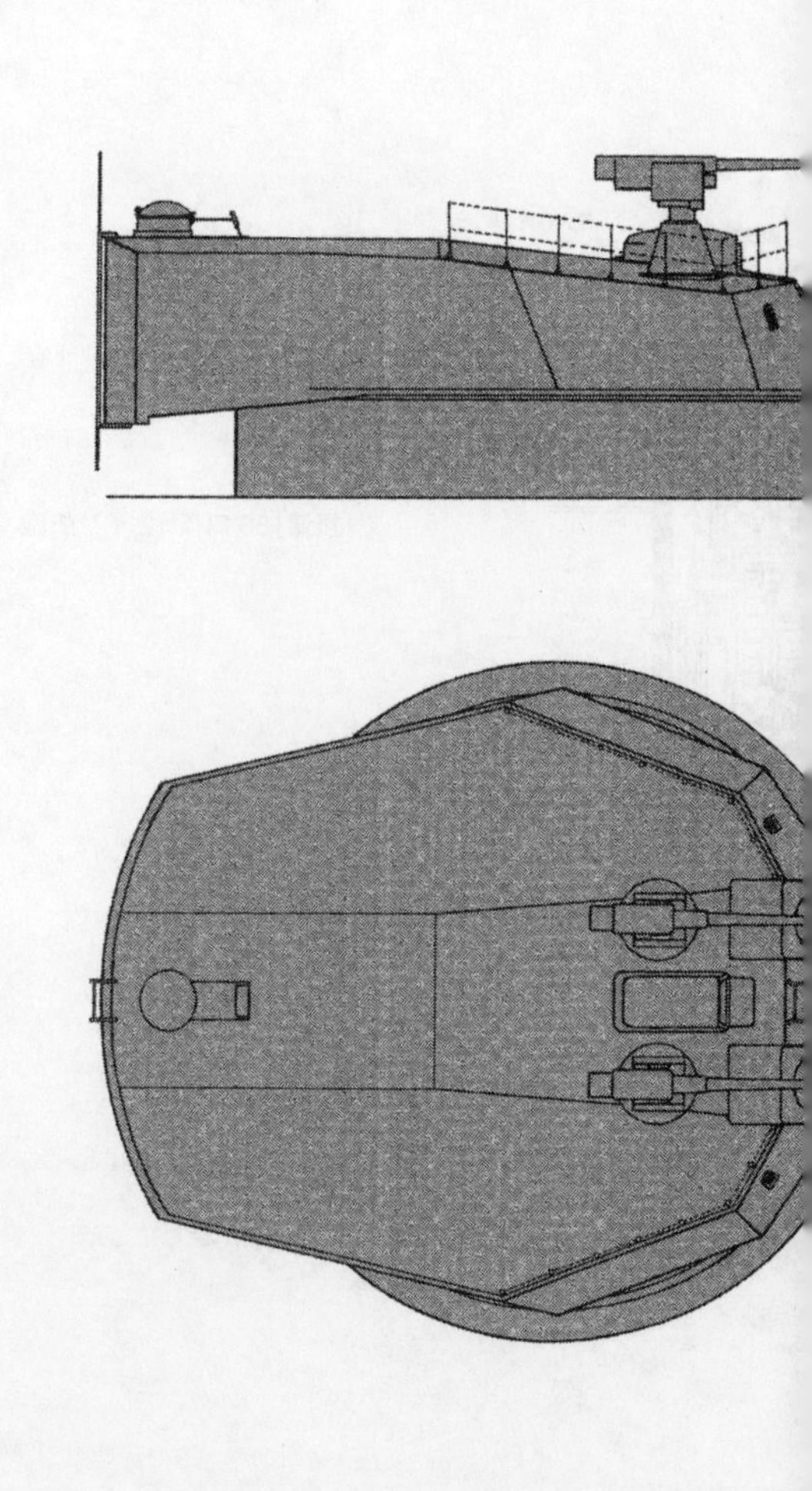

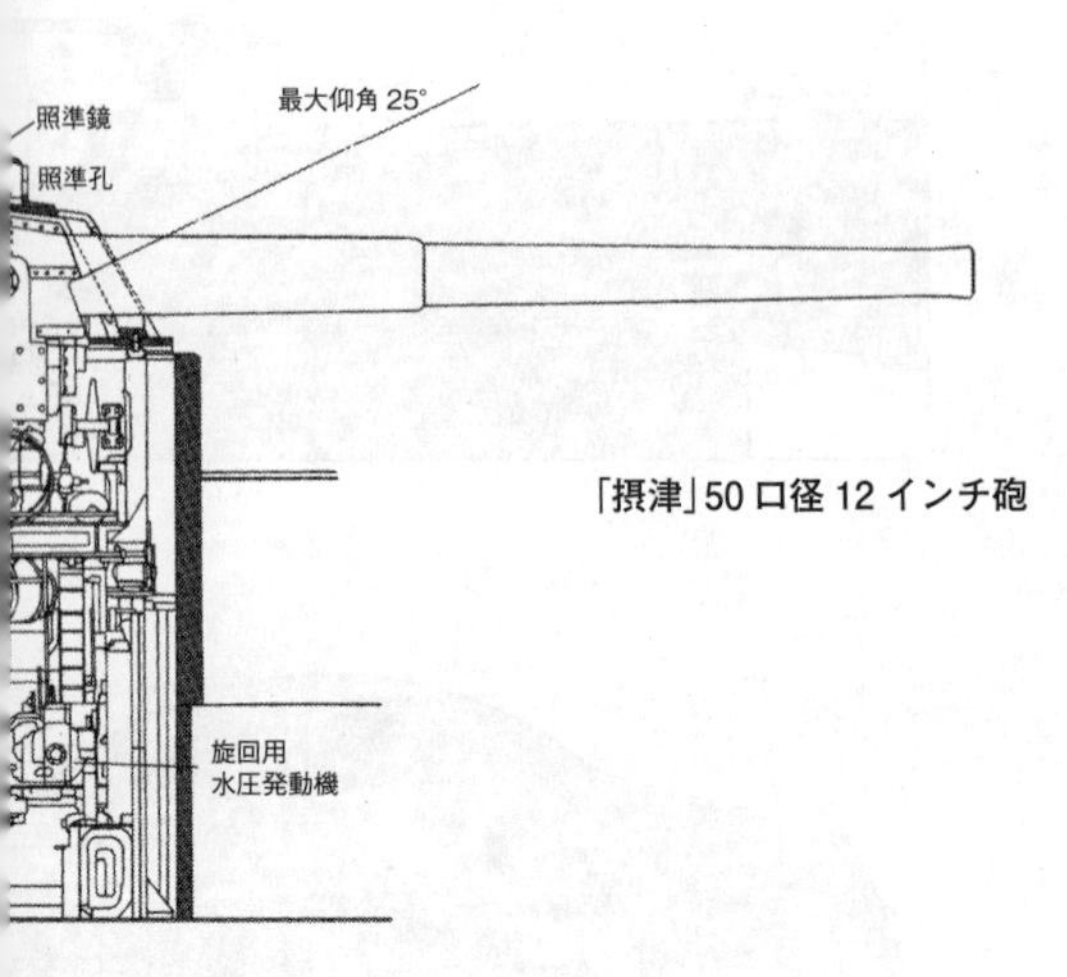

「摂津」50 口径 12 インチ砲

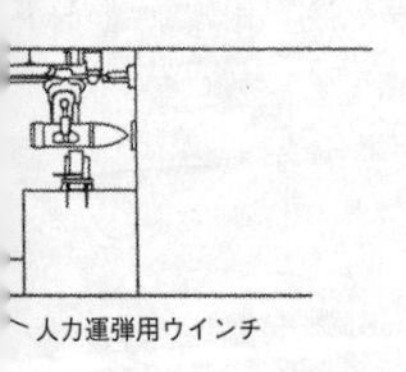

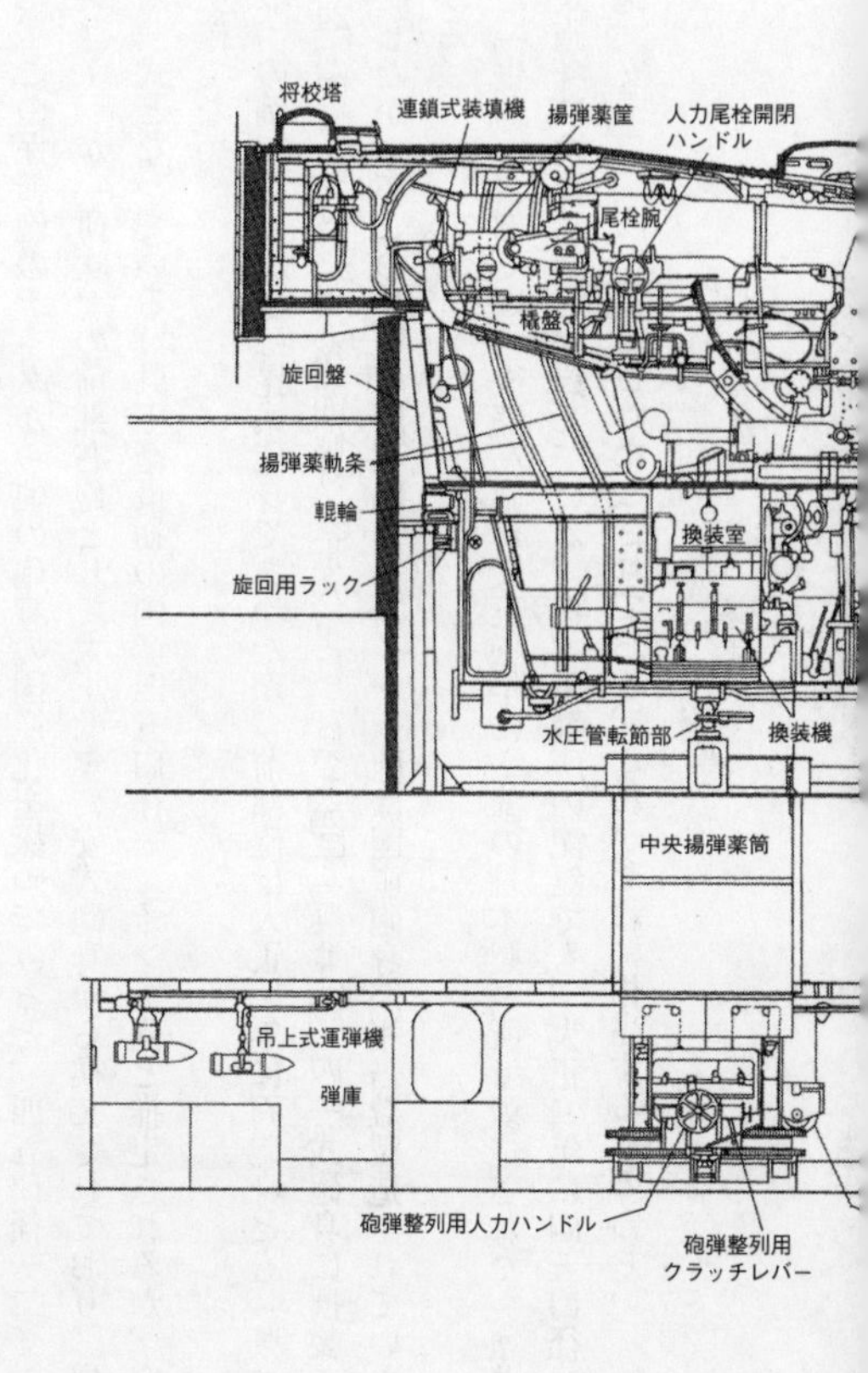
将校塔
連鎖式装填機
揚弾薬筐
人力尾栓開閉
ハンドル
尾栓腕
楯盤
旋回盤
揚弾薬軌条
輥輪
旋回用ラック
換装室
水圧管転節部
換装機
中央揚弾薬筒
吊上式運弾機
弾庫
砲弾整列用人力ハンドル
砲弾整列用
クラッチレバー

泊中、火薬庫の爆発事故で喪失されており、これらのデータは残されていない。

なお、蛇足ながら「河内」と「摂津」の艦首形状の違いは、原計画は「河内」の直立形で、建造中に艦首形状の改正訓令が「摂津」のみに出されており、「河内」は工事進捗状態からそのままとして、完成後の実績を比較するとされていた。

また、この保転砲のデータから他の砲身の国産化を探ってみると、四五口径一二インチ砲は「呉＃1」が「伊吹」の前部右砲として大正七年に安式砲身から換装されており、尾栓形式は四一式となっている。呉工廠最初の国産四五口径一二インチ砲と推定されるが、完成時期は明確でない。

「香取」の例では、原型は毘式砲身であったが、前部砲は大正七年に両砲身とも「呉＃23」「呉＃24」四一式砲身に、後部砲は大正八年に「呉＃29」「呉＃30」四一式砲身に換装されている。したがってこの時期、四五口径一二インチ砲は国産砲身が相当数製造されていたことがわかる。

また「生駒」の例では、後部左砲が大正三年に室蘭の日本製鋼所で製造された「室＃2」四一式砲身に換装したと記録している。日本製鋼所の記録でも、大正二年に四五口径一二インチ砲（安式）二門が製造されたとされており、これがそれに相当するものらしい。

第6章　キャリバー・レース

キャリバー・レース開幕

「キャリバー・レース」とは戦艦の搭載主砲口径の増加競争のことで、一九〇六年十二月に出現した英戦艦ドレッドノート以降のことである。

ドレッドノートの出現は、今日でも戦艦史上、画期的な特筆すべき艦という評価が一般的だが、当時の世界では、それほど圧倒的な改革意識を列強海軍にあたえたわけではない。

日本海軍でも、日露戦争後に戦訓を加味した「薩摩」「安芸」というセミ・ドレッドノートの頂点をいく大艦を、はじめての国産技術で完成している。たしかに、単一主砲の搭載というアイデアにはいたらなかったが、片舷砲威力ではドレッドノートと大差なく、排水量では上回っており、それほどの劣等意識はなかったのが、当時の造船官の言動からもわかる。

というのも、ド級戦艦の四～五砲塔を高所から一元的に射撃指揮する、方位盤照準装置が完成するのはまだ先で、当時の各砲塔の個別射撃方法では、単一主砲のメリットはすくなかった。

一方、戦艦の主砲というのは、最初の標準的戦艦を出現させた英国のロイヤル・サブリン（一万四一五〇トン、一八九二年完成）の搭載した一三・五インチ砲（露砲塔）を例外とすれば、はじめて近代砲塔式主砲を搭載した次のマジェスチック級（一万四五六〇トン、一八九五年完成）以降、ドレッドノート級の三番手、コロシュース（二万トン、一九一一年完成）まで、すべて一二インチ砲が搭載されてきた。

もちろん、最初の四〇口径砲から、四五口径、五〇口径と砲身長を増加して、砲の威力はじょじょに強化されつつあったことは、これまで述べたとおりである。

この時代、他の列強海軍も一部の例外をのぞいて、ほぼ右にならえで一二インチ砲を戦艦の標準主砲としている。ただ、ドイツ海軍のみが、列強より口径を減じて二四センチおよび二八センチ砲を標準主砲としていた。

もっとも、この標準的戦艦の出現以前の三〇年にわたる装甲艦時代においては、搭載砲は前装砲、後装砲と試行錯誤であった。

その口径は大小さまざま、英国では最大はベンボー（一万六〇〇〇トン、一八八八年完成）の一六・二五インチ（四一・三センチ）砲、イタリアではデュイリオ（一万九六二トン、一八八〇年完成）に一七・七インチ（四五センチ）という、とてつもない巨砲を搭載していた。

英国海軍が一九〇九年度計画のオライオン級（二万二〇〇〇トン、一九一二年完成）において、二〇年まえのロイヤル・サブリンの搭載した一三・五インチ砲を復活して搭載したのは、当時最新の一二インチ五〇口径に発達の限界と、一部欠陥が見つかったためとされている。

露砲塔に13.5インチ砲を搭載したロイヤル・サブリン級戦艦。

このため、秘密裏に新たな一三・五インチ四五口径砲を試作し、一二インチ五〇口径砲と比較試射して、そのメリットが確実になったことで、採用に踏み切ったとされている。

これにより、一二インチ砲戦艦の時代は終わり、新たなキャリバー・レースのスタートが切られることになり、オライオン級は最初の「超ド級」艦といわれることになった。

なお、英国人で有名な軍艦ファンのオスカー・パークスが一九五六年に著した大著『英国戦艦史』は、古本のネット業界では一冊一〇万円で売買されるほどの古典だが、この中で英国巡洋戦艦二陣目のインディファチガブル級の主砲を一二インチ五〇口径としており、事実は四五口径砲で、誤記か誤植か不明なるも、「弘法も筆の誤り」といったところか。

提出されたB46主要事項

日本海軍では一二インチ五〇口径砲を、「河内」型以降も当面、引き続き採用するつもりだったようだ。明治四十三（一九一〇）年に英国毘社（ヴィッカーズ）に発注した最初の巡洋戦艦「金剛」の主砲としても、その搭載を予定していた。

もちろん、英国が新しい一三・五インチ砲を採用することはうすうす知っていたようである。明治四十（一九〇七）年ころより、毘社からの新戦艦、新巡洋戦艦の売りこみがあり、安社（アームストロング）からも同様のアプローチがあったことは知られている。

これらの中でとくに注目すべきは、最近になって知られた当時の毘社の軍艦設計部長サーストンの個人的デザインノートで、ここに日本向け装甲巡洋艦（巡洋戦艦）のデザイン原案が記載されている。

この中で「金剛」原案となったＮｏ４７２では、オプションとして一四インチ砲の搭載、速力二八ノットへの増加に必要な建造費の追加などがあった。たぶん、明治四十二年から翌年初めころの提案であったと推定される。

明治四十三年四月十三日に日本海軍は諮問会議を開催して、「金剛」の最終仕様を決定したようだ。この会議にさいして、〈B46〉という「金剛」の原案が提出されたらしく、ここで主砲口径とともに、毘社に海外発注することが正式に決められたらしい。

このとき提出された〈B46〉の主要事項は、次のとおりである。

排水量二万六〇〇〇トン、垂間長一九八メートル、艦幅二八・三メートル、吃水八・五メートル、軸出力六万五〇〇〇馬力、速力二七ノット、主砲一二インチ五〇口径砲連装四基、副砲六インチ一六門、二一インチ発射管四門、主甲帯八インチとなっている。まとめたのは近藤基樹造船総監であろう。

会議の出席者は財部海軍次官以下、山内萬寿治中将など兵科将官八名、同佐官七名、機関科将佐官二名、造船士官五名、造兵士官一名など当時の最高幹部で、秋山真之大佐や金田秀太郎大佐、造船官では近藤総監のほかに、山本開蔵中監、平賀譲少監など、後の八八艦隊の設計者がふくまれていた。こうした資料も、平賀アーカイブの公開ではじめて明らかになった。

この会議では、軍令部長（伊集院五郎中将）が一四インチ砲の採用と速力二八ノットを推していたことについて、山内中将は一四インチ砲の採用は国産化を考慮すると、まだ時機尚早とし、速力二八ノットについては、造船官としては艦型の増大から国内建造を考えると好ましくない。このさい、外国技術を追いかけながら技術を吸収して国産艦を建造するより、いっそ外国（毘社）に一番艦（金剛）を注文しては、ということになったようだ。

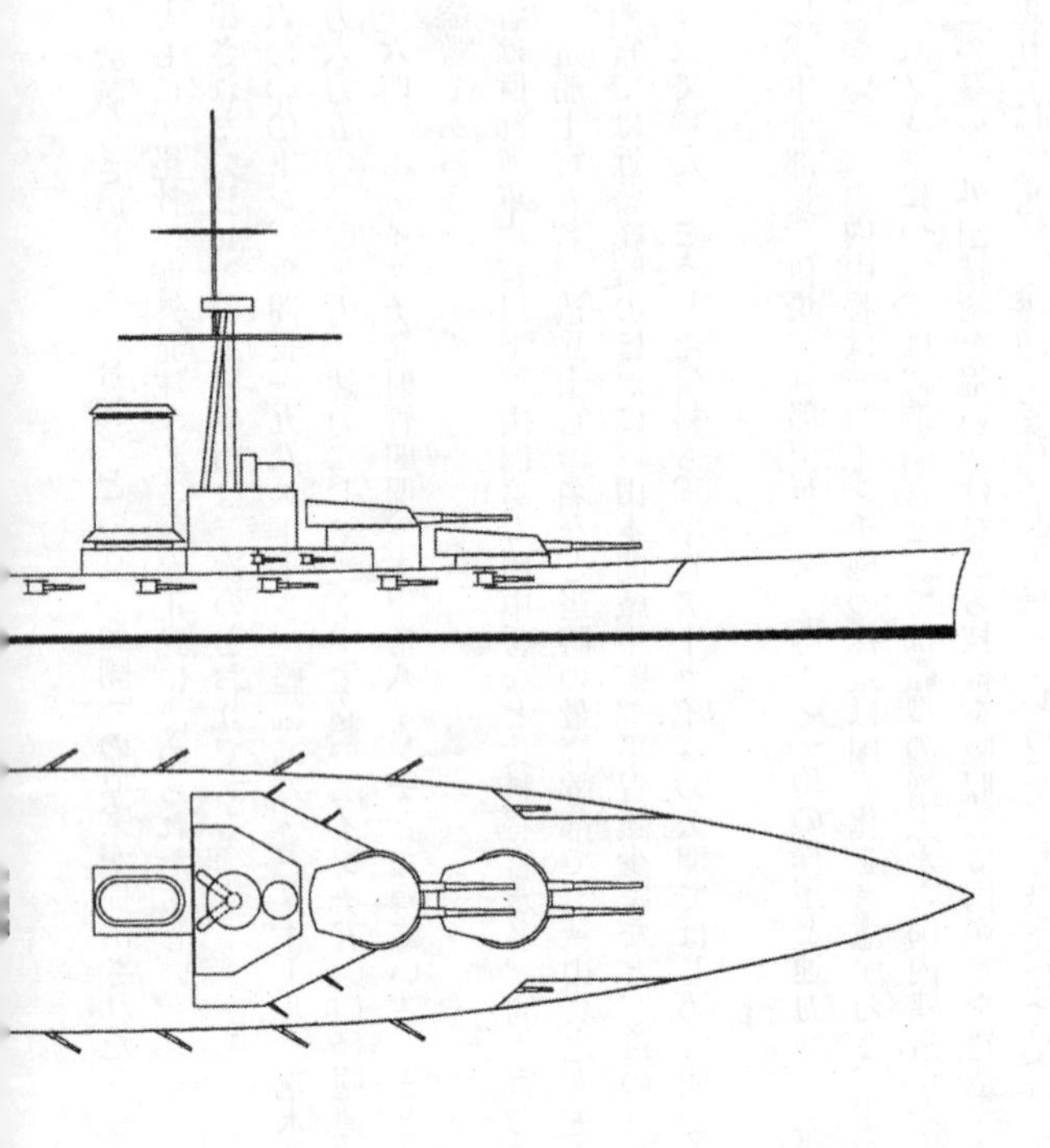

英安社提案の12インチ砲搭載巡洋戦艦試案

1910年に英国アームストロング社から提案されたもので
主砲に12インチ50口径連装砲塔4基を搭載している

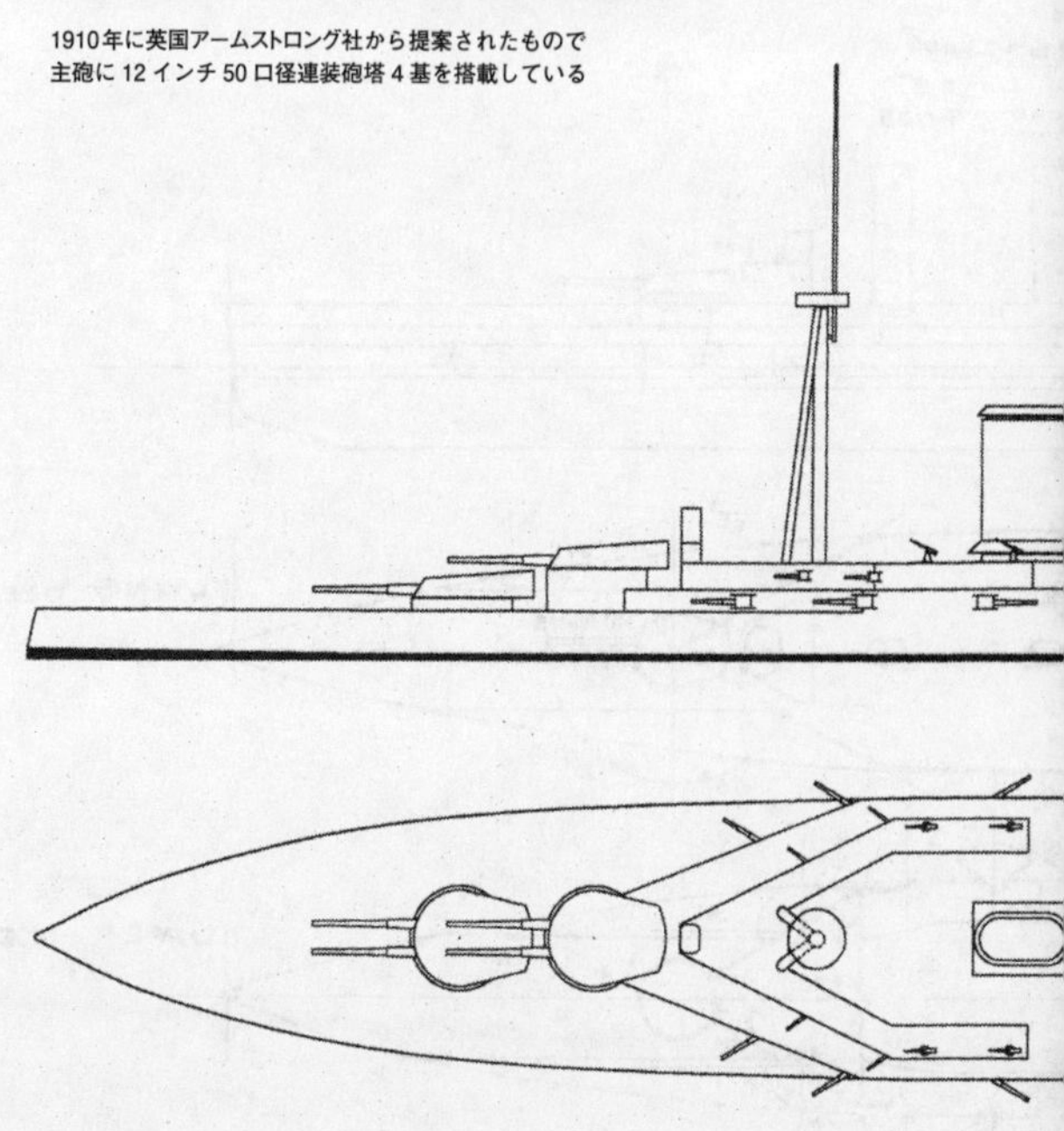

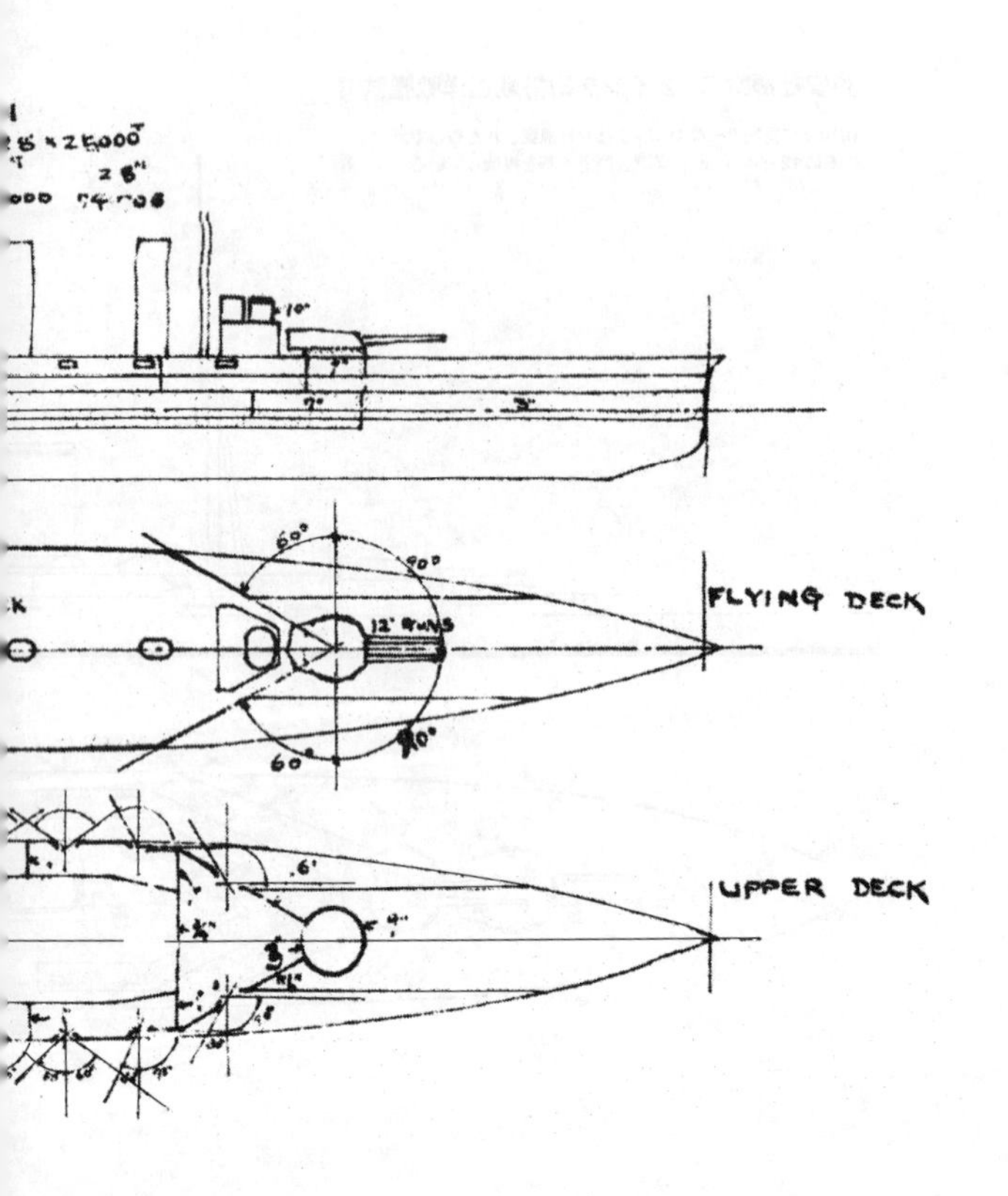

FLYING DECK
UPPER DECK
12" GUNS

「金剛」原案〈B41〉

サーストン部長の個人的デザインノートニ描かれた
1909～10 年頃の試案らしく、25000 トン、27～28 ノット、
12 インチ 50 口径砲連装 3 基（平賀アーカイブより）

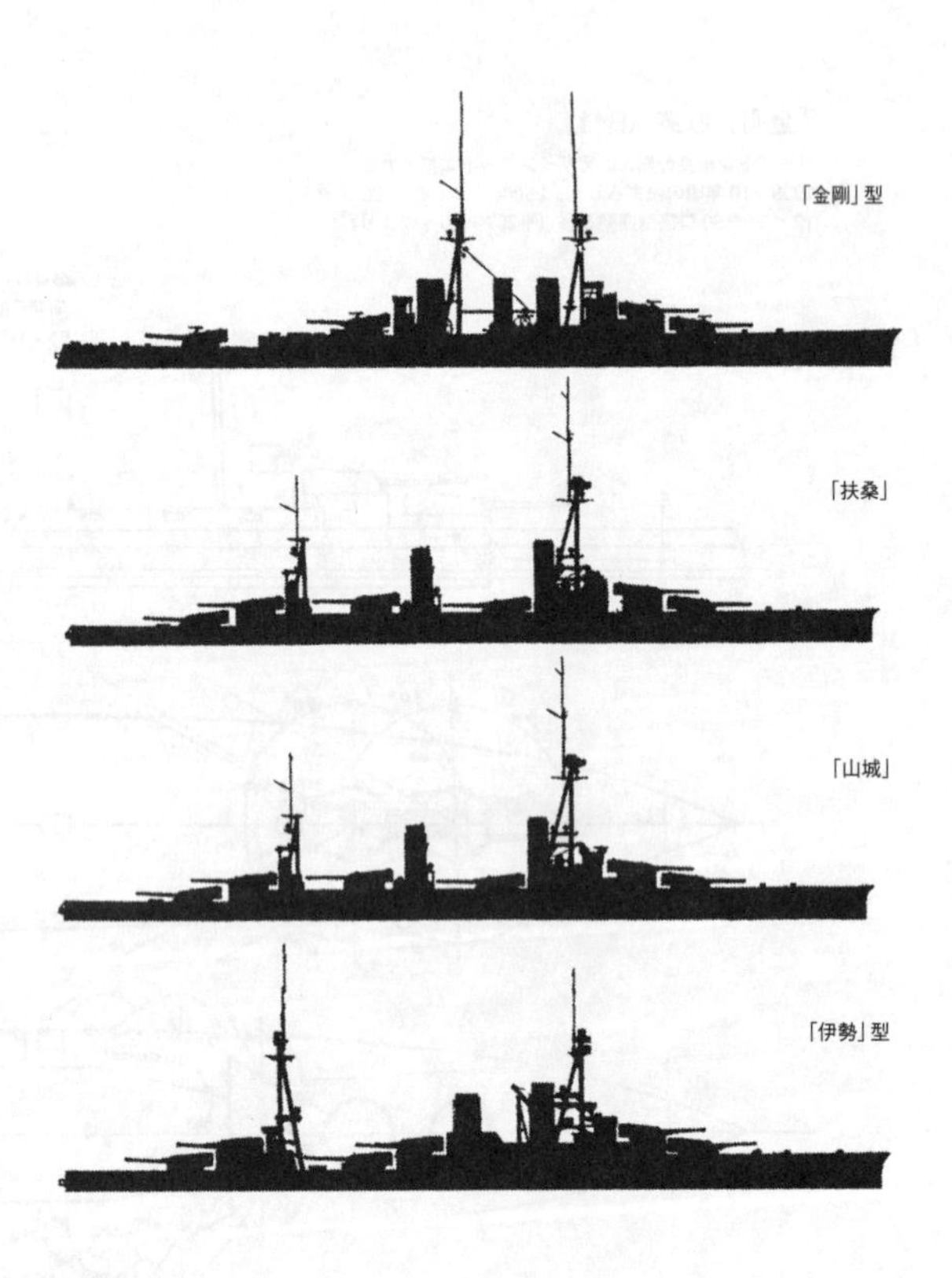

日米海軍14インチ砲搭載戦艦

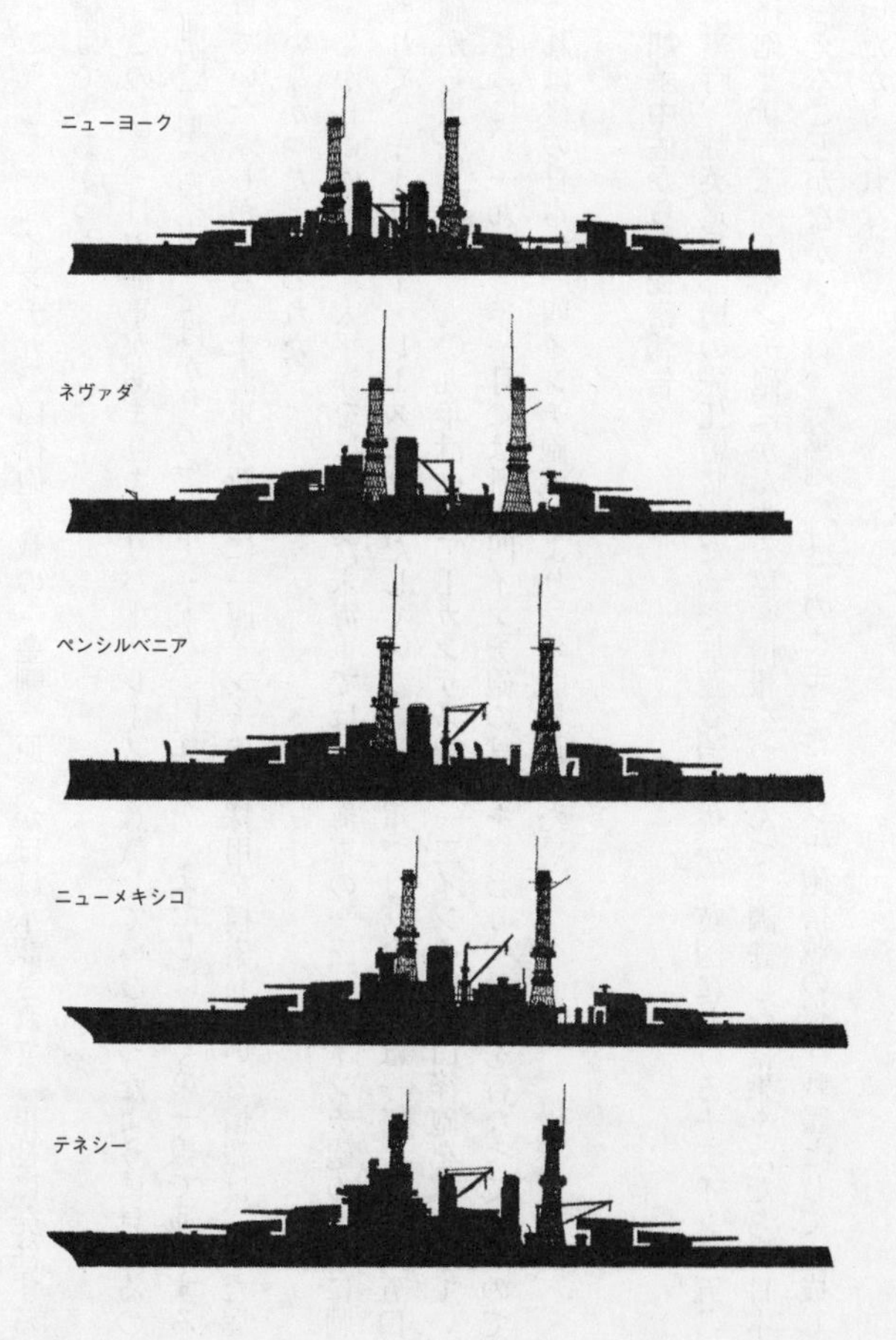
ニューヨーク
ネヴァダ
ペンシルベニア
ニューメキシコ
テネシー

こうして一二インチ五〇口径砲搭載の「金剛」原案がほぼ承認されて、毘社に発注する準備はできあがった。

このとき、日本海軍があまりキャリバー・レースを意識していなかったように見えるのは、「河内」型で採用したばかりの一二インチ五〇口径砲が、まだしばらく第一線で通用すると見ていたふしがある。米海軍が新たに一四インチ砲の採用を模索している情報は、まだ届いていなかったと思われた。

しかしこのとき、太平洋をはさんだ米海軍では、英海軍の一三・五インチ砲の採用に刺激されて、キャリバー・レースに乗りだしていた。米海軍では、ド級艦は一二インチ四五口径砲から出発して、一九〇九年計画のアーカンサス級で一二インチ五〇口径砲を採用していた。

さらに、一九一〇年一月には新一四インチ砲の試作を終わり、試射を行なっていたので、これは後の日本の一四インチ砲試射より一年弱早かった。

加藤中佐からの秘密報告

当時、駐英造兵部門の先任監督官だった加藤寛治中佐が、英国における一二インチ五〇口径砲と新一三・五インチ砲にかんする秘密情報をつかんで、調査した結果をただちに日本に伝えることがなかったら、「金剛」はこのまま一二インチ砲搭載の巡洋戦艦として完成していたかもしれない。

加藤中佐の調査で、一九〇九～一〇年に英海軍が実施した一二インチ五〇口径砲と一三・五インチ四五口径砲の比較試射実験の結果は、まず散布界が一三・五インチ砲の方が優れている、一二インチ五〇口径砲は初速が大なるため、弾道運動が不安定となりやすかった。

砲身の命数は一二インチ砲が一五〇発、一三・五インチ砲は四五〇発と大差があった。さらに一二インチ五〇口径砲が、領収発射において構造上に不都合を生じたことがあり、不信感をもたれていたことなどから、新一四インチ砲の採用に変更すべきとの意見具申をしている。

これを資料ともども船便で送ったのでは間に合わないと、明治四十三年八月に部下の武藤造兵少監に持参させて、シベリア鉄道で日本に帰国させて報告させたのである。

これにより、艦政本部も一挙に主砲変更にかたむき、一四インチ四五口径砲の開発を行なうことになった。

ただちに新砲の試作を毘社に依頼して、翌年三月に完成して試射を行なった。合計九九発を発射して良好な成績を収めて、ここに一四インチ四五口径砲を制式に採用した。

当面は秘密保持のため、四三式一二インチ砲の秘匿名称で呼称されることになった。すでに毘社は一三・五インチ砲の製造実績があったから、それほど難しいことではなかったようだ。

四三式一二インチ砲は、ただちに一二インチ五〇口径砲搭載を予定していた第三号戦艦

（扶桑）、卯号装甲巡洋艦（比叡）、第二号装甲巡洋艦（榛名）、第三号装甲巡洋艦（霧島）各艦の主砲として採用のため、必要数が明治四十四年四月一日付で、毘社と呉工廠および同工廠経由で室蘭の日本製鋼所に発注されることになった。

「金剛」の建造契約は、一四インチ砲の試射の前、一九一〇年十一月に行なわれた。承認図は、その前の九月に完成していた。たぶん、毘社との打ち合わせはできていたようであった。

　米海軍最初の一四インチ砲搭載艦、一九一〇年計画のテキサスの竣工は一九一四年三月で、「金剛」はこれより早く一九一三年八月に竣工したので、世界最初の一四インチ砲搭載艦の名誉は日本海軍にかがやく、といっても「金剛」は英国製であったが。

「金剛」の出現は、たちまち列強のキャリバー・レースに火をつけた。

　フランスは一九一二年起工のド級二級目のプロヴァンス級（二万三二三〇トン、一九一五年完成）で三四センチ（一三・四インチ）砲を搭載した。ドイツは英国が一三・五インチ砲採用と同時に、従来の二八センチ砲を三〇・五センチ（一二インチ）砲に強化して、一九〇九年起工のカイザー級（二万四三〇〇トン）から搭載した。

　ロシア海軍も一九一二年計画のボロジノ級巡洋戦艦に一四インチ砲を採用し、オーストリア海軍も二級目のド級艦モナーク代艦に一四インチ砲を予定していたが、未成に終わっている。

　そのほか、南米チリが英国安社に注文、一九一一年に起工したアルミランテ・ラトーレは

ヴィッカーズ社における「金剛」の14インチ砲の完成写真（明治44年撮影）。

一四インチ砲一〇門搭載の英戦艦アイアン・デューク級の改型として建造、第一次大戦にさいしては英海軍に編入され、唯一の一四インチ砲搭載英戦艦として就役した。

また、トルコが英国にド級戦艦を発注したのに対抗して、ギリシャが計画した最初のド級戦艦サラミスは一九一三年にドイツで起工されたが、その主砲の一四インチ砲はめずらしく米国に発注された。

かくするうちに一九一二年、英海軍は早くも一五インチ四二口径砲を搭載する高速戦艦クイーン・エリザベス級の建造に着手、以後の英主力艦の主砲に採用することを決めていた。

こうした一・五インチ刻みで主砲口径を拡大した英海軍にたいして、以後の日米海軍は二インチ刻みでこれに対抗した。ワシントン条約により沈静化するまで、一六インチ、一八インチとキャリバー・レースを主導したが、ひとまず終わることになる。

この間、第一次大戦中のドイツ海軍は三五センチ、三八センチ砲と拡大して英国に追従したが、実現した艦はすくなかった。

毘式四五口径一四インチ砲

大正二（一九一三）年十一月五日の朝九時十五分、「金剛」は横須賀に入港、ここに日本海軍は世界で最初の一四インチ砲搭載巡洋戦艦を取得したことになる。もちろん「金剛」の排水量二万七五〇〇トンも当時、世界最大の主力艦であった。

「金剛」はすべて英国毘社（ヴィッカーズ）で建造した英国製の軍艦であり、その主砲をはじめ、当時の毘社および英国の工業力、技術力に依存したものである。

当時、日本が独力で「金剛」を建造しようとしたら、七、八年はかかったかもしれない。とくに主砲の一四インチ砲は、当時の呉工廠で自製するのはまだ難しく、山内萬寿治中将が時機尚早といったのは、まさにこのことだったと思われた。

しかし、幸いにもこの時期、室蘭の日本製鋼所が始動しはじめて、一四インチ砲の国産化に道筋がついたのを忘れてはならない。

この時、同型三隻、すなわち「比叡」「榛名」「霧島」の国内建造は決まっており、「金剛」の図面一式が提供されるとともに、毘社の技術力習得のため三菱長崎造船所と川崎造船

神戸川崎造船所の艤装岸壁で1番砲塔用の36センチ砲搭載作業中の「榛名」。

所の民間技術者も英国に派遣された。それと同時に、日本製鋼所にも大きな試練がかかったものと推定される。

すでに呉工廠では「扶桑」の建造に着手しており、これまで一二インチ五〇口径砲でまかなうつもりだった主砲が、一挙に一四インチ砲に変更されたため、日本海軍は最初のド級戦艦「河内」「摂津」の完成前に、超ド級戦艦、巡洋戦艦の時代に突入してしまったのである。

実際には、「金剛」の主砲は当時、四三式一二インチ砲と呼称されていたが、周知の事実となって、制式名称は四五口径毘式一四インチ砲となり、大正六年に四五口径毘式三六センチ砲とメートル呼称に改正された。

この毘式一四インチ砲は毘社製の「金剛」以外に、横須賀工廠建造の二番艦「比叡」用に四門、二砲塔分が供給された。残り四門と三、四番艦分は、呉工廠と日本製鋼所で製造されるはずであった。

ただし、鋼塊からの製造は創業直後の同社では無理なため、当初は英毘社から粗材の供給を受けたらしいが、これも不良品がまざっていたりして、完成品の引き渡しが遅れるので、「霧島」の八門分は英毘社で製造して船送したとされている。

呉工廠と日本製鋼所で製造された砲身は、尾栓形式と薬室をわずかに日本式にあらためたため、四五口径四一式一四インチ砲と呼称された。

この時、「金剛」型四隻で三二門、「扶桑」一二門の四四門が最低限必要であった。しかし、供給にかなり無理があったのも事実である。

公文備考に残っている四三式一二インチ砲一門の予算額は一七万円、同連装砲塔の予算額は一基七〇万六〇〇〇円、同被帽徹甲弾一発（英国製）五一三円という数字がある。

「金剛」以外の砲塔は、いずれも呉工廠と横須賀工廠の二ヵ所で製造されたが、メインは呉工廠の砲塔工場で、砲塔の装甲鈑も呉工廠の製鋼部で製造されたようである。

一四インチ砲諸要目しらべ

一四インチ四五口径砲は砲身重量八三・四トンと、一二インチ五〇口径砲の六九・二トンにくらべて一・二倍増加している。砲身全長は一五・七メートルから一六・五メートルと、それほど大型化されたわけではなく、砲口威力と初速は、かえって一二インチ五〇口径砲の方が上回っていた。

弾丸重量も、被帽徹甲弾で一〇二八キロが一二七六キロに増大したのみである。「河内」型の二五度の最大仰角の射程は、常装薬で二万五五二〇メートルというデータが残っており、「金剛」型の二〇度の最大仰角における射程二万二五〇〇メートルとくらべると、一二インチ砲の方が勝っている。

もちろん、大型化による甲鈑貫通力は当然、運動エネルギーの増大により威力は増しているものの、数字から見ると、それほど大幅な進歩ではない。海軍の計算では、大正末期頃の資料に一四インチ四五口径砲の貫通力として、一万五〇〇〇メートルで一一・九インチ、二万メートルで七・六インチとのデータがある。一万五〇〇〇メートル以上では、米戦艦の一二インチ舷側甲帯を撃ちぬけないことになる。

日本側の量産砲四一式一四インチ砲では、薬室の容積をわずかに増したことで、初速がいくぶん増加した。そのため、「金剛」以外は最大仰角を二〇度に抑えたという説もあるが、先のデータどおりなら、二〇度以上の仰角の射程では米戦艦の装甲を撃ちぬけないことがわかっており、砲塔防御上も二〇度は妥当な設定である。

本砲の命数については、資料により二五〇発から三五七発と幅があり確定できないが、たぶん三〇〇発弱とみるのが妥当なようである。同様に命数に関係する初速についても、七七〇メートルから八〇〇メートルまでといくつかあり、のちの九一式徹甲弾の採用により、射

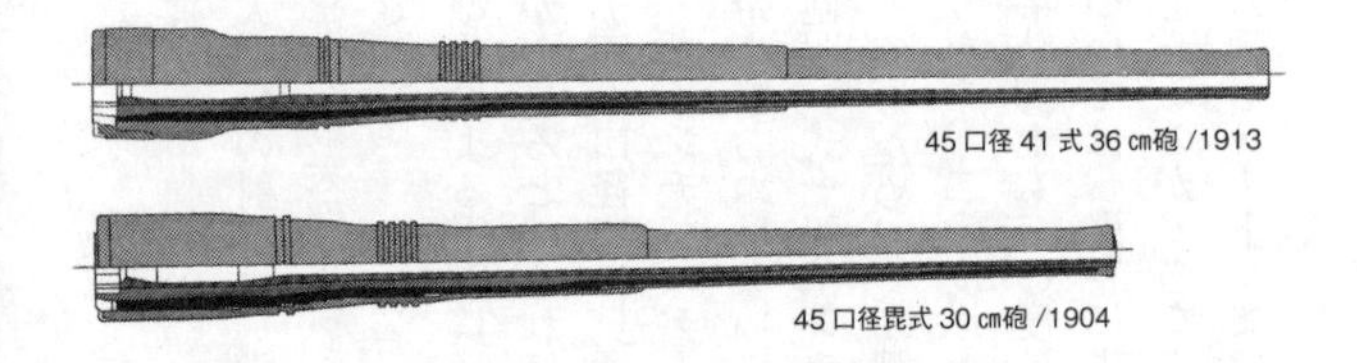

41式36㎝砲/毘式30㎝砲砲身比較

「金剛」新造時砲塔構造

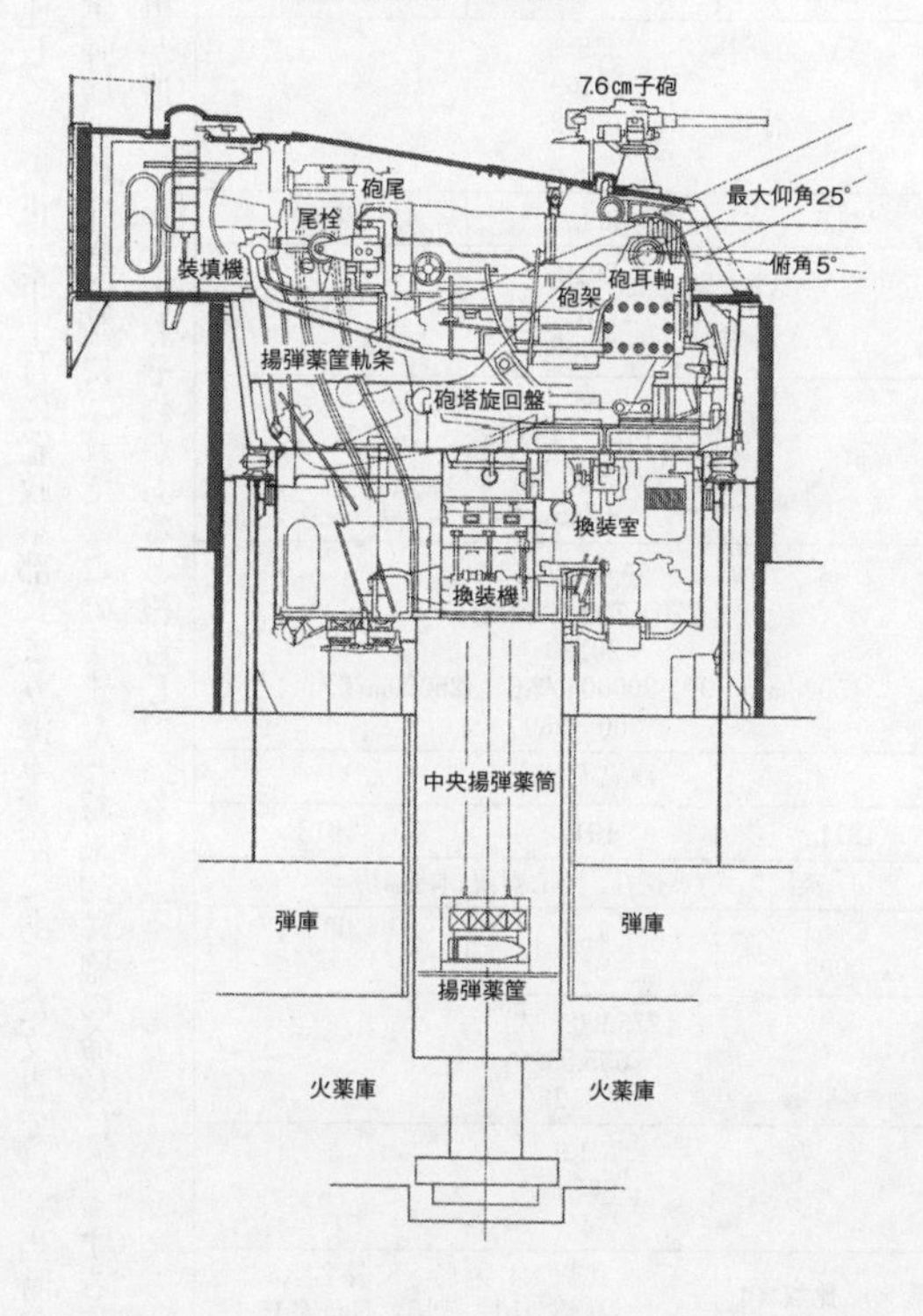
7.6㎝子砲
砲尾
尾栓
装填機
最大仰角25°
俯角5°
砲耳軸
砲架
揚弾薬筐軌条
砲塔旋回盤
換装室
換装機
中央揚弾薬筒
弾庫
弾庫
揚弾薬筐
火薬庫
火薬庫

程、初速ともに変わったものらしい。

これに関連して、大正元年十月に艦政本部長より海軍大臣にあてた文書では、当時の主要艦艇の平時実弾演習の発射弾数にふれて、このままだと将来的に砲の命数にたっする砲身の内筒換装工事が追いつかないおそれがあると報告している。

45口径36cm 砲身諸元

<table>
<tr><td>45口径毘式36cm砲</td><td>45口径毘式36cm砲</td><td>45口径41式36cm砲</td></tr>
<tr><td>I
毘式
毘式</td><td>II
毘式
毘式</td><td>III
毘式
41式</td></tr>
<tr><td colspan="3">355.6
16469
16002
45</td></tr>
<tr><td>283.5</td><td>303.2</td><td>303.2</td></tr>
<tr><td colspan="3">2010
1015
83400</td></tr>
<tr><td colspan="3">84
28口径で1回転
3.05
8.865</td></tr>
<tr><td colspan="3">29.9〜30.9
770〜790（常装薬）
20190
15000m/11.9″、20000m/7.6″、25000m/6.4″
250〜280</td></tr>
<tr><td colspan="3">鋼線式4層</td></tr>
<tr><td>1911</td><td>1912</td><td>1913</td></tr>
<tr><td colspan="3">英国毘式（英毘社、呉工廠、日本製鋼所）</td></tr>
<tr><td>8＋
170000</td><td>12＋</td><td>60＋</td></tr>
<tr><td colspan="3">1275.9（88式）
635.03
9.312</td></tr>
<tr><td colspan="3">131.9
$90C_2$
4</td></tr>
<tr><td>金剛×8、比叡×4</td><td colspan="2">比叡×4、霧島×8、榛名×8、
扶桑、山城、伊勢、日向 各12</td></tr>
</table>

	一般呼称
砲身名称	型　名
	外　型
	尾栓型式
砲身寸法・重量	実口径(mm)
	砲身全長(mm)
	腔　長(mm)
	口径数(弾程/実口径)
	薬室容積(ℓ)
	薬室長(mm)
	腔腔断面積(cm²)
	砲身重量(kg)
施条	施条本数
	施条纒度
	深　さ(mm)
	溝　幅(mm)
砲性能	最大腔圧(kg/mm²)
	初　速(m/sec)
	砲口威力(t-m)
	貫通力
	命　数
製造	砲身構造
	初砲製造年
	製造所
	製造数
	価　格
使用弾薬	徹甲弾　弾　長(mm)
	徹甲弾　弾　重(kg)
	徹甲弾　炸薬量(kg)
	常装薬量(kg)
	同薬種
	薬嚢数
搭載艦名	

これによれば、当時の呉工廠における計画の設備が完成すれば、年間八門の一四インチ砲製造が可能と予定している。しかし、これを維持するためには、一二インチ砲の内筒換装工事の年間必要数一二門はきわめて困難で、半数の六門に減じても、確実に実施できるのは五門にしかすぎないという趣旨のことを報告していた。

要するに当時、隻数の増えてきた日本戦艦の主砲砲身の命数を正常状態にたもつためには、演習発射弾数をおさえる必要があるということであった。

命数をこえた砲身で射撃をつづけると弾道が乱れ、射距離は当然不正確になり、命中率も落ちるのは明白である。日露戦争後にも、日本海海戦などで連続射撃をつづけた各艦の大口径搭載砲の内筒換装は、呉工廠にとって大仕事であった。

日本海軍は一四インチ四五口径砲を「金剛」以降、「日向」までの八艦に合計八〇門を搭載したが、米海軍はおなじ一四インチ四五口径砲をＢＢ34ニューヨークからＢＢ39アリゾナまでの三級六隻四四門、さらにＢＢ40ニューメキシコからＢＢ44カリフォルニアまでの二級五隻には同五〇口径砲六〇門を搭載した。

これらにたいして、英海軍の一三・五インチ四五口径砲は戦艦三級一二隻、巡洋戦艦二級

45口径36cm連装砲塔諸元

金剛型砲塔	扶桑型砲塔	伊勢型砲塔
20°/5°（金剛のみ25°/5°） 22500（金剛のみ25000） 27° 3° 8°		
自由装填 毘式・安式	固定装填（+5°） 呉式・安式	自由装填（+20°～−5°）
80～90 砲塔×21名、弾薬庫25名（金剛の例）		
7.777 8.997	7.625 8.692	7.777 8.997
2.24（6.3口径）		
水圧機 水圧機132馬力（金剛のみ電動機併用150馬力） 450 IP×3（榛名450 IP×3+650 IP×1）、扶桑（450 IP×4）、山城（450 IP×5）、伊勢型（650 IP×4）		
254 254 254 76 76 229	279 229 229 76 76 305	305 229 229 76 76 305
83.4（1門分）		
120（1門分） 205（榛名） 606（榛名）	117（1門分） 35 85 635	120（1門分） 40 100 647
1911	1915	1916
毘社、呉、横須賀工廠	呉工廠、横須賀工廠	
×16 70万円（砲身別）	×24	×24

砲塔・砲架機構	最大仰角／俯角（度） 最大射程（m） 装填秒時（秒） 旋回速度（角度／分） 俯仰速度（角度／分）
	装填方式 揚弾方式及び速度
	1砲塔弾薬定数 操作人員数
主要寸法	焜輪盤直径（m） バーベット直径（m）
	砲身間隔（m）
駆動方式	旋回能力 俯仰動力 駆動動力源 （水圧ポンプ）
砲塔（楯）装甲厚	前　楯（mm） 側　面（mm） 後　面（mm） 天　蓋（mm） 床　面（mm） バーベット（mm）
各部重量	砲　身
	俯仰部 旋回部 装甲部 バーベット部 旋回部全体
製造	製造年
	製造所
	製造数 価　格

四隻に合計一五二門が搭載されており、さすがに大英帝国海軍だけあって、超ド級戦艦群も最多であった。

日本海軍にも試作段階では、五〇口径四一式三六センチ砲と五〇口径三年式三六センチ砲の二種が後年完成したものの、実艦搭載にまではいたらなかった。

日本海軍の一四インチ砲の砲塔は、それまでの英国から購入した安社（アームストロング）および毘社の砲塔構造の延長線で、日本独自のデザイン面はすくなく、毘社の「三笠」の砲塔構造を踏襲していた。

装填方式は「金剛」型が自由装填式、「扶桑」と「山城」が固定装填式（＋五度）、「伊勢」型ではふたたび自由装填式（＋二〇～－五度）にもどしている。

砲塔をささえるバーベット内径は八・九九七メートル、固定装填式を採用した「扶桑」型は八・六九二メートルといくぶん小さい。これは六砲塔を配置するため、可能なかぎり小型

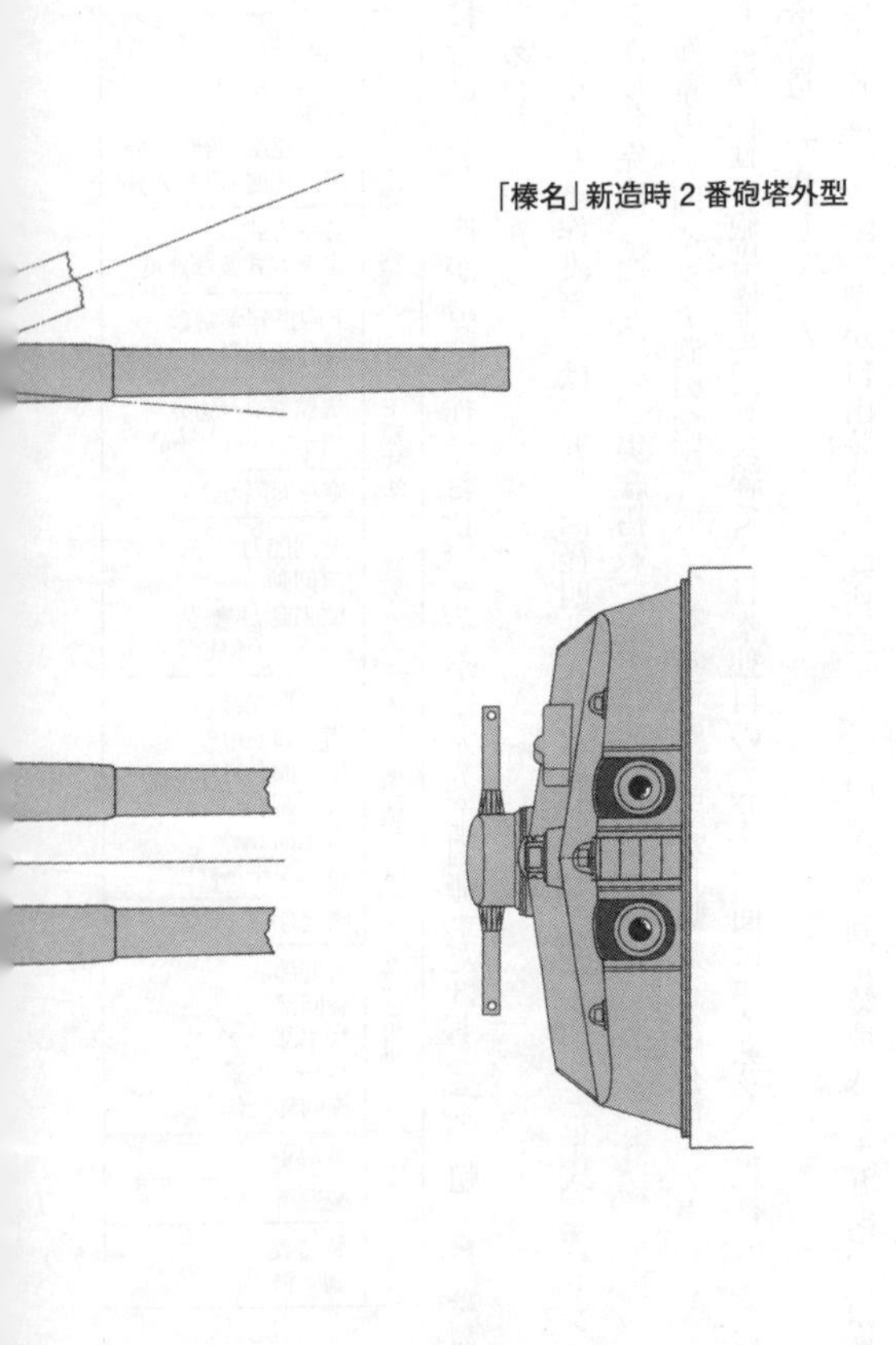

「榛名」新造時２番砲塔外型

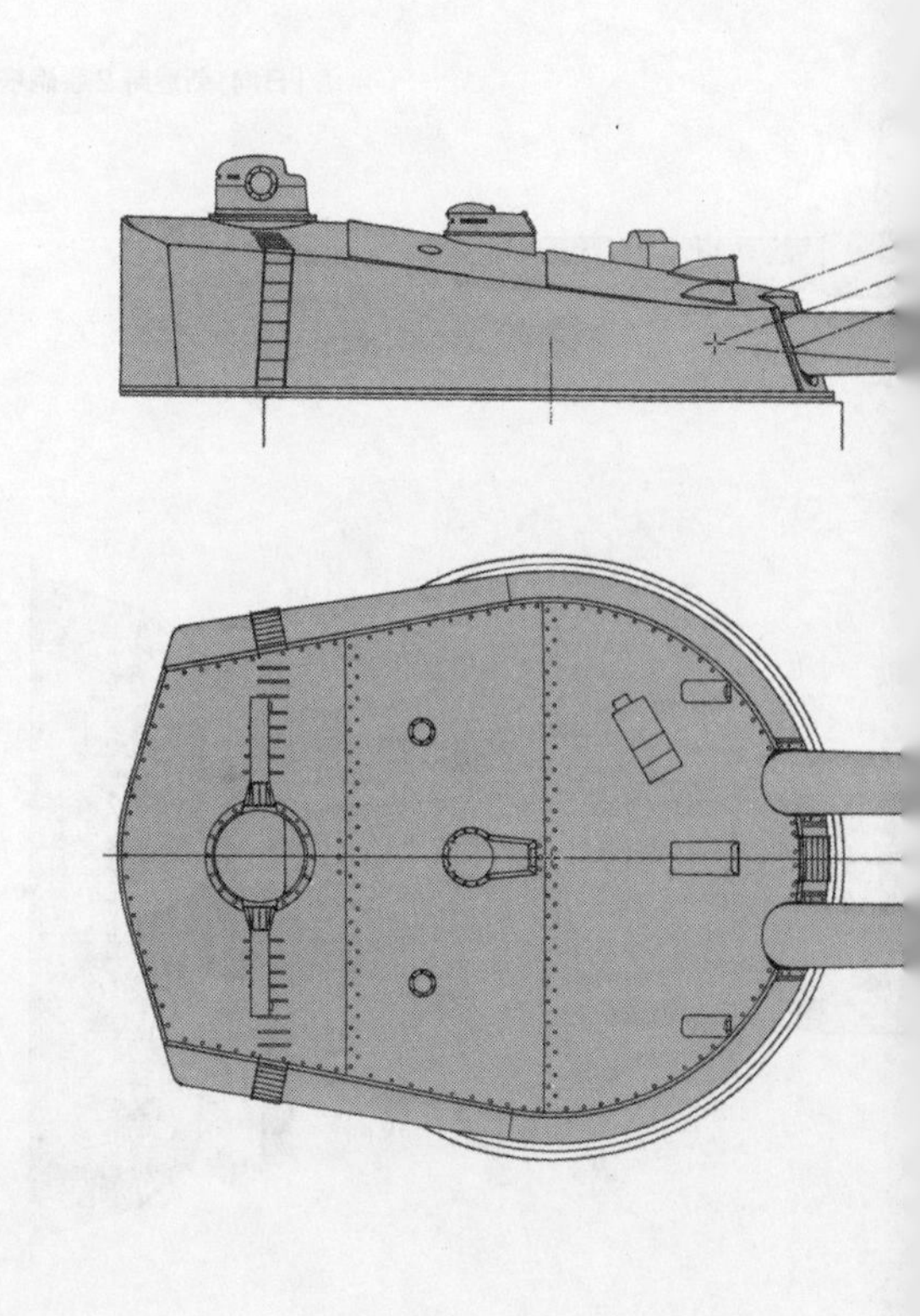

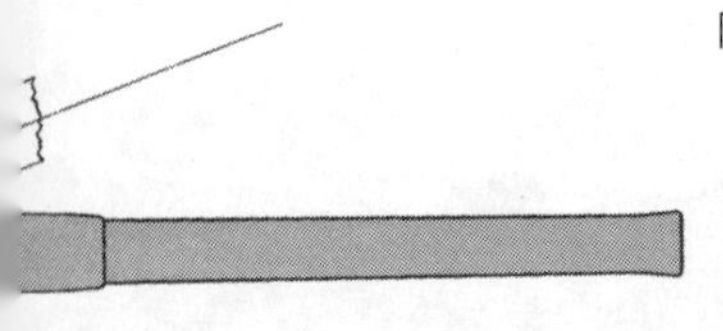

「日向」新造時２番砲塔外型

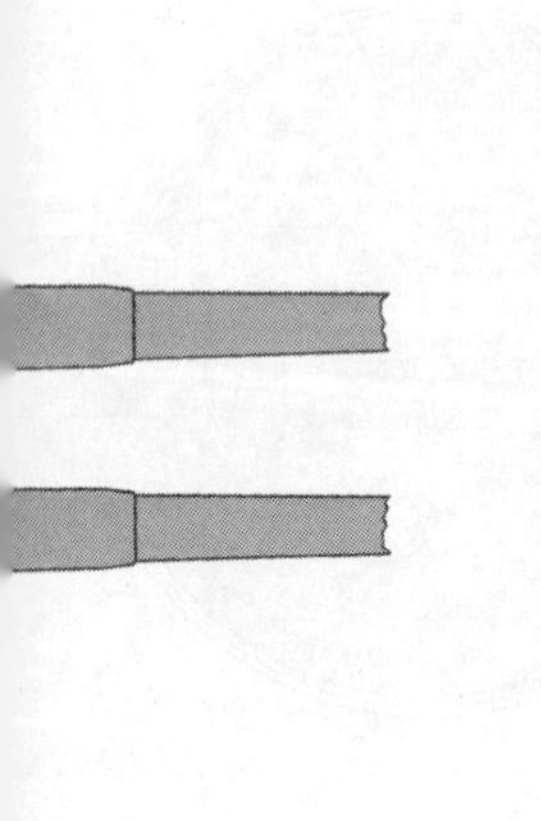

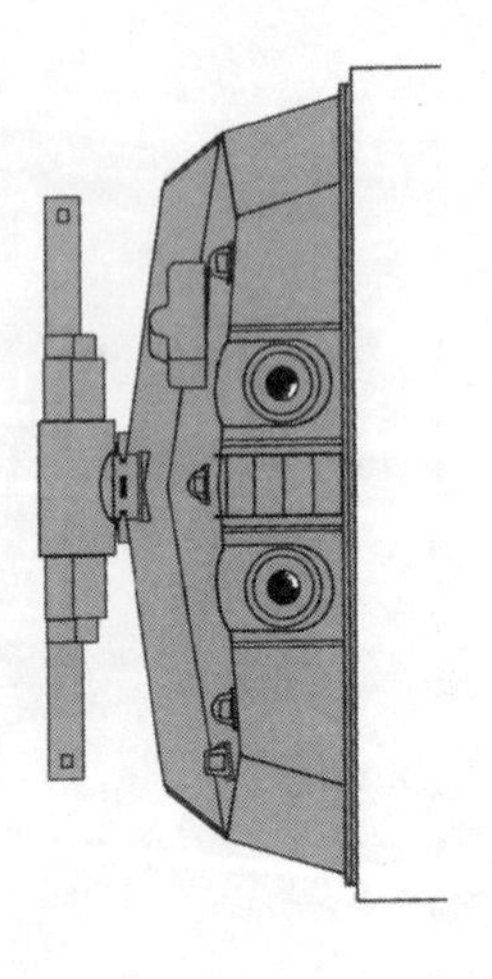

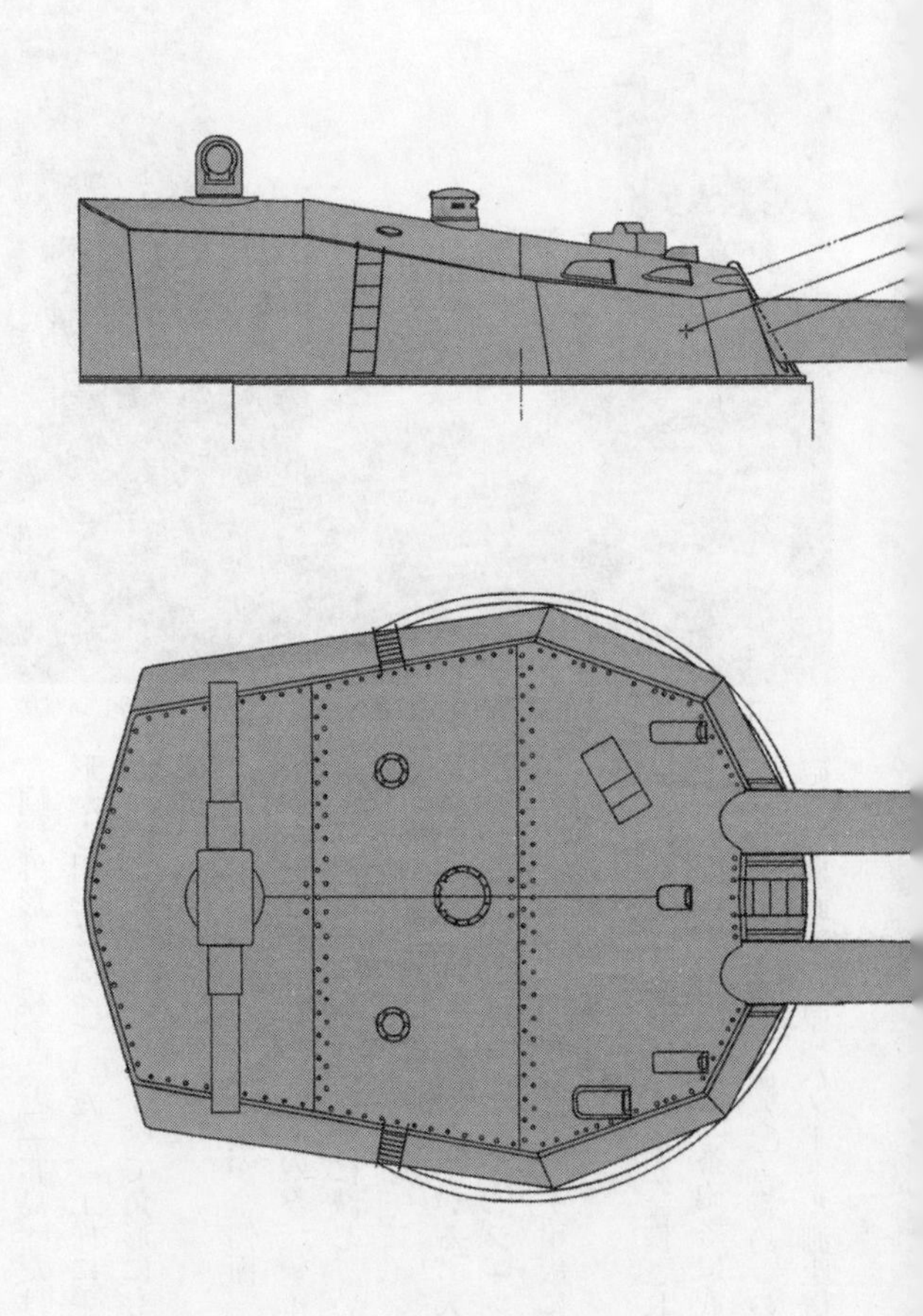

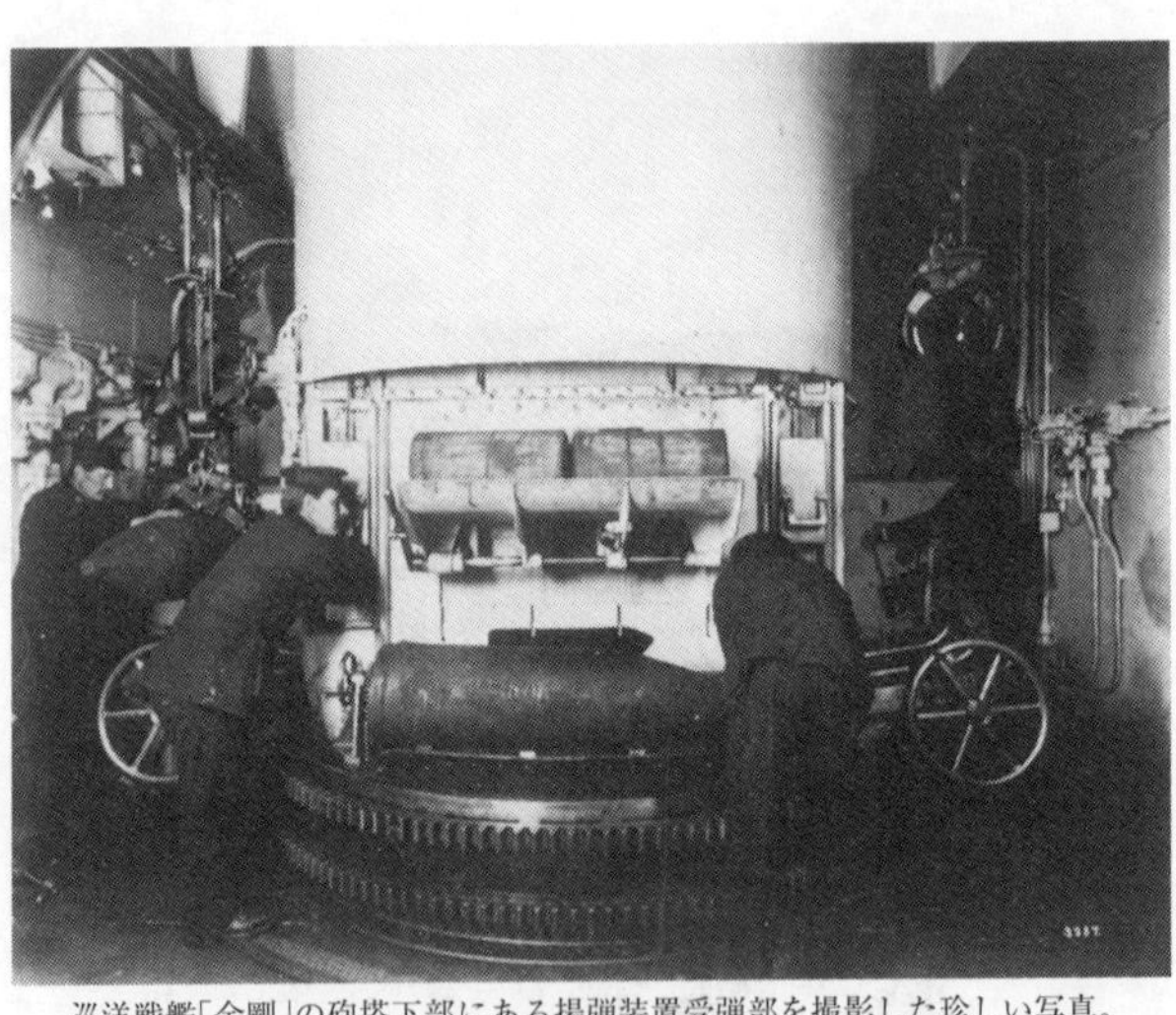

巡洋戦艦「金剛」の砲塔下部にある揚弾装置受弾部を撮影した珍しい写真。

化したものらしい。

砲塔外形は「榛名」と「霧島」だけ角形から円形になっていたが、工作に手間がかかるため、以後はすべて角形にもどしている。

砲塔甲鈑厚は「金剛」型が全側面一〇インチ、「扶桑」型は前面のみ一一インチに増して、他を九インチに減じている。最後の「伊勢」型では前面を一二インチに強化、他は九インチとしている。天蓋と床は三インチ、天蓋はのちにジュットランド海戦の戦訓から六インチ甲鈑に張り替えている。

砲塔にははじめて測距儀が装備され、「金剛」「比叡」の二、三番砲塔に武式四・五メートルが、「榛名」「霧島」の同砲塔には武式旋回式八メートル測距儀が装備された。「扶桑」「伊勢」型では四砲塔に武式八メートルを、とくに「伊勢」型では二、五番砲塔に光学系を二重に組みこんだ測距儀を採用していた。

　砲塔の主動力は水圧ポンプで、旋回、俯仰、装填、尾栓開閉などの各動作に、一部人力の予備装置とともに用いられた。「金剛」型は四五〇馬力水圧ポンプ三台、「扶桑」は同四台、「山城」は同五台、「伊勢」型は六五〇馬力四台と、砲塔数におうじて増加されている。

　この水圧ポンプの力量から、主砲は連装砲では交互発射を標準としており、原則として全砲の斉射は行なわない仕組みになっている。

　毘社建造の「金剛」のみ、旋回装置に電動力を併用している。これは自社の旋回動力源である斜盤機にいい製品がなく、作動に問題があって電動力を併用したものらしい。日本側では信頼性のある安社製斜盤機に変えたため、電力併用は他艦にはない。

「一六インチ砲試製の件」

　大正三（一九一四）年六月二日、第一次大戦勃発直前のこの時期に、日本海軍ははやくも一四インチ砲につぐ一六インチ砲の試作を命じる公式文書がのこっている。

　これは大正三年度海軍公文備考の「兵器」の項に存在する、官房機密三四六号による「一六インチ砲試製の件」というもので、「別紙図面の計画による四五口径一六インチ砲一門を試験砲として呉海軍工廠に注文し試製すべし」と記載されている。

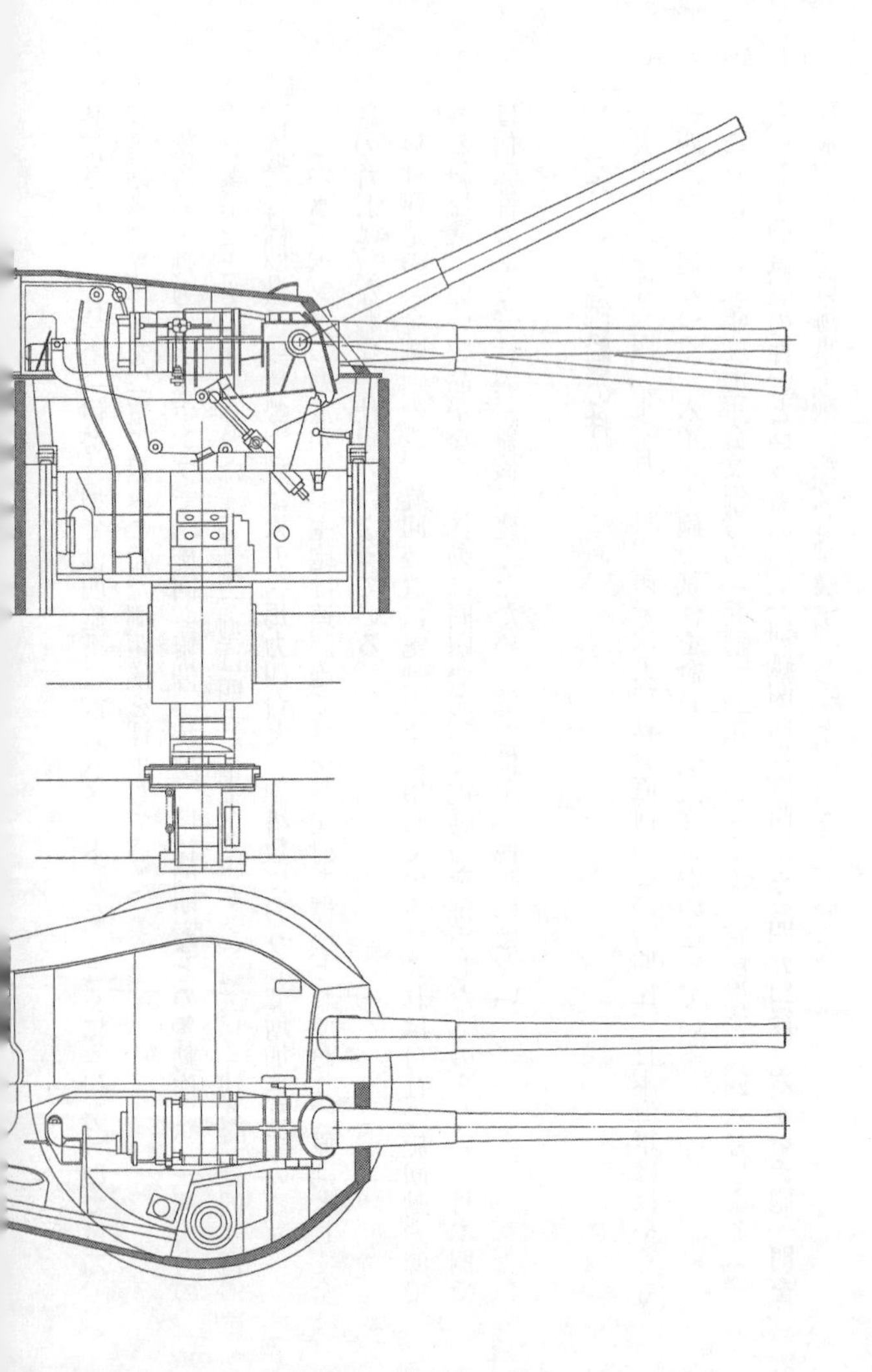

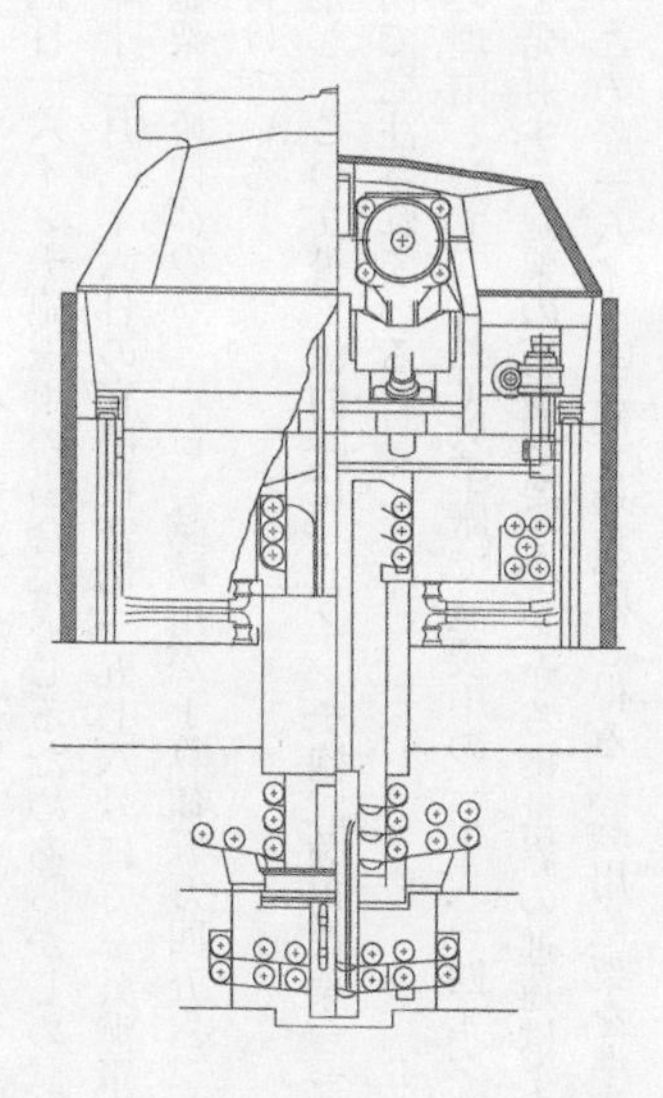

45 口径 3 年式 36 ㎝ (41㎝) 連装砲塔計画図

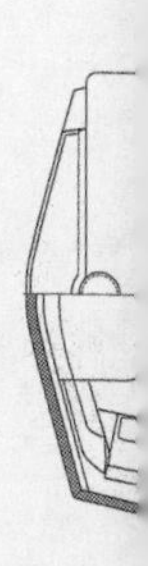

さらに注釈として、「追って右試験砲架及び付属設備の註文書を予算精査の上提出する、本試験砲はある時期まで三年式一四インチ砲と呼称すべし、理由、砲熕威力発達の機運に鑑み、他日一六インチ砲採用の場合に応じるためあらかじめ試験を行なう必要あり」とある。同年十二月二十六日の官房機密第一五七八号にて、呉海軍工廠にたいして三年式一四インチ砲砲架（俯仰部のみ）一台、試験用が予算額五万四五六二円で注文されており、上記文書を裏付けている。

ただし、この文書では同時に一八インチ砲試験用砲架一台も、同工廠に予算額二五万八一八七円で発注されている。

その理由として、「目下呉工廠で試製中の三年式一四インチ砲（一六インチ砲）完成の上、これを発射する砲架の新製を要す、しかるに世界の進運はより口径の増大を促す傾向にあるため、この際一八インチ砲まで発射し得る試験用砲架を準備しておくのが得策と認められる」としている。

この一八インチ砲というのは、この後、大正五年頃に試作計画がスタートしたといわれる、五年式三六センチ砲（実口径四八センチ／一八・九インチ）を指すものであった。この時期から日本海軍が、八八艦隊の最終艦搭載用の主砲として一八インチ砲を予期して、超一八インチ砲の製造の可能性を模索していたとは驚くべきことである。これについては後述する。

ライバル米海軍との競争

大正三年六月といえば、最初の一四インチ砲搭載艦「金剛」型巡洋戦艦の二番艦「比叡」が、やっと完成に近づいた頃である。おなじく一四インチ砲搭載の最初の戦艦「扶桑」が進水した直後といった時期であり、一四インチ砲の威力は「金剛」でどうにか認識したばかりであった。

わずか四年前に四五口径一四インチ砲の国産化に着手したばかりである。それも、今までたよってきた英国ヴィッカーズ社との合弁会社、日本製鋼所頼みの国産砲であった。こうした時期に日本海軍の造兵官と呉海軍工廠は、本当に一六インチ砲の国産化に自信があったのであろうか。

ところが、この日本海軍の先見の明（?）の上をいったのが米海軍であった。日本海軍が一六インチ砲試作を発注したこの時期、米海軍最初の四五口径一六インチ砲、マーク1はほぼ試作が完成にちかづき、試射をひかえている時だった。

これは両国の工業技術力の差でもあった。当時の米国は、日本がついこのあいだまで英国製軍艦で日露戦争を勝利したのにくらべて、米海軍の艦艇は近代の鉄製、蒸気機関の時代以降、すべて国産が原則となっていた。また、搭載する兵器もすべて国産でまかなってきたのである。

したがってこの時期、日本海軍が一六インチ砲の試作に踏みきった裏には、こうした米海

英独主力艦が激突したジュットランド海戦は多大な戦訓を造艦史に残した。

軍の情報を入手して、米海軍に遅れまいとする精いっぱいの背伸びだったようにも思える。

日本海軍は明治四十（一九〇七）年に最初の「八八艦隊構想」を確立した。以後、海軍の第一線兵力として、艦齢八年以内の戦艦・装甲巡洋艦（巡洋戦艦）各八隻を整備することを海軍兵力の基準にしてきた。

しかし、予算的に巨額に上がるため成立に手間どり、議会の承認を得ることができたのは大正九（一九二〇）年九月であった。

一方、日本海軍最初の一六インチ砲搭載艦「長門」は、当初の予定では大正五年起工、大正八年竣工を予定していたが、呉工廠に製造訓令が発せられた大正五年五月直後に、ヨーロッパの北海で勃発した英独海軍の主力艦隊同士の大規模海戦「ジュットランド海戦」による鮮烈な戦訓を採りいれるために、起工は約一年弱延期された。

クイーン・エリザベス級誕生は日本海軍に16インチ砲搭載に踏みきらせた。

新規の戦艦の主砲の開発、設計、試作、製造の工程は通常、戦艦の建造期間と同等以上を要することはあまり知られていない。大正三年に試作がはじまった新一六インチ砲を搭載すべき新戦艦が、大正五年起工予定ということは、一年弱、七～八ヵ月前に工廠に計画図面一式とともに製造訓令を命ずる必要がある。

したがってその基本計画は、おそくとも大正三年にはスタートしていなければならないはずである。

日本海軍が、この時点で一六インチ砲採用に踏みきったのは、ライバルの米海軍の情報を知らなかったとしても、キャリバー・レースで先陣をきっていた英海軍が、一九一二年計画で新たに一五インチ砲を搭載する新高速戦艦クイーン・エリザベス級の建造に着手していたことは、当時の日本海軍が知らないわけがなく、一四インチ砲搭載艦を戦艦四隻、巡洋戦艦四隻の四四艦隊で打ちきって、一六インチ砲搭載艦に移行するのはきわめて自然であった。

四五口径三年式四一センチ砲

「八八艦隊」関連砲身諸元

50口径3年式41cm砲	50口径3年式46cm砲	47口径5年式36cm砲
I 3年式? 3年式	3年式?	5年式
410 21046 20500 50 630 118.0	460 23650 50 880 155.0	480 23150 47 750 157.5
84 28口径 4.1		92 28口径
850 36820 15000m/18.3″ 207	850 50250 15000m/21.7″ 206	800
左同	左同	半鋼線5層 1920 呉工廠 1
1000 11.51	1365 15.7	1550
279 4	376 4+	341 4+
計画のみ試験砲なし	左同	試験砲

		一般名称	45口径3年式41cm砲
砲身名称		型　名	II
		外　型	3年式
		尾栓型式	3年式
砲身寸法・重量		実口径(mm)	410
		砲身全長(mm)	18840
		膅　長(mm)	18294
		口径数(弾程/実口径)	45
		薬室容積(ℓ)	480
		砲身重量 (t)	100.8
施条		施条本数	84
		施条纒度	28口径
		深　さ(mm)	4.1
砲性能		初　速(m/sec)	790
		砲口威力(t-m)	31810
		貫通力	15000m/16″
		命　数	260
製造		砲身構造	全鋼線4層
		初砲製造年	1916
		製造所	呉工廠、日本製鋼所
		製造数	55+
		価格(単価円)	31000
使用弾薬	徹甲弾	弾　長(mm)	1423
		弾　重(kg)	1000
		炸薬量(kg)	11.51
		常装薬量(kg)	223
		同薬種	110C2
		薬嚢数	4
搭載艦名			長門、加賀、天城 紀伊各型
備　考			

最初の一六インチ砲搭載新戦艦は、英海軍にならって速力二五ノットの高速戦艦仕様であったことも、別に不思議ではない。この時期、長年のお得意様にたいして、英国ヴィッカーズ社よりはやくも一六インチ砲搭載の新戦艦の売りこみもあったが、第一次大戦をひかえたこの時期、国産化は正解であった。

この「長門」型の基本計画は、これまでの近藤基樹造船総監にかわって艦政本部の山本開蔵造船大監が担当したものらしく、仕様は高速戦艦であったが、全般の設計は英国式設計の踏襲であった。

戦艦「長門」型砲塔外型図

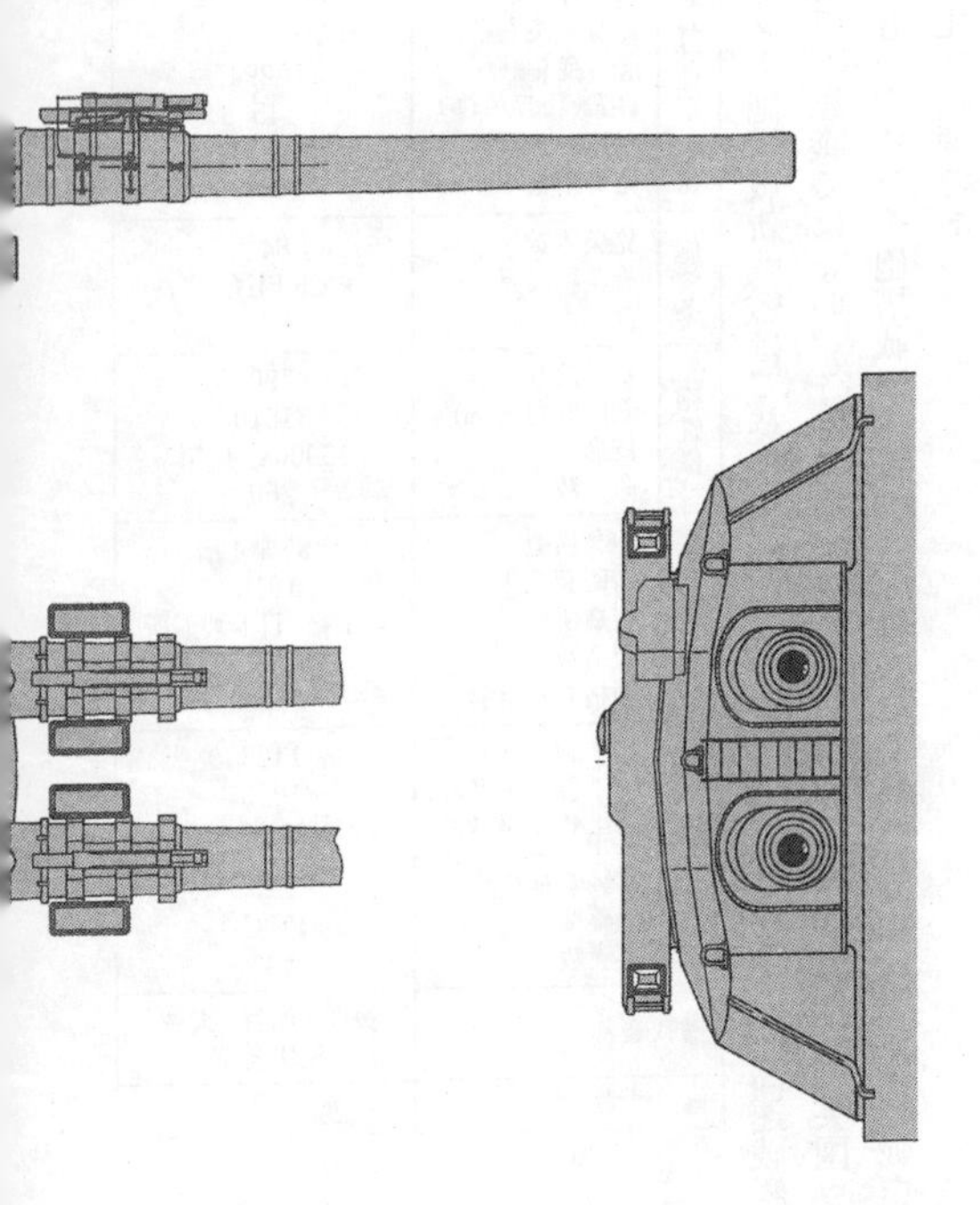

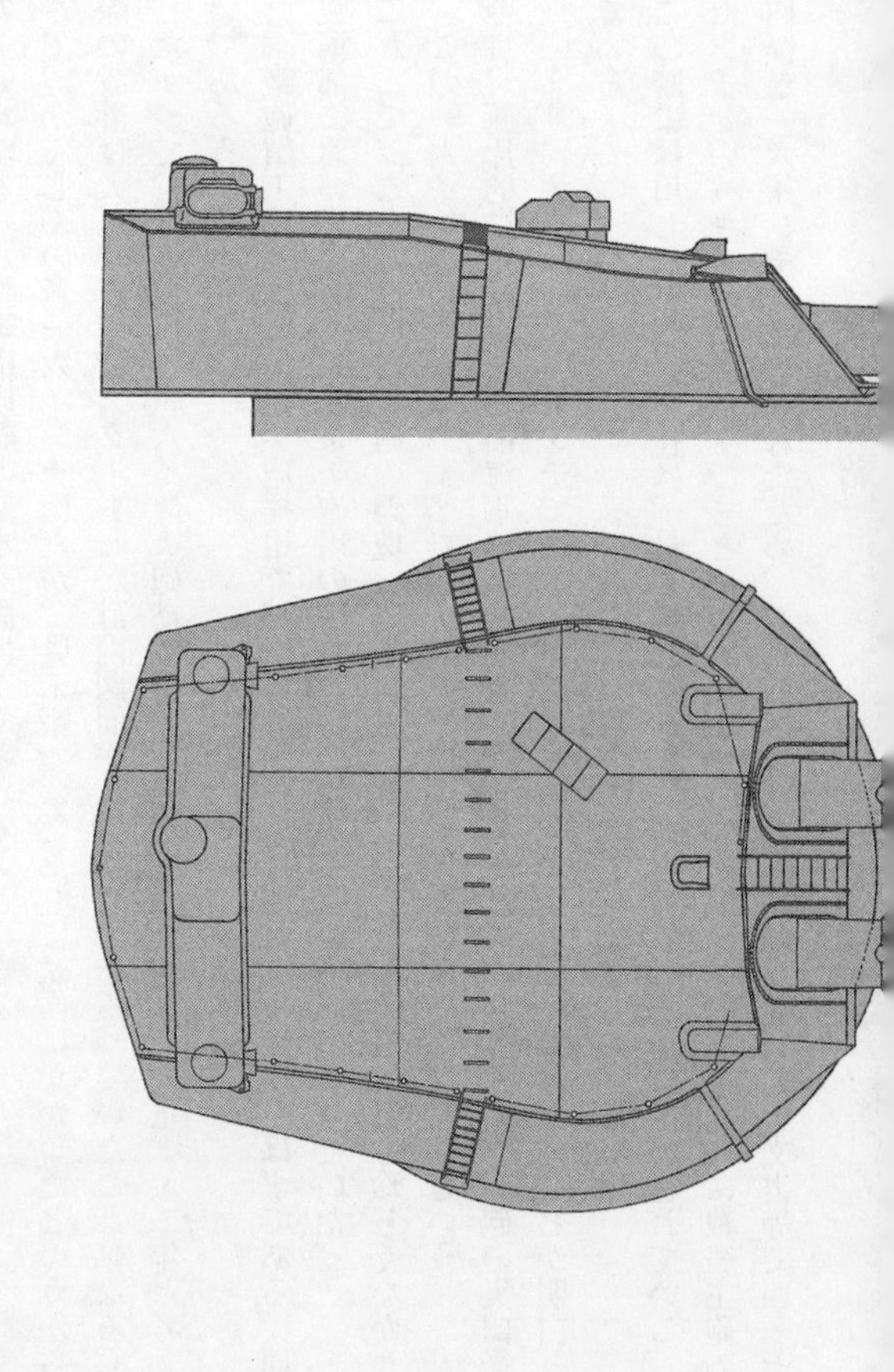

たまたま勃発したジュットランド海戦で、従来の戦艦防御力に大きな疑念が生じたことで、この改正計画のために艦本に呼ばれたのが平賀譲造船中監であった。以後、彼が山本開蔵の下で、いわゆる八八艦隊構成艦の基本計画にたずさわることになる。

さて、かんじんの新一六インチ砲だが、呉工廠ではただちに試作にかかったというから、実際の設計は大正二年頃にスタートし、計画図面がこの時点でそろっていたことになる。したがって、日本海軍が一六インチ砲搭載艦の構想をもったのは、大正一〜二年と考えていいであろう。

呉工廠砲熕工場は一四インチ砲採用で、工場設備の大幅改善をはかったはずである。同時に製鋼部においても、一六インチ砲用の鋼塊を鋳造することが可能となっていた。

これまで、こうした大口径砲の鋼塊、砲身粗材は英国から購入することも珍しくなかったが、この一六インチ砲からは、すべて呉工廠で自作することが可能になったという。

今日、断片的に残っている旧海軍の造兵関連一次資料では、この一六インチ砲の実口径は四一〇ミリ、すなわち四一センチで一六インチ換算の四〇・六ミリではないことが明白となっている。

この時に採用した三年式尾栓は、最初のメートル法採用の設計であったとされている。四一センチというキリのいい数字でまとめられたが、のちのワシントン条約時に戦艦主砲の最大口径が一六インチと定められたため、対外的影響を考慮して、従来の公文書等で四一セン

メートル法によって建造された41センチ主砲の斉射を行なう戦艦「長門」。

チと表記していたものを、四〇センチ表記に改めている。

このため、戦後しばらくは実口径が正一六インチ＝四〇・六センチと誤解されていた。これは、四一センチが四〇・六センチをまとめたものと勘違いされていたことによる。

一部に、最初の試作砲Ⅰ型は正四〇・六センチだったとの説もあるが、量産型のⅡ型以降との腟内形状からも、これは事実ではなく、最初から実口径は四一センチとするのが正しい。

日本海軍がメートル法を正式に採用したのは大正十年だが、造兵部門では大正三年からメートル法を採用したらしく、三年式二〇センチ砲、同一四センチ砲、同一二センチ砲等は、すべてインチからの換算ではなく、メートル法によっている。

このため、三年式五〇口径二〇センチ砲を搭載した日本の条約型巡洋艦は、のちにわずか三ミリの差だが、正八インチ＝二〇三ミリに実口径を拡大している。

ただ、例外として三年式四〇口径八センチ高角砲の場合は、当時ひろく採用されていた四〇口径三インチ砲を改造したため、弾薬形状の共通化から実口径を七・六二センチのままとしている。

試作のI型がいつ完成して、試射をおこなったのかあきらかではないが、大正四年十二月には四一センチ被帽徹甲弾の製造がはじまり、翌五年七月に試射したとの資料がある。たぶんこれが、I型試験砲の最初の試射と推定する。

大正六年頃から量産砲の製造が軌道にのりだしたともいわれており、大正六年十二月の四一センチ砲弾注文の文書では、翌七年一月に予定している第二四回実験（試射）用としているところからも、ここまでにII型量産砲の試射も充分な数に達していることがわかる。

八八艦隊完成案の成立とともに、呉工廠だけでは間に合わなくなり、大正八年からは室蘭の日本製鋼所にも製造を委託するまでになった。

第7章　八八艦隊主力艦の搭載砲

勢揃いしたビッグセブン

一六インチ砲の試作I型にたいして実際に搭載されたII型は、砲身重量一一三・五トンから一〇二トンに減じた軽量砲で、腟圧は三四トン／平方センチから三〇・三トン／平方センチに減じている。

必然的に初速も八五〇メートル／秒から七九〇メートル／秒に落ちているが、量産砲として高性能より実用的性能を重視したものと見られている。

従来の四一式四五口径一四インチ砲にくらべて、射距離一万五〇〇〇メートルでの甲鈑貫通力は、一一・九インチ厚が一六インチ、二万メートルでは七・六インチから一〇・七インチに増加しており、二万五〇〇〇メートルで米戦艦の主甲帯、または主砲装甲を撃ち抜くことが可能となった。

「長門」型、英ネルソン級と共にビッグセブンと呼ばれた米メリーランド級。

砲塔はこれまでどおりの連装砲塔だが、形状はかなり変化している。もっとも装甲の厚い前楯部は四〇度傾斜した平面構造となり、対弾防御力を改善している。側面は傾斜角を強めた円形形状で、最大仰角は三〇度、最大射程三万二〇〇〇メートルとされている。

砲塔天蓋装甲は、ジュットランド海戦の戦訓から六インチに強化され、全般に従来の英国毘社（ヴィッカーズ）式設計に純日本式設計を加味した新型砲塔だが、内部構造はほぼ従来設計の踏襲である。

バーベットの内径は「伊勢」型砲塔にくらべて一・二メートル増大した。旋回部重量は三五〇トン増加して九〇〇トンとなっている。砲塔動力は「伊勢」型とおなじ六五〇馬力水圧ポンプ四基で、装填方式はマイナス五度～プラス二五度の自由装填方式となっている。

この四五口径四一センチ砲は、同時期の米海軍四五口径一六インチ砲Ｍｋ1とくらべると、砲身重量がわずかに軽いだけで、他の数値はほぼ類似しており、いいライバルであった。

砲塔測距儀は第一次大戦で英国式測距儀の購入が困難になり、「長門」は米国製の波式（バウシュローム社）六メートル測距儀を各砲塔に装備したが、評判は悪かったという。

大正10年10月、神戸川崎造船所において進水する戦艦「加賀」。

四一センチ砲搭載の一番艦「長門」は大正九（一九二〇）年十一月に呉工廠で竣工したが、就役直後から主砲の四一センチ砲の三年式尾栓の開閉動作にトラブルを生じ、ほんらいのスムーズな装填動作に支障をきたすことになり、正常な使用ができなくなっていた。

このため、大正十一年初頭に八門全部の尾栓を換装する予定でいたが、おりからワシントン条約が発効して「加賀」用の主砲砲身が余剰品になったため、砲身ごと換装を実施したが、その後もトラブルは続き、その解決に長期間を要したという。

二番艦の「陸奥」は、ワシントン軍縮会議にさいして既成事実をつくるため、実際の竣工より日にちを繰り上げて宣言したが、結果的には、米国はメリーランド一隻だった一六インチ砲搭載戦艦が、さらに二隻の同型艦の建造続行を、英国はまったく新規に二隻の一六インチ砲搭載戦艦を、基準排水量三万五〇〇〇トンの制限下で新造することが認められた。

これが世にいう「ビッグセブン」と呼ばれた、「七大戦艦」の誕生である。ワシントン条約締結により、以後一〇年間（後にさらに五年間延長）、列強各国では戦艦の新造を休止する「ネイバル・ホリデー」が一九二三（大正十二）年八月十七日に発効した。

消えた五〇口径四一センチ砲

四五口径四一センチ砲は「長門」型に引きつづき、次の新戦艦「加賀」型と巡洋戦艦「天城」型にも搭載された。

ただし、「加賀」型の砲塔はいくつかの改正がくわえられ、形状がいくぶん異なるほか、最大仰角を三五度に拡大して、射程を伸ばしている。また、砲塔側面装甲を一部わずかに減じている。

また、「天城」型では同一砲塔ながら、側面と天蓋の装甲を「加賀」型よりすこし減じている。

日本海軍の八八艦隊案は、米海軍が一九一五年に発表した「三年計画案」に対抗するかたちとなった。三年計画案でも、一六インチ砲搭載戦艦一〇隻と巡洋戦艦六隻、計一六隻の主力艦の整備が計画の中核であった。ド級艦時代の米戦艦は低速・重防御が特色で、兵装もひじょうに強力であった。

三年計画案の戦艦では、最強のサウスダコタ級六隻は排水量四万三二〇〇トン、速力二三ノットの低速戦艦ながら、主砲に五〇口径一六インチ砲Ｍｋ２三連装砲塔四基を搭載することを公表していた。このため「天城」型以降の戦艦、巡洋戦艦には、これに対抗する施策が要求された。

この時、日本海軍でも五〇口径四一センチ砲の机上での計画、設計をおこなったことは知られているが、試験砲を試作したかどうかは明確でない。昭和十九（一九四四）年の艦政本部作成「砲身型別一覧表」に記載はあるものの、実際の試作をしめす資料はない。ただ、平賀アーカイブには図面や諸元が残されており、その一端を知ることができる。

これとは別に、前述した五年式三六センチ砲（実際は四七口径四八センチ砲）の試作が、大正五（一九一六）年に着手されたことは資料により知られている。

この砲についてはナゾも多く、明確ではない。キャリバー・レース上、ほんらいなら四六センチ＝一八インチとなるべきものを、二センチも上回る大口径砲を試作したのは、なぜであろうか。

考えられることは、当時の呉工廠の製造・技術で製造可能な最大口径を選択して、将来の可能性にそなえたと見ることもできる。

最大仰角 35°

「加賀」型砲塔構造図

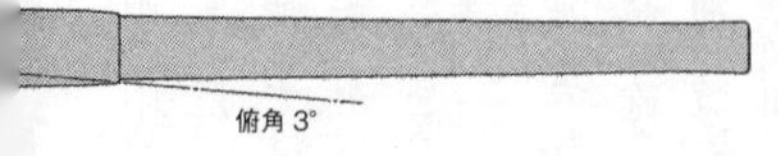
俯角 3°

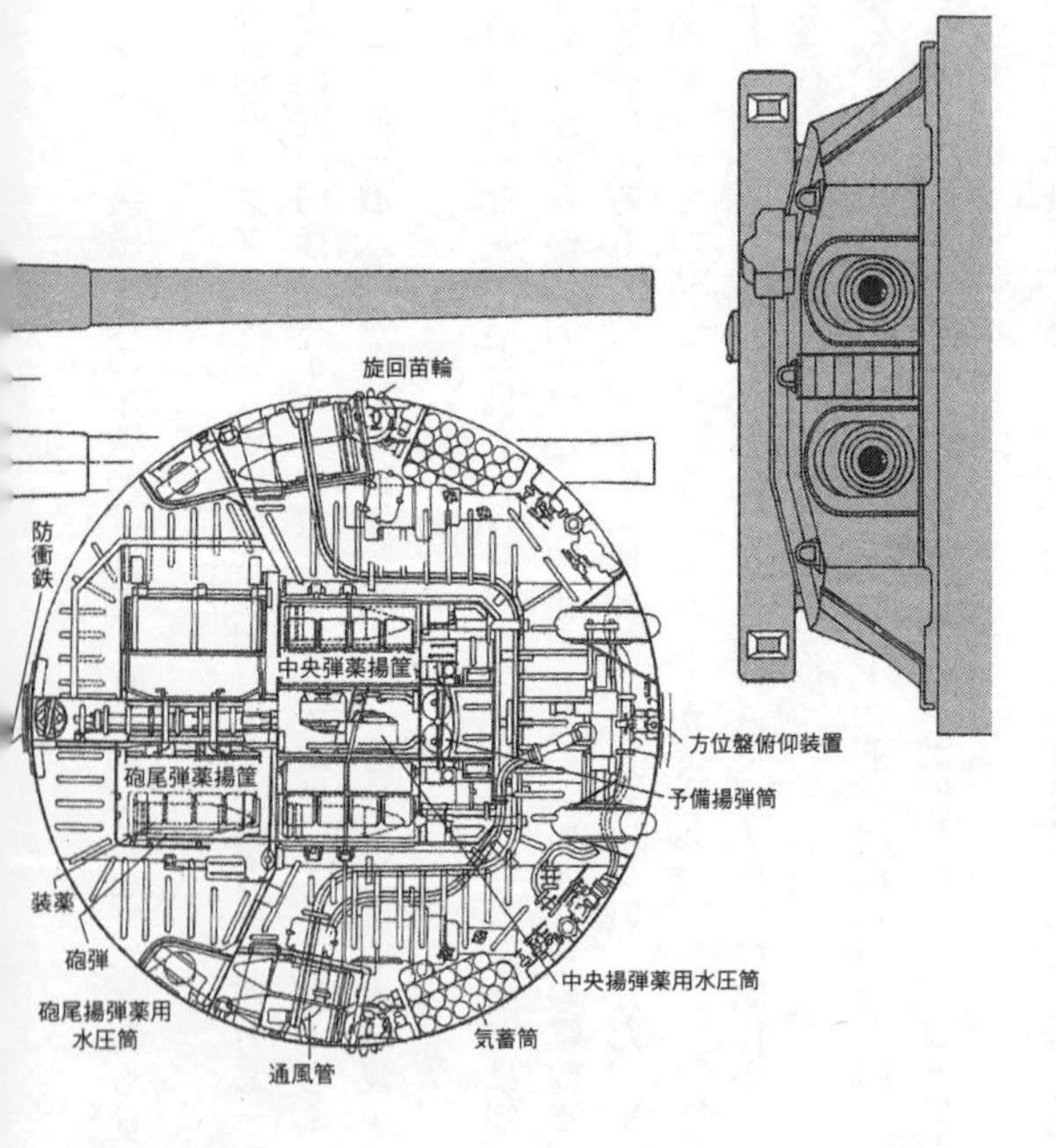
旋回苗輪
防衝鉄
中央弾薬揚筐
方位盤俯仰装置
砲尾弾薬揚筐
予備揚弾筒
装薬
砲弾
中央揚弾薬用水圧筒
砲尾揚弾薬用
水圧筒
気蓄筒
通風管

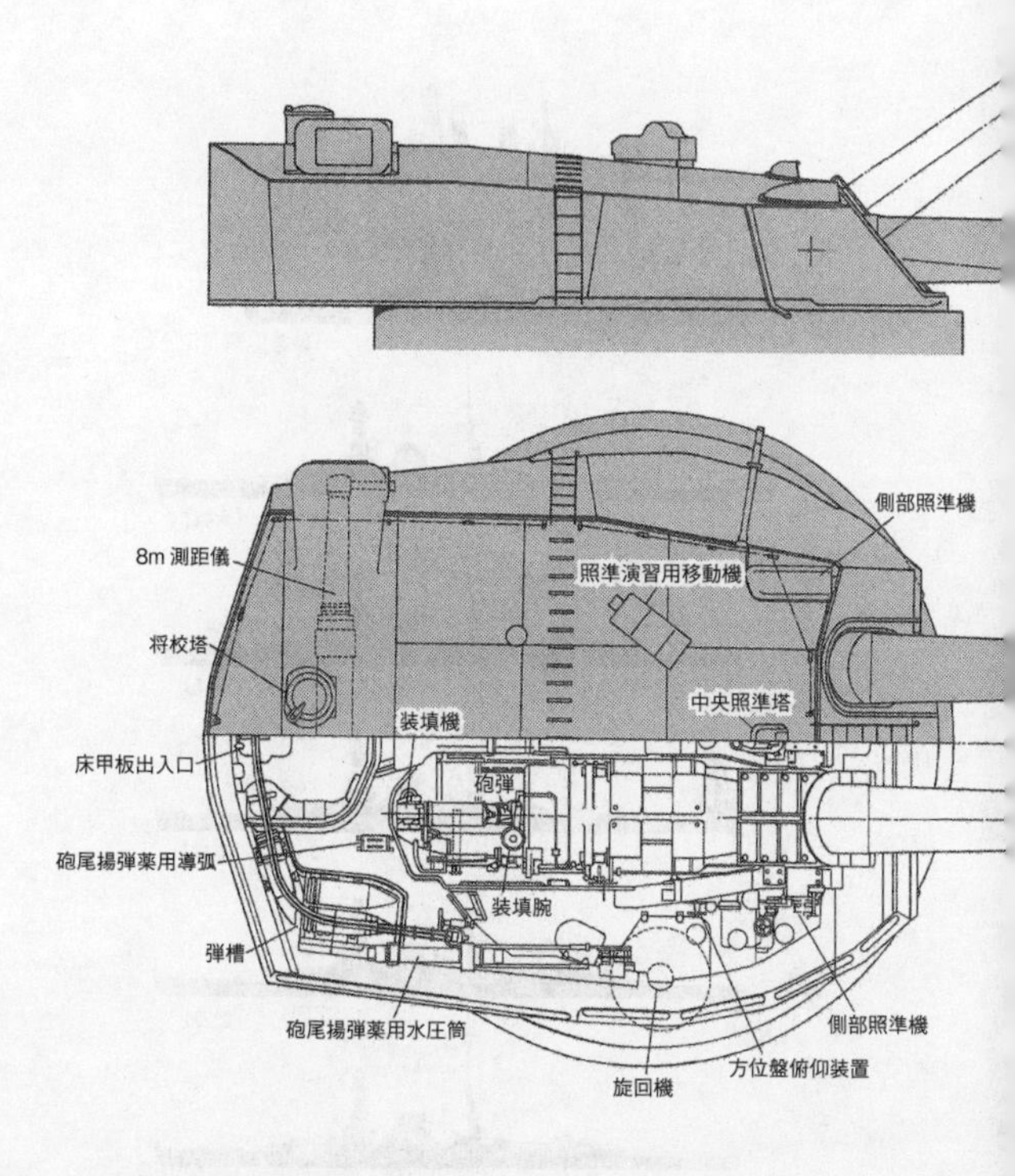
側部照準機
8m 測距儀
照準演習用移動機
将校塔
中央照準塔
装填機
床甲板出入口
砲弾
砲尾揚弾薬用導弧
装填腕
弾槽
砲尾揚弾薬用水圧筒
側部照準機
方位盤俯仰装置
旋回機

換装室平面

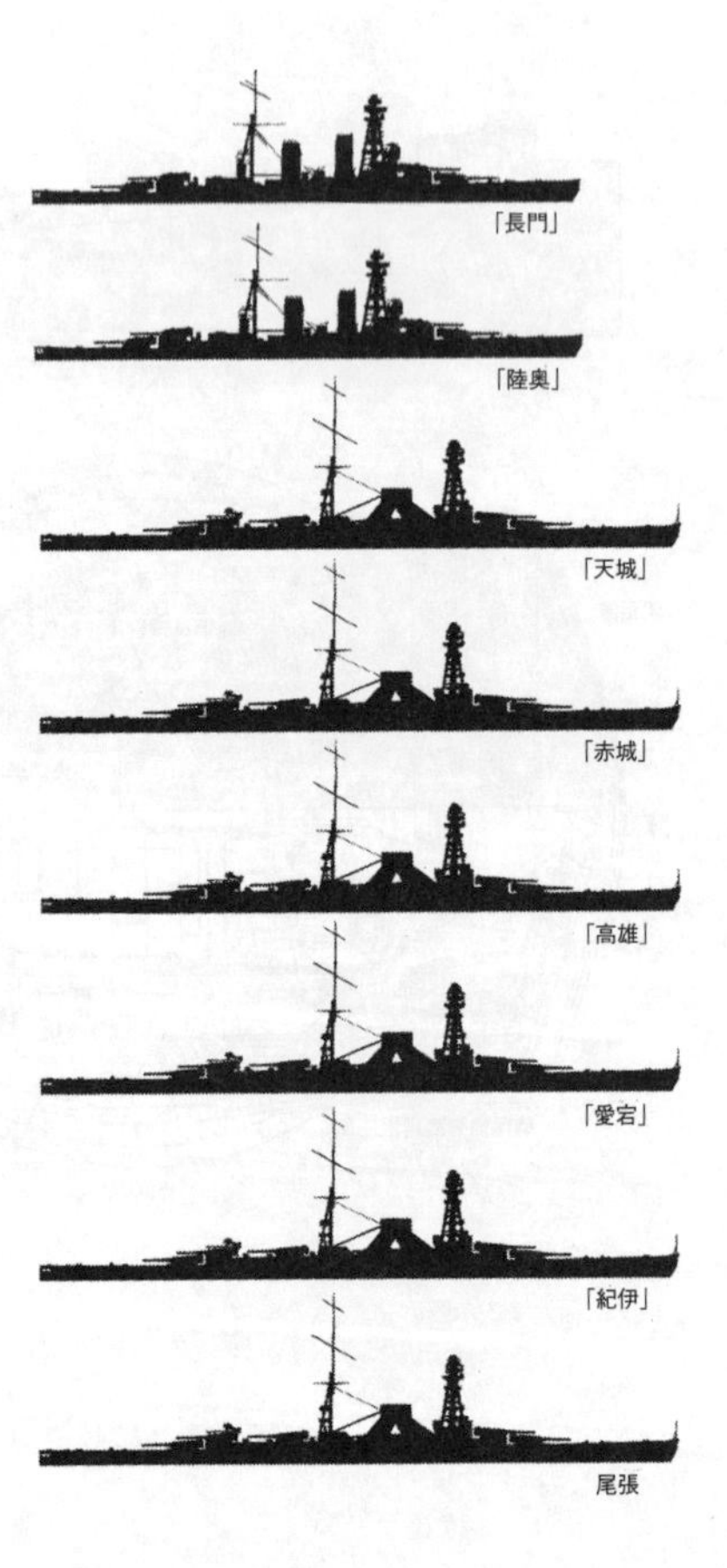
「長門」
「陸奥」
「天城」
「赤城」
「高雄」
「愛宕」
「紀伊」
尾張

八八艦隊完成予想図

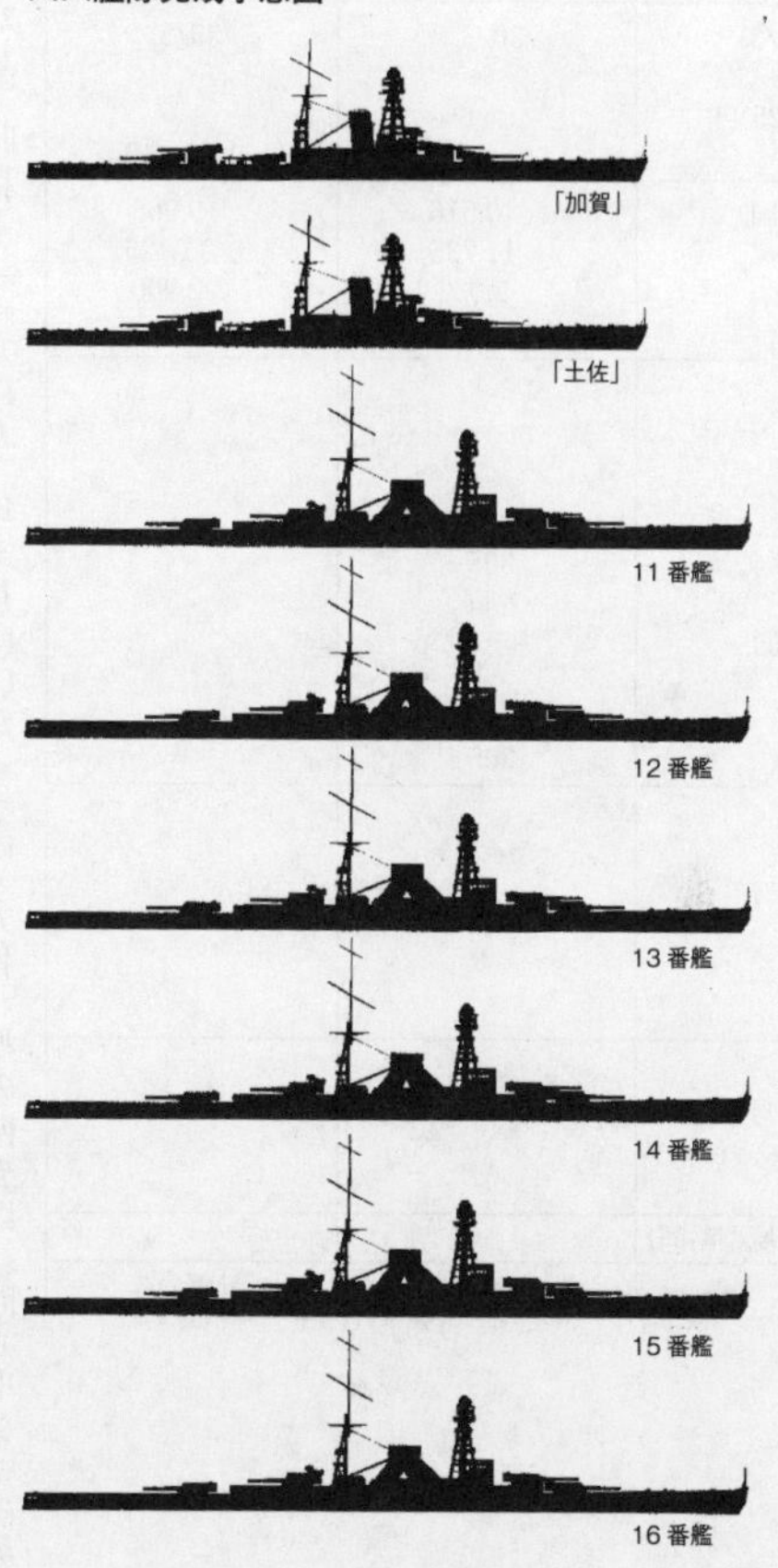

この試験砲は大正九年十二月に完成して、領収発射を実施したところ、九発目で砲身内部の3A、3B筒が破裂して中断、以後は放置された。

しかし、昭和十（一九三五）年十月にいたって、「大和」型の四五口径四六センチ砲の製

「八八艦隊」関連主砲砲塔・砲架諸元

加賀型砲塔	50口径41cm砲3連装砲塔	50口径46cm砲連装砲塔
35/3 −3°/+25°自由	30/5	35/5
左同 〃 〃	10.516 11.735 2.032	9.906 11.125 2.900
左同 190〜229 左同 〃 〃 〃	305 左同 〃 〃 102 305	
加賀型（天城型略同）		
	計画のみ	計画のみ

		長門型砲塔
砲塔・砲架機構	最大仰角／俯角(度)	30/5
	最大射程(m)	30200
	装塡方式	−5/＋25°自由
	１砲搭弾薬定数	90〜110
主要寸法	焜輪盤直径(m)	9.000
	バーベット直径(m)	10.210
	砲身間隔(m)	2.490
	砲身退却長(m)	1.22/1.27
駆動方式	旋回能力	水圧
	俯仰動力	〃
	駐退推進機構	液圧一水圧
	駆動動力源	水圧ポンプ 650 HP ×4
砲塔(楯)装甲厚	前　楯(mm)	305
	側　面(mm)	274
	後　面(mm)	229
	天　蓋(mm)	127〜152
	床　面(mm)	102
	バーベット(mm)	305
各部重量	砲　身(t)	204
	俯仰部(t)	95
	旋回部(t)	163.6
	水圧機構部(t)	111.2
	装甲部(t)	326.8
	旋回部全体(t)	900.6
製造	製造年	1918
	製造所	呉工廠×6
	製造数	横須賀工廠×2
	価格(単価、円)	243万円(砲身含む)
搭載艦名		長門型
備　考		

造に着手する前に、データ収集用として破損箇所を補強修復し、特別に製造した徹甲弾一〇発を発射して、その使命を終えている。

もし、ワシントン軍縮条約がなければ、日本海軍はキャリバー・レースに乗り遅れないために、四六センチ砲に進むことはほぼ間違いなく、この五年式三六センチ砲の試作で、ある程度の自信を持っていたといってよかった。

平賀アーカイブの新事実

問題は、八八艦隊の後半の八隻に、いきなり四六センチ砲を採用するか、または五〇口径四一センチ砲を多連装砲塔化して、装備数を増加することで対処するかの選択であった。

当時の状況では、八八艦隊の艦齢八年を考えると、将来の整備数に支障をきたすことから、大正十年十一月に製造訓令が出された「紀伊」型二隻は「天城」型の艦型を踏襲している。さらに、同サイズの戦艦として防御を強化するため、排水量をいくぶん増加して、速力がわずかに低下した高速戦艦として、主砲はそのままに据え置かれた。

これまでの定説では、「紀伊」型が同型四隻、最後の一三〜一六番艦が一八インチ砲搭載の高速戦艦仕様というものであった。

どうもこれは戦後、平賀資料の存在を知らなかった旧海軍造船官で、戦後の日本軍艦ジャーナリストとして多くの著作をのこした福井静夫氏の説に影響されたものらしい。今日、平賀アーカイブの公開により、多くの新事実が明らかになっており、訂正されるべきことは少なくない。

まず、「紀伊」型は同型二隻（紀伊、尾張）だけで四隻ではなく、「駿河」「近江」などの艦名は噂の範囲でしかなく、裏付ける資料はない。

「紀伊」型は八八艦隊の建造順番に遅延をきたさないために、とりあえず二隻のみ建造に着手したもので、以後の艦は新設計により、搭載主砲も当然より新たなものが選択されるはずであった。

　この場合、新主砲の選択としては、第一にそれまでの四五口径四一センチ砲のまま三連装または四連装として、最大一六門、四連装四基とした場合で、「天城」型と同防御、同速力とすると、排水量は五万四〇〇〇トンでまとめられるという技術本部（艦本）の資料もある。

　さらに第二は、砲を五〇口径四一センチ砲とした場合、第三は砲を四六センチ（一八インチ）とした場合の、基本的には三通りの選択があった。

　主砲の多連装化について、当時の造兵関係者は、実際の射撃において全門の斉射はありえず、交互発射が前提になっているところから、三連装砲塔の場合、各砲塔一門ないし二門の同時発射をおこなっても、連装五砲塔にくらべて、それほど同時発射数が増えないという。

　さらに、二門同時発射の場合の衝撃力に耐えるため、強度を確保しなければならないことから、懐疑的である。

　造船官の立場として、平賀などは三連装より四連装の方が、同時発射弾数が確実に増加するとして、四連装または連装砲塔との混載を推奨していた。

　ただし、大勢的には個々の砲威力増加は避けられないところで、ライバルの米海軍がキャリバー・レースから降りないかぎり、日本海軍としても、ライバルの先の先をいくのを止めるわけにはいかなかった。

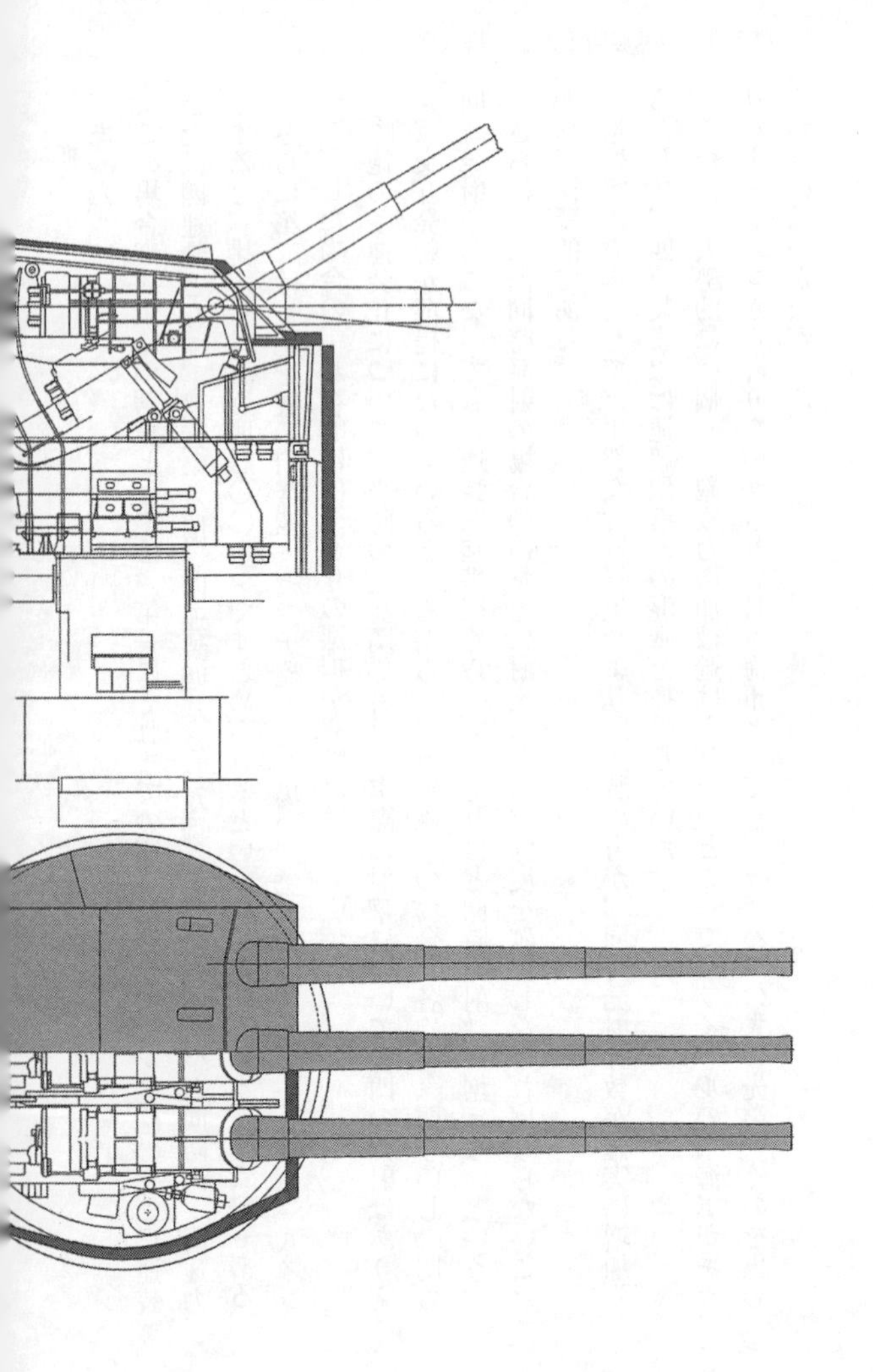

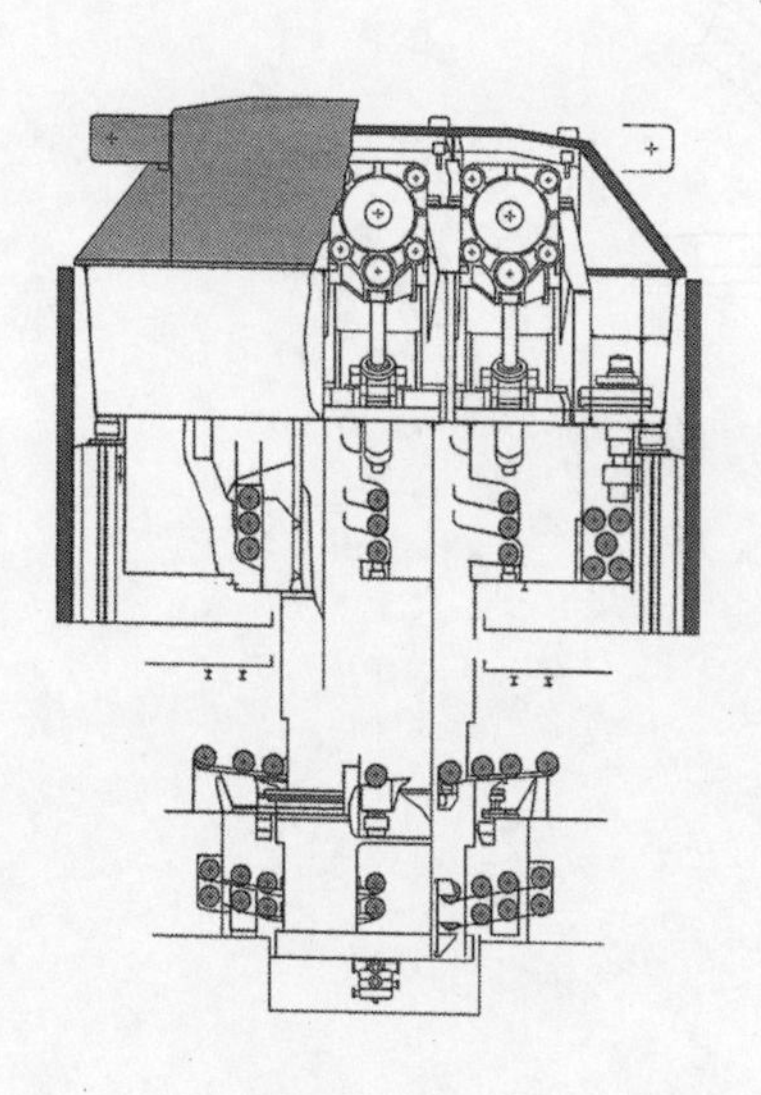

50 口径 41 ㎝ 3 連装砲塔計画図

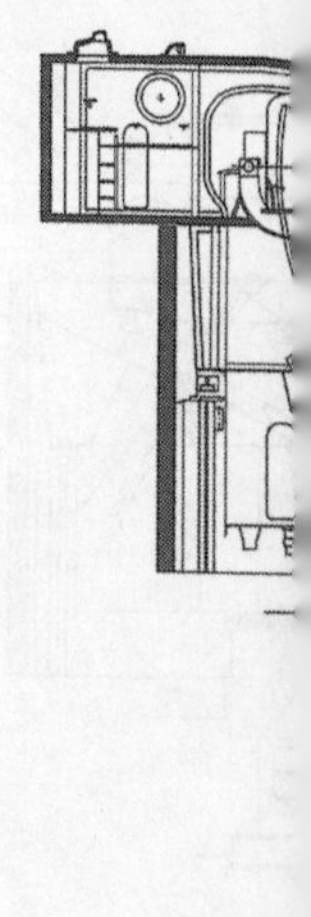

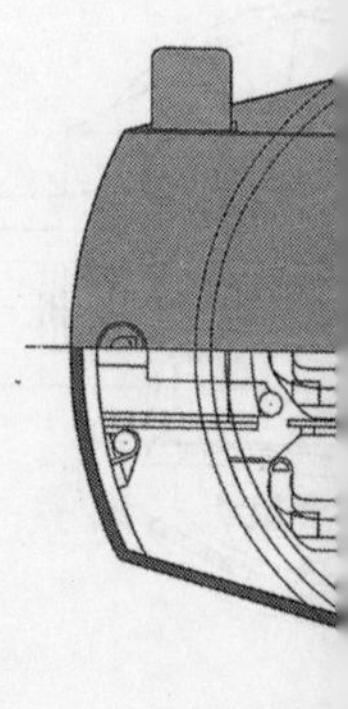

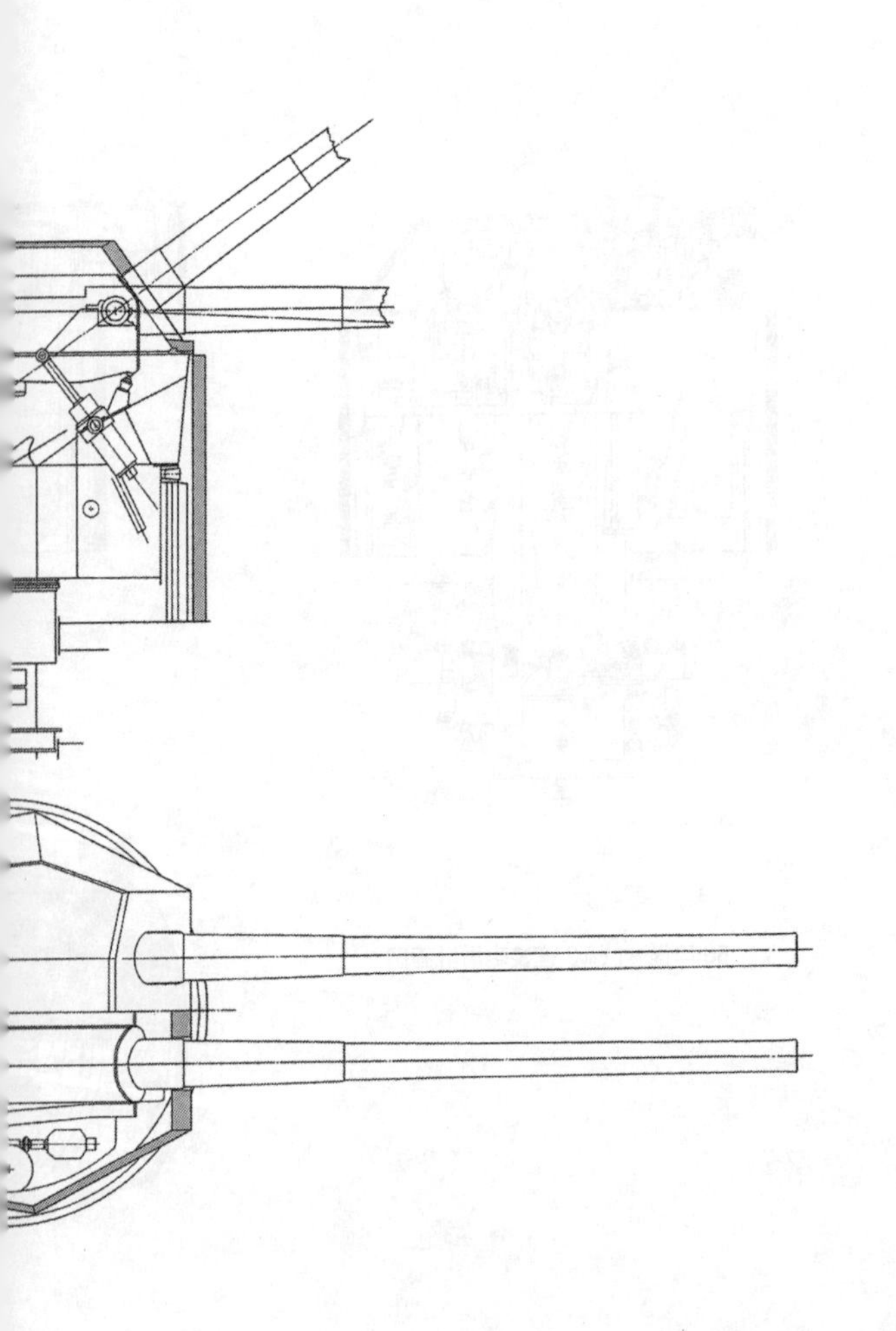

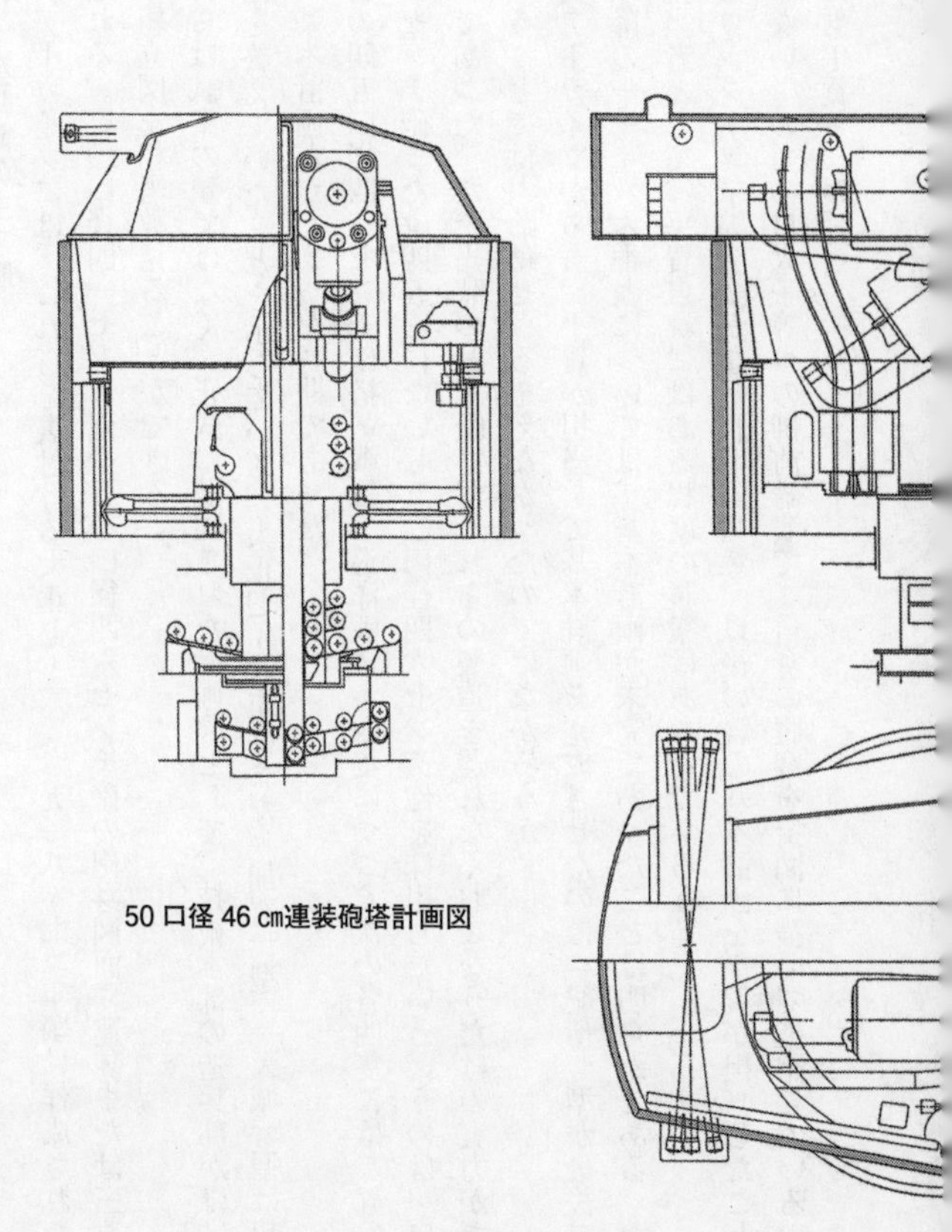

50口径46㎝連装砲塔計画図

「紀伊」型以降の主力艦

平賀アーカイブには、これらを裏付ける大正七～八（一九一八～九）年頃に作成されたと推定される、五〇口径四一センチ砲や五〇口径四六センチ砲の砲身図面、連装または三連装砲塔の組立図を相当数見ることができる。

これらは試案の類ではなく、正式に製図された計画図として、技術本部の造兵部がほぼ基本計画を終えていたことを示している。大正七～八年はまだ「加賀」型、「天城」型は起工前で、基本計画がかたまった時期であった。

最初の四五口径四一センチ砲搭載戦艦、巡洋戦艦各四隻につづく次の各四隻には、五〇口径四一センチ砲または四五口径ないし五〇口径四六センチ砲を採用したいというのは、自然な流れであった。ただ当時の呉工廠で、これらの製造を遅れなくおこなうだけの実力があるかということでは、躊躇せざるをえなかったのではなかろうか。

平賀アーカイブからも、平賀が担当して基本計画を完成させたのは「紀伊」型が最後で、これ以降の一一～一六番艦については、基本計画が未完であったことは明らかである。ただ計画担当者として、平賀自身にはある程度の腹案はあったであろう。

もしワシントン軍縮会議がなければ、当然、以後の艦の基本計画を平賀が担当したことは間違いない。のちの皇太子等への御前講演で、自身の腹案を掛図に描いて披露しているのは、いかにも平賀らしい。

小型艦にどれだけの兵装ができるかという平賀の思想を具現した「夕張」。

　こうしたことから、もっとも可能性の高かった一一〜一六番艦の主砲を独断で推定してみれば、一一〜一四番艦には五〇口径四一センチ三連装砲四基、一五〜一六番艦には四五口径または五〇口径四六センチ連装砲四基ということではなかろうか。

　この場合、三連装砲塔の新規製造と、四六センチ砲と新砲塔の製造という、二重の手間がかかるのが問題となる。

　しかし、五〇口径四一センチ三連装砲塔と五〇口径四六センチ連装砲塔のバーベット直径と砲塔重量がほぼ等しいため、船体設計上から互換性のあることがメリットとなる。すなわち、あとで一一〜一四番艦の主砲を、四六センチ砲に換装できる可能性も残している。

　当時、やっと採用が全主力艦にゆきわたった方位盤照準射撃方式では、前述のように各砲塔の砲は交互射撃が原則なので、同時射撃砲数が四一センチ砲六〜八門と四六センチ砲四門の比較になっている。その他の要素を加

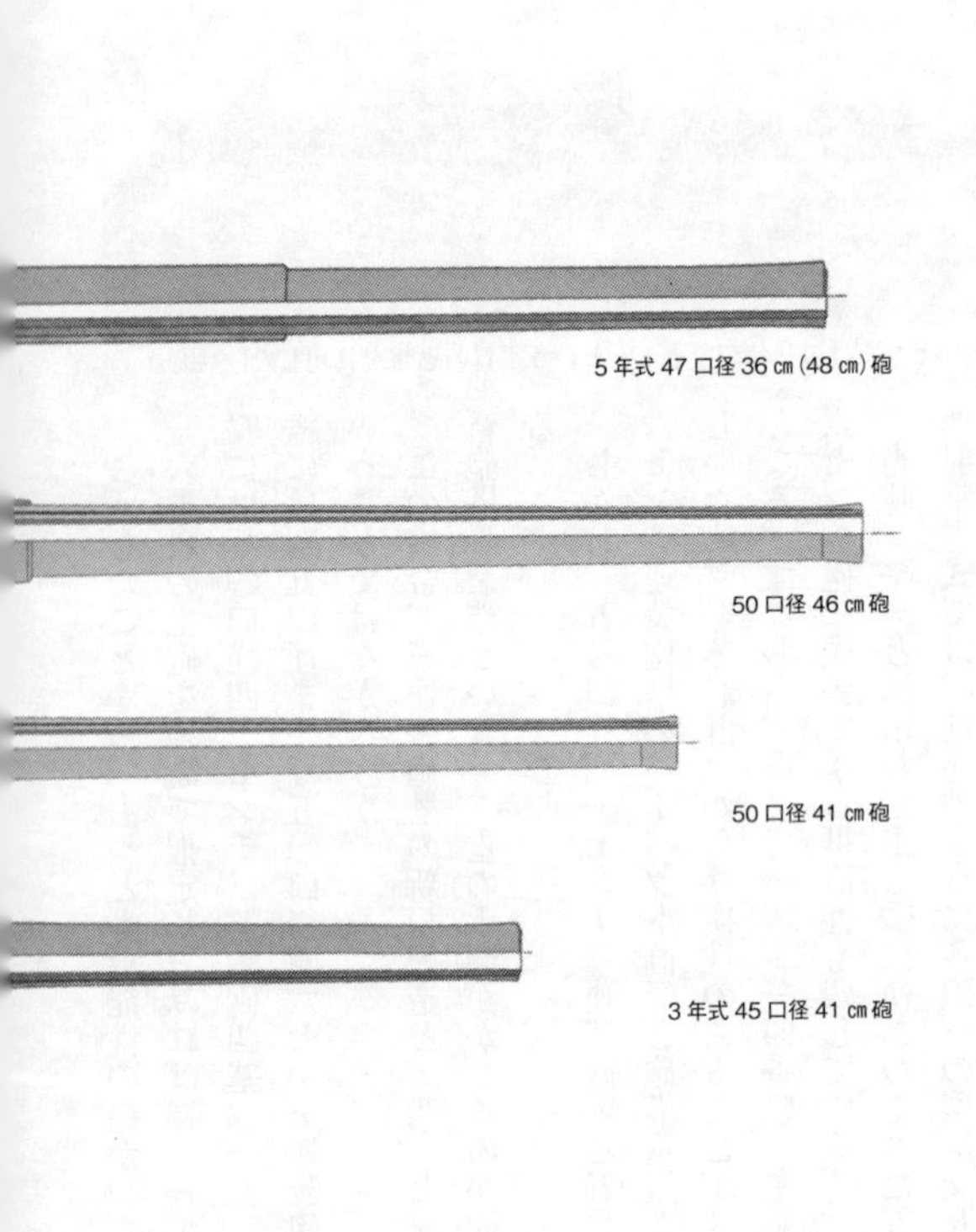
5年式47口径36㎝(48㎝)砲
50口径46㎝砲
50口径41㎝砲
3年式45口径41㎝砲

八八艦隊関連砲身比較図

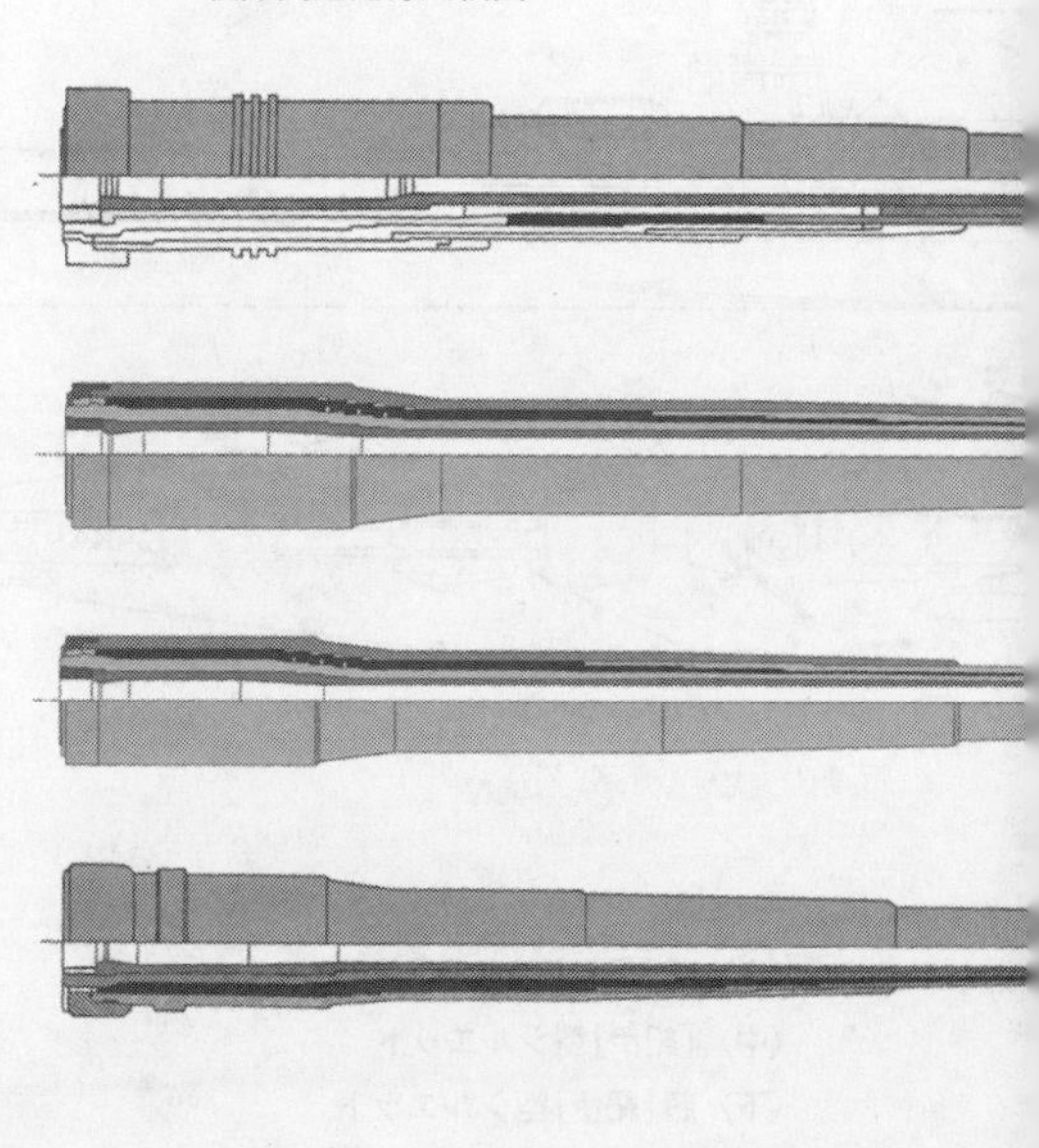

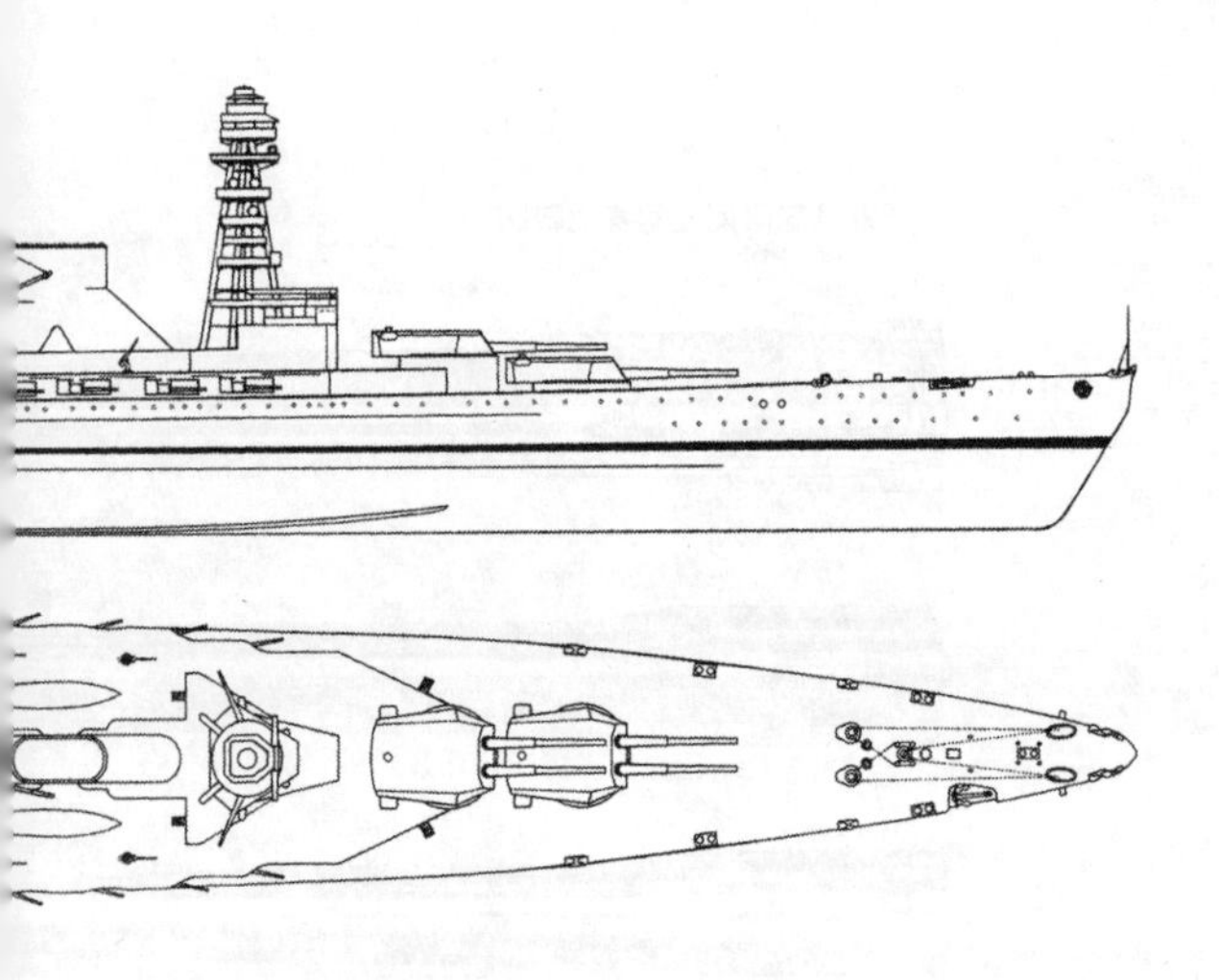

〈上〉超「紀伊」型完成予想図
〈中〉「紀伊」型シルエット
〈下〉超「紀伊」型シルエット

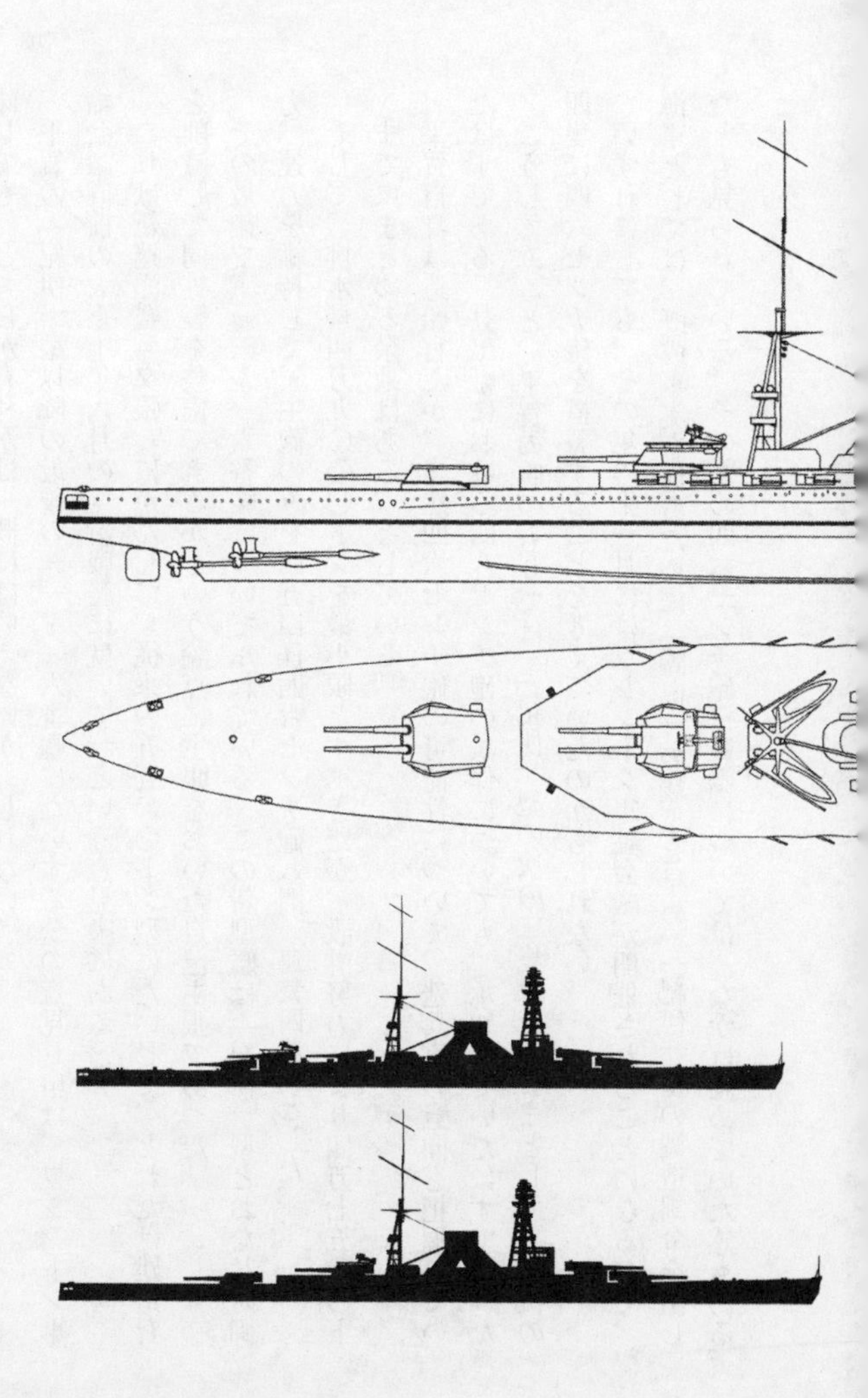

味しても、どちらが有利かは一概にはいえないかもしれない。

平賀の「紀伊」型以降の最後の一一～一六番艦にたいする公の意見具申は、ワシントン軍縮会議直前の大正十年六月の「新戦艦に就いて」という意見書にある。

これは新巡洋艦「夕張」にかんして、従来の五五〇〇トン型にたいして、どれだけ建造費を削減して同等艦を整備できるかという論点に主眼をおいた自己主張であった。

その最後で、一三～一六番艦についてふれている。この新型艦は「紀伊」型とおなじ防御力、速力を維持して、主砲のみを四五口径四六センチ砲八門（連装四基）とした。

そして、排水量四万九〇〇〇トンを最小限とすべきだが、設計努力により四万七五〇〇トンまでにまとめる余地はある、としている。

平賀自身は造船官だが、当然四六センチ砲の可能性について、造兵官の意向も把握していたはずである。呉工廠における四八センチ砲の試作についても、承知していたはずであった。

こうしてみると、平賀の腹づもりでは、「紀伊」型の次の二隻はそのままとして、最後の四隻に四六センチ砲を搭載することを考えていたのかもしれない。

いずれにしても、その年の十一月にはワシントン軍縮会議が開催されることになるので、海軍としては、既成事実を作るために「陸奥」の竣工を早め、「紀伊」型の製造訓令を出したとも見られている。そのため四六センチ砲搭載艦については、なかば諦めていた感もある。

平賀好みの四連装砲塔

平賀が主張していたように、四連装砲塔については、そのメリットとして次のようなことがあげられている。

一、艦のバイタルパート、砲塔をふくめた集中防御が可能になる。
二、方位盤照準射撃方式における交互射撃において、規則正しい有効な射撃が可能となる。
三、一の間接的効果として、同一砲門数の場合、より小さな排水量で設計でき、ひいては建造費の削減が可能になる。砲塔製造費においてもしかり。
四、三連装砲塔にたいして四連装砲塔は、二門固定砲鞍方式とすると、連装砲塔の延長で設計、レイアウト等が簡略化できる。

逆にデメリットとしてあげられるのは、次の二点がある。

一、一つの被弾により損傷、使用不能になる砲数が大きくなる。
二、交互射撃において、二門同時射撃が前提となるため、それに耐える強度が必要とされる。

以上の問題点について、平賀は被弾による砲の損傷について、たとえば艦上の砲塔の占める被弾面積は、連装六基と四連装三基の例では約一〇対六となる。したがって、必然的に被弾する確率も減少するので、いちがいに不利とはいえないとしている。

大正八年十月のこの平賀の意見書は、当時の造兵官や用兵側の意見も加味したものとされ

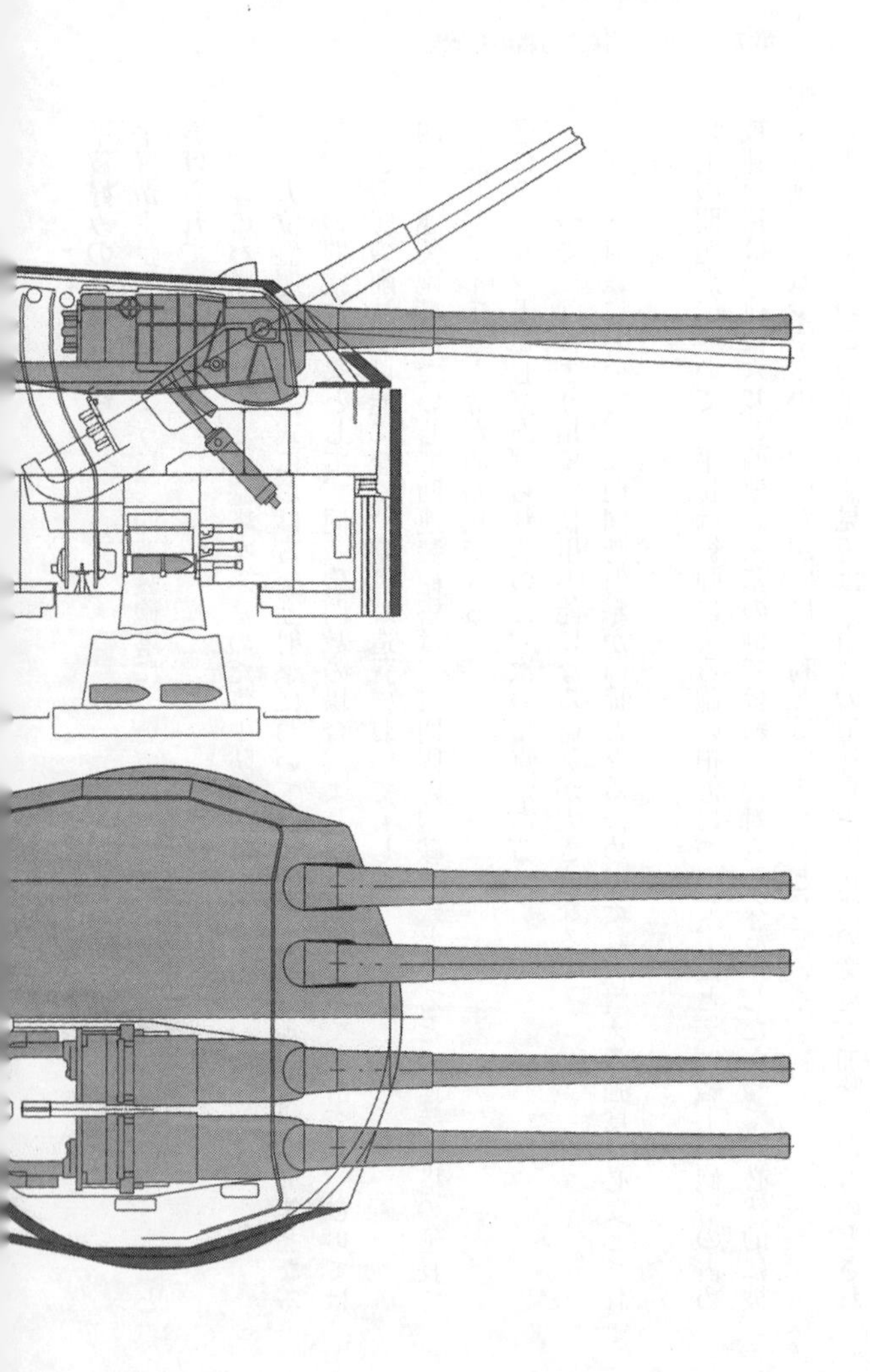

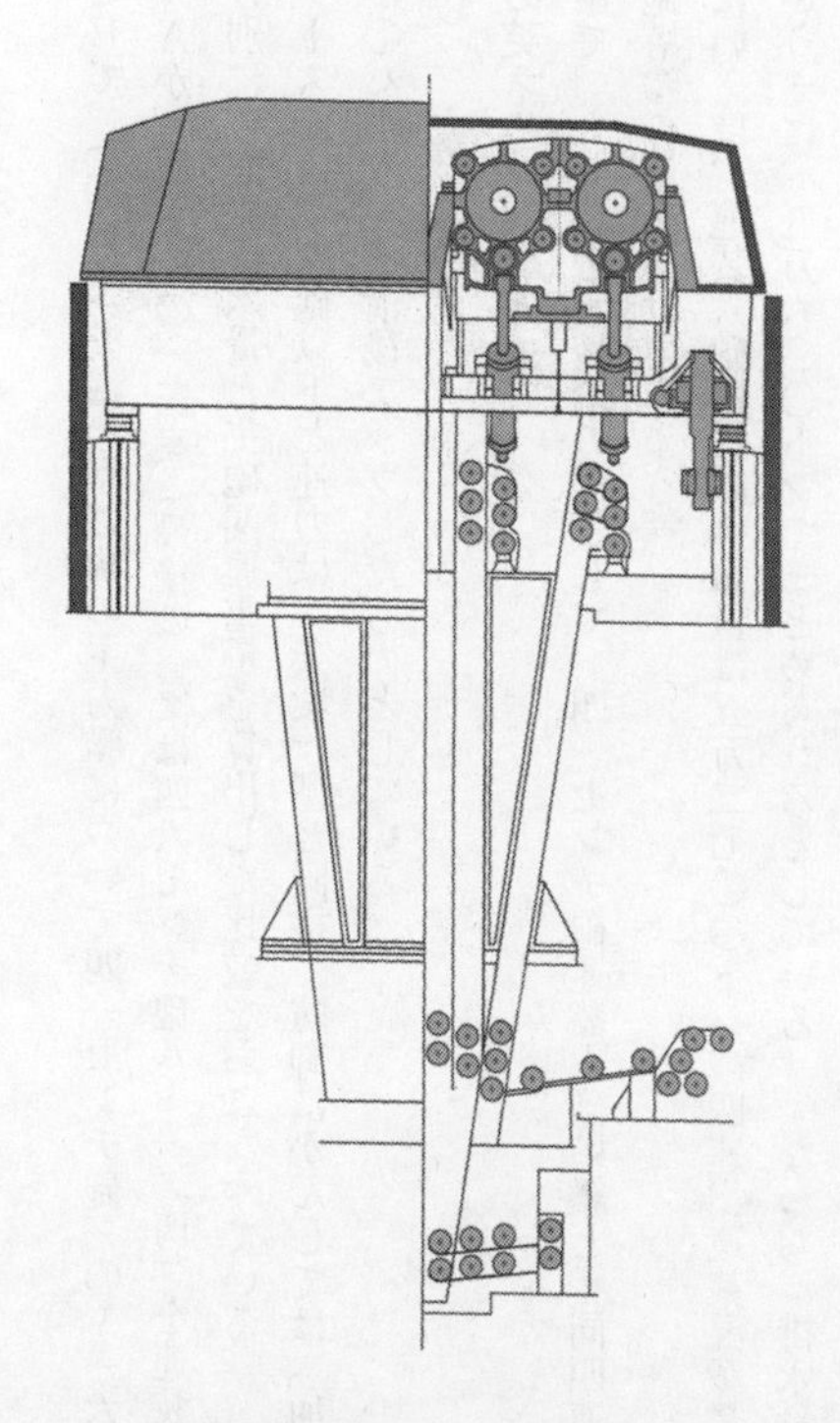

45口径41㎝4連装砲塔計画図

ている。

試案として、「加賀」「天城」型以降の主力艦について四一センチ砲一〇〜一六門搭載艦にまとめ、AからMまでの一三案（最後の三案は四六センチ砲八〜一二門）を連装〜四連装砲塔の場合別に、成立排水量と主砲関連重量を算出した比較をおこなっている。

このケースでは、副砲以下と速力は「天城」型と同様、防御にかんしては「加賀」型の甲鈑厚を一〇パーセント前後アップしたものとしている。

注目の英ネルソン級方式

この中で、もっとも両極端の例として、四一センチ砲連装六砲塔艦と、同四連装三砲塔＋連装一砲塔艦の例をあげてみよう。

端的にいえば、連装六砲塔艦の排水量は五万二七〇〇トン、四連、連装混載艦は二門搭載数が多いうえに、五万六〇〇〇トンでまとめられるとしている。すなわち、排水量で二一〇〇トン削減できるうえ、交互射撃上も一門多いメリットがあるというのである。

さらに、四連装四基一六門艦の場合は、排水量五万四〇〇〇トンと試算している。なお、主砲関連重量（弾薬をふくむ）は連装六砲塔艦一万一一五四トン、四連、連装混載艦一万二九四トンという数字もある。

平賀が前部の一番砲連装、二番砲四連装というレイアウトを好んでいたのは、防御上の観

軍縮条約の代艦新造で建造された仏ダンケルク級は４連装砲塔を搭載した。

点から、バーベット径の小さな連装砲を艦幅の小さい艦首部に置くという、セオリーを第一としたためである。

のちの「金剛」代艦、「大和」原案でも、三連装と連装の混載をしきりに推奨していたが、四連装砲塔については以後、あまり執着しなくなったのはどうしたのであろうか。

じつは世界的に見れば、四連装砲塔をもっとも好んだのはフランス海軍の造船官であった。

第一次大戦前の一九一二年計画で、四連装三四センチ砲塔三基搭載のノルマンデー級および同四基搭載のリオン級を計画している。ノルマンデー級は進水までいったものの未完に終わっている。

さらに、ワシントン条約による代艦新造で建造した、一九三〇年代最初の新戦艦ダンケルク級で再度四連装砲塔を採用、三三センチ砲四連二基を前部に集中装備した。

この方式は英戦艦ネルソンが採用して注目を集めていた。つづく三万五〇〇〇トン型のリシュリュー級でもお

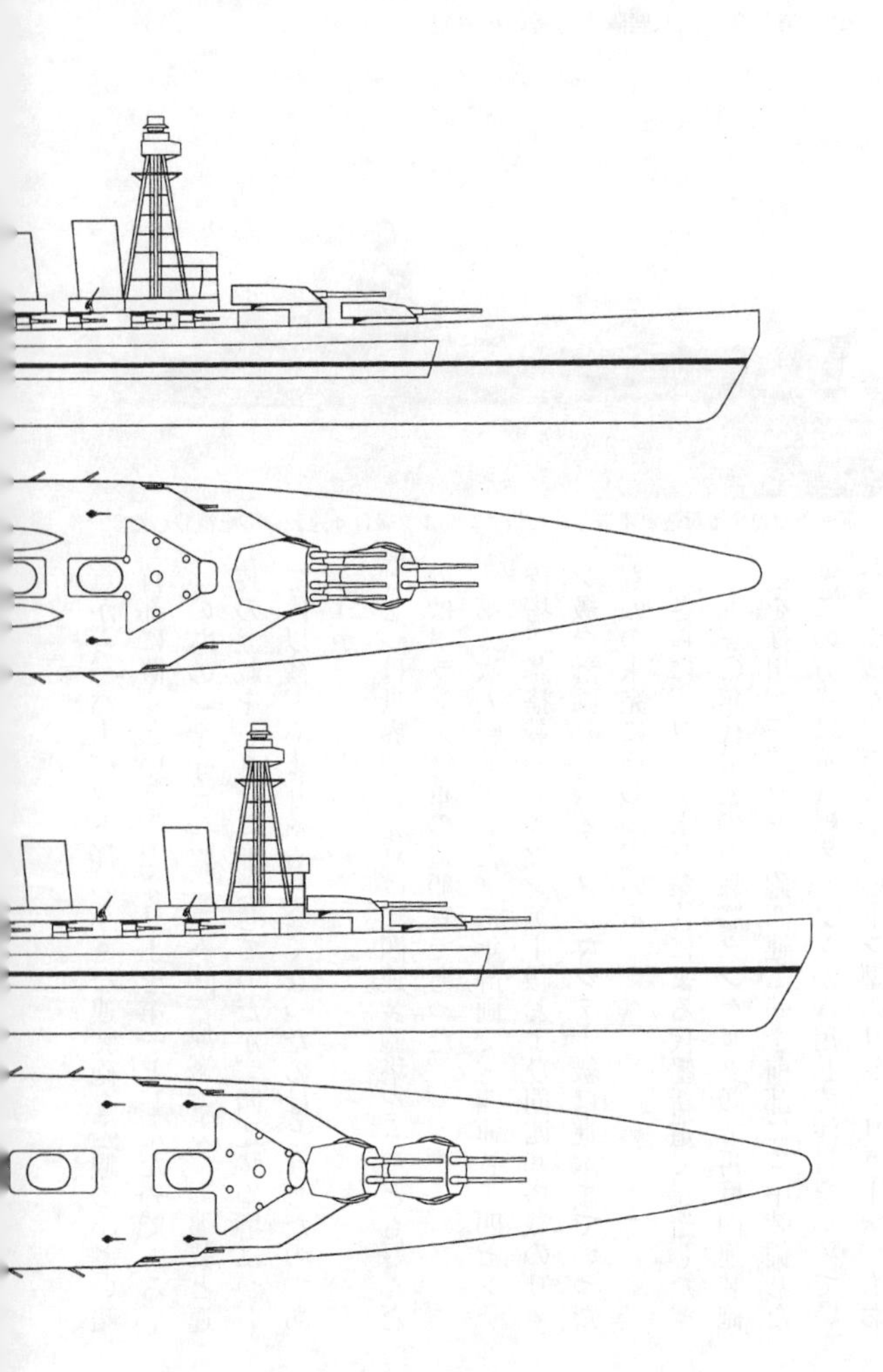

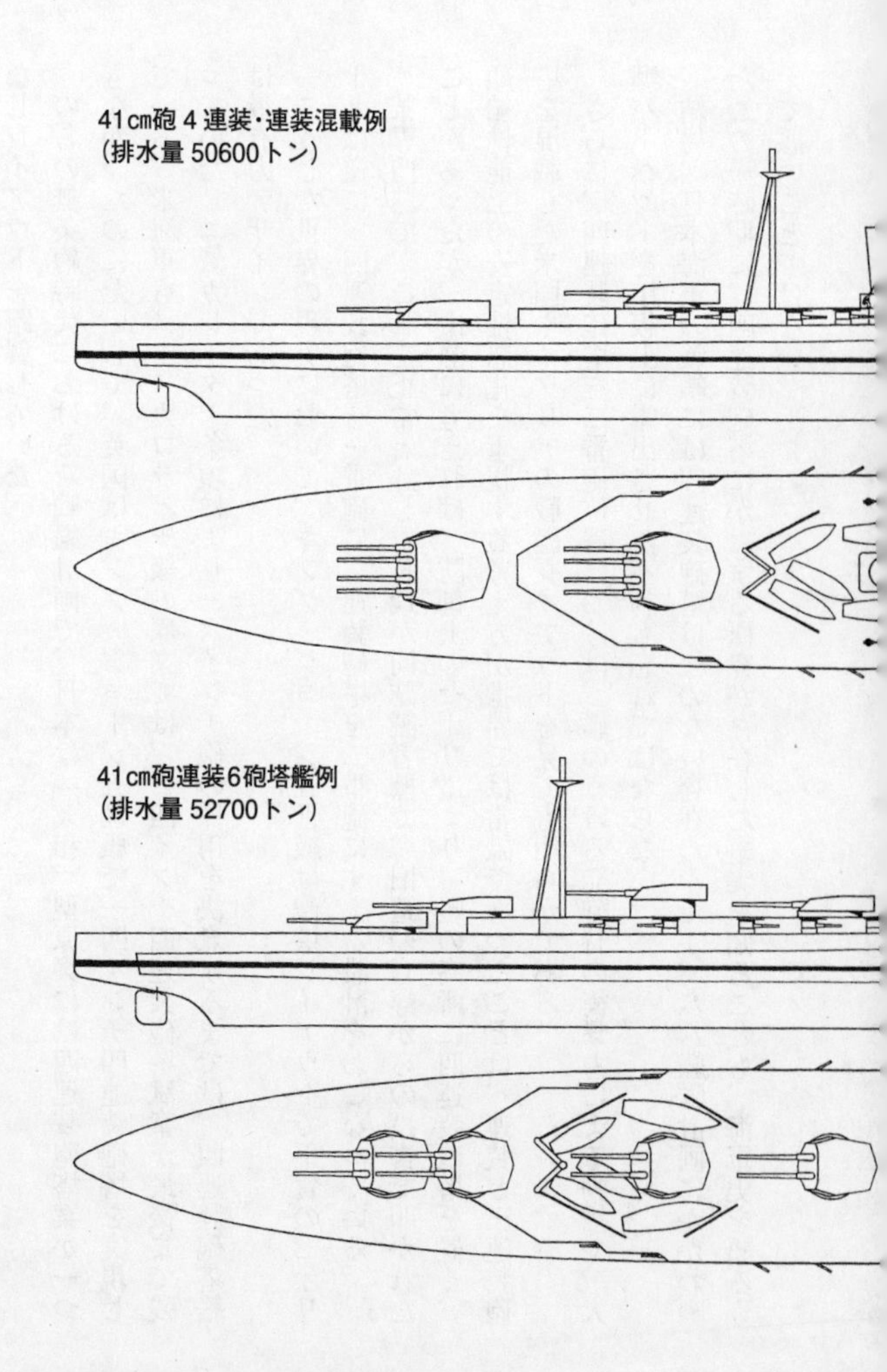
41㎝砲４連装・連装混載例
(排水量 50600トン)
41㎝砲連装6砲塔艦例
(排水量 52700トン)

なじレイアウトを踏襲していた。

のちの無条約時代における新戦艦計画で、日本は「大和」型原案には四連装砲塔案が一つもなかったのにたいして、英国はキング・ジョージ五世級で一四インチ四連装砲塔を実現している。米海軍もノースカロライナ級の原案では、一四インチ四連装砲塔試案が最後まで残っていた。エスカレーター条項により一六インチ砲の採用を決意するまでは、四連装砲塔艦は最有力デザインであった。

こうした世界の現実において、キング・ジョージ五世級は砲塔レイアウトで平賀のセオリーとは逆に、四連装砲塔を一番砲に、連装砲塔を二番砲にすえる設計をおこなっている。

某専門誌で、これを正常と評したK氏が同誌読者欄で、旧造船官等からの投書で叩かれたことがあったが、冷静に考えれば、防御上のセオリーより、艦の高所に四連装砲塔を置く、船舶性能上の安定性悪化を重視する考え方が世界では常識であったことは、連装と三連装砲塔を混載した米国やイタリアの戦艦レイアウトを見ても明らかである。

さらに、四連装砲塔を二番砲位置におけば、艦のうける発砲時の衝撃力による動揺や、大型バーベットを甲板上に露出させる不利も忘れてはならない。

結局、日本海軍の戦艦には四連装砲塔は縁のない存在だったが、八八艦隊計画にかかわったこの一時期に、四連装砲塔にかんする研究が存在した事実を知ることも、海軍史を語るうえで悪いことではない。

第8章　陸軍要塞砲への転用

海軍搭載砲を陸軍要塞砲へ

大正十年十一月十一日に米国ワシントンにおいて開始された「ワシントン軍縮会議」は、第一次大戦後の列強海軍の加熱した軍拡競争を抑制するために、米国大統領ハーディングが提唱して開催された海軍軍縮会議である。このとき、太平洋を挟んで日米海軍は、日本は八八艦隊案、米国は三年計画案と称する、大規模な建艦競争に着手しており、英国もこれに追従する構えを見せていた。このまま放置すれば軍備予算が国家予算の過半を占めるまでに至る危機を予想して、この時期の軍縮会議の開催は時期をえたものであった。

会議は各国の思惑でかなりもめたが、翌年二月六日に何とか条約として各国が調印して成立、大正十一年八月十七日より発効することになった。

日本側にとって議論の焦点は会議に先立って竣工を宣言した「陸奥」の存続をめぐる議論

で、廃棄を迫る米英にたいして既成事実を認めさせることで、代わりに米国は完成済みのメリーランド（一六インチ砲搭載）の同型艦二隻を完成させる、英国は新たな一六インチ砲搭載艦二隻を新造することで、「陸奥」の存続を認めさせることで決着した。

結果的に、条約により、米英日の三大海軍の主力艦保有量は排水量比で五対五対三ということになり、日本海軍は以後対米海軍六割という劣勢を強いられることになる。

また、この条約により日本海軍は建造中の八八艦隊構成艦、戦艦「土佐」「加賀」、巡洋戦艦「天城」「赤城」、未起工の「愛宕」「高雄」、戦艦「紀伊」「尾張」等を廃棄することになり、さらに既成主力艦「摂津」以下の一四隻を廃棄することが求められた。

この大量の廃棄艦に対して、当時、海岸要塞砲の整備計画をようしていた陸軍は海軍に要塞砲として三六センチカノン砲の製造を依頼していた状態であったので、渡りに船とばかりに、この廃棄艦の搭載砲の要塞砲への転用を画策したしたのは、当然であった。

陸軍ではこの艦載砲の陸上要塞砲への転用を「保転砲」と称していた。

このとき、海軍側は陸軍側に一五隻以上、六二砲塔を提示したといわれており、これに対して陸軍側が調査団を編成して、条約の発効する大正十一年八月までに調査を完了したといわれている。海軍側の提示した砲塔詳細は四五口径四一センチ砲五基（「赤城」「天城」搭載予定砲塔）、五〇口径三〇センチ砲塔二基（摂津）、四五口径三〇センチ砲塔一八基（摂津、安芸、薩摩、伊吹、鞍馬、生駒、鹿島、香取）、四〇口径三〇センチ砲塔一二基（三笠、敷島、朝日、富士、肥前、石見）四五口径二五センチ砲塔一四基（安芸、薩摩、周防）、四五口径二五センチ単装砲塔八基（鹿島、香取）、四五口径二〇センチ砲塔八基（鞍馬、伊吹）とされている。

三菱長崎造船所で解体中の「香取」型戦艦「鹿島」。大正13年11月に解体された（上）。解体中の「筑波」型巡洋戦艦「生駒」（下）。

これに対して陸軍側の調査結論は、四五口径四一センチ砲塔、「摂津」「安芸」「薩摩」「伊吹」「鞍馬」「生駒」「鹿島」「香取」搭載砲は要塞砲に適している（ただし、「薩摩」「安芸」については大正十三年に実艦的として海没処分になり、砲身を除いた砲塔部分を搭載したまま……「安芸」の二五セ

戦艦「薩摩」。45口径30センチ砲および45口径25センチ砲搭載。

ンチ砲塔は二基のみ保存された……処分されたので、砲室を欠くことになり、かつ、前後の四五口径三〇センチ砲も、廃棄前に連続実弾発射実験に供されており、命数も残り少なく評価価値は劣っていた）。

四〇口径三〇センチ砲については威力が劣り、大規模な改修が必要で価値なしと判定。旧露艦搭載砲は動力が電力であり、水圧式に改造を要するため必要なしというのが結論であった。

当時の陸軍の要塞整理計画によると、四〇センチ砲一四門、三〇センチ砲二八門、二五センチ砲六門、二〇センチ砲一〇門を必要として、各種砲弾合計、二万二三五二発、発射装薬五四八トンも同時に保転を受けることを希望していた。

この時期のこの大規模な保転砲の顛末に関して、不思議なことに海軍側の関係文書、資料が全く残されていず、今日存在するのは陸軍側の資料だけである。陸軍側の資料も戦後の米国からの返還資料に多くが含まれており、それも防衛省戦史室図書館ではなく、国立公文書館に返還された資料に大半が含まれているのは、多分、当時の受け入れ側の不手際と推定される。

これらの返還資料の内容はいろいろ多岐にわたるが、中でも最も貴重なものは、「砲塔改修要領」と題された手書き資料で、実際に要塞砲として設置された各砲塔の詳細データと陸軍側における改修内容の詳細を列記したもので、これにより陸軍に引き渡された時点での、砲塔、砲身の詳細な履歴、砲身製造番号、製造年、命数（発射弾数）がわかりこれが、今まで不明な部分が多かった、呉工廠の国産砲身の製造履歴の一端が明確になっている。

また、ここで陸軍側の改修内容も明確に記されており、海上の軍艦に装備された砲塔を陸上の要塞砲として据え付ける上での、改修を要した事項が明白になっている。

また、戦史室図書館にある資料にも昭和十八年に作成された「保転砲塔再整理要領」等により、実際に要塞砲に使用されなかった砲塔等についての処分や保管場所について知ることができる。以下、砲種別に各砲塔の保転状態について調べてみよう。

一、四五口径四一センチ砲

この砲はいうまでもなく、八八艦隊の主力艦の主砲で、当時の最新、最大の海軍砲であった。最初の「長門」用の連装砲塔四基は大正八年、同型「陸奥」の同四基は翌年に呉工廠と

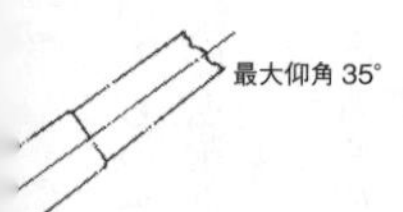

「土佐」主砲塔 45 口径 41 cm砲

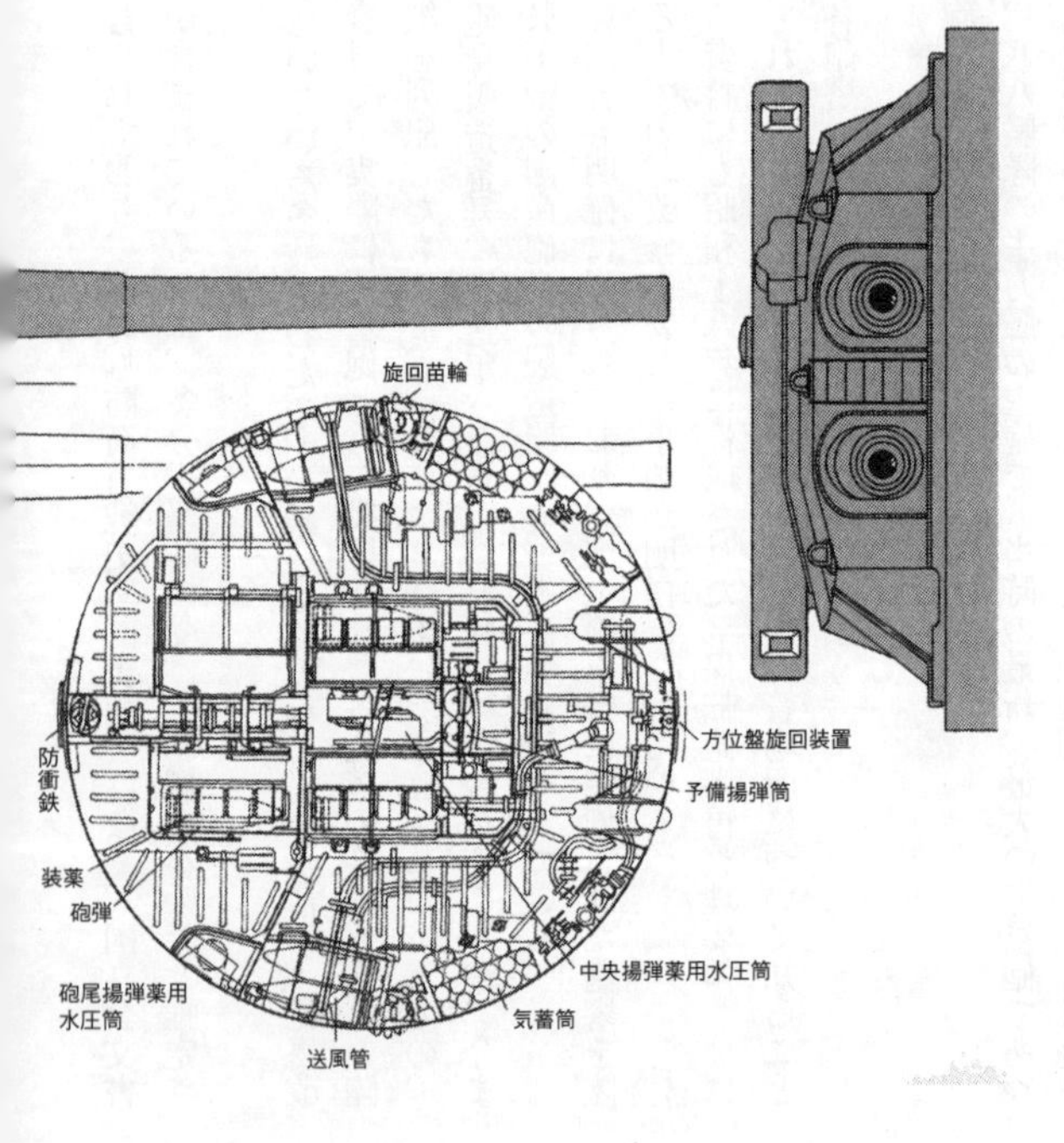

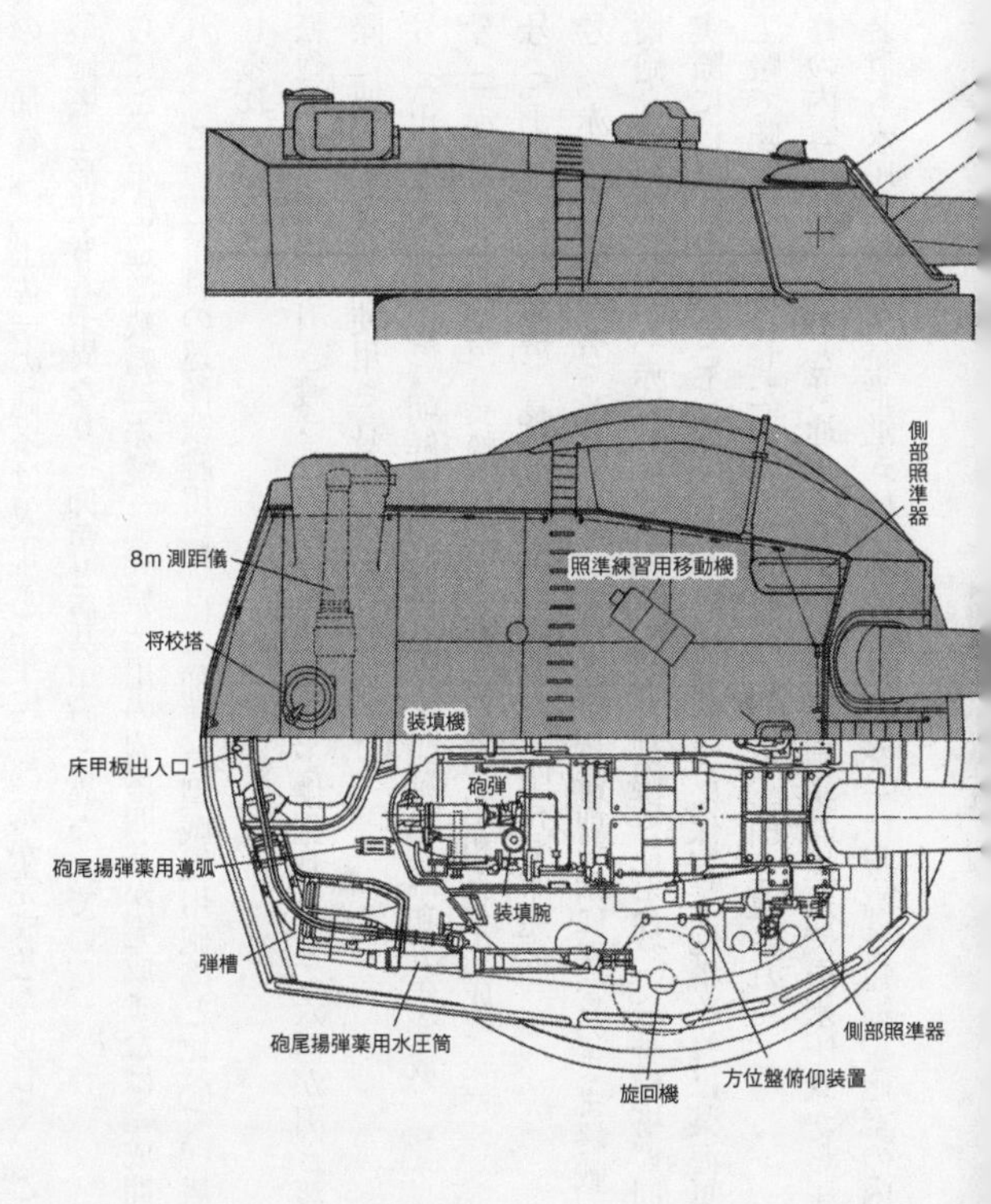

側部照準器
8m 測距儀
照準練習用移動機
将校塔
装填機
床甲板出入口
砲弾
砲尾揚弾薬用導弧
装填腕
弾槽
砲尾揚弾薬用水圧筒
側部照準器
方位盤俯仰装置
旋回機

横須賀工廠で二基ずつ完成した。もちろん、砲身は呉工廠より供給された。
次の「加賀」、「土佐」の砲塔は大正十二年に一〇基が完成したらしく、この砲塔は「長門」型砲塔と形状も若干異なり、仰角と盾装甲厚も異なっていた。
さらにこの年に巡洋戦艦「赤城」「天城」用の砲塔四基が完成または完成間近だったと推定される。この三番目の巡洋戦艦用砲塔は「加賀」型戦艦用砲塔と比べて、盾の装甲厚が幾分減じられていた。
保転砲として陸軍に引き渡されたのは四砲塔と予備砲身として六門が引き渡されている。
実際に要塞砲として使用されたのは三砲塔で、
一号（「土佐」二番砲塔）朝鮮釜山港外、張子嶝砲台、昭和五年完成
二号（「赤城」一番砲塔）長崎県壱岐、黒崎砲台、昭和五年完成
三号（「土佐」一番砲塔）長崎県対馬、豊砲台、昭和七年完成
四号（「赤城」四番砲塔）改修済み、広島陸軍兵器補給廠に保管のまま終戦
予備砲身はいずれも、「赤城」二番砲塔、同五番砲塔、「天城」一番砲塔、同二番砲塔用砲身で実際には換装されることなく、上記兵器補給廠に保管。砲塔改修は呉海軍工廠と横須賀海軍工廠で陸軍の仕様にしたがって工事を行なって、引き渡された。
改修の内容は、他砲塔と共通するものとして、砲身の推進機を水圧式から圧搾空気式に、俯仰装置も水圧式から空気推進式に、弾薬庫位置を一甲板高さ短縮、砲室の内側に防熱、防

音目的で石綿を装着、砲盾背面に出入り口を新設、送風装置の改善等を行ない、最小斉射間隔を各門三五秒になったという。

砲塔動力として新潟鉄工所製七五馬力ディーゼル機関一基と日本製鋼所製六〇馬力水圧ポンプ機三基を新設、他に池貝鉄工所製ガソリン・エンジン発電機、気蓄器等が装備された。

また「土佐」砲塔の場合、照準望遠鏡が砲塔左右にあったのを、中央一個に改めたという。「土佐」二番砲塔の場合、工事費予算は一一〇万五九一〇円を計上したという。なお、四一センチ砲塔は仰角は三五度で改修の必要はなかったが、他砲塔では同時に仰角を高める工事も行なっていた。

この四一センチ砲塔は「加賀」と「土佐」の八砲塔が残っていたが、のちの「長門」と「陸奥」の近代化改装に際して八砲塔が改修の上換装されて用いられ、この際撤去された「陸奥」の砲塔が江田島に現存する。

二、五〇口径一二インチ砲

三六センチ砲塔は当時現役戦艦、巡洋戦艦の主砲であったため、保転砲から除かれており、次に有力なのは「摂津」の前後砲であった五〇口径一二インチ（三〇・五センチ）砲塔であった。同型の「河内」が事故爆沈したため、ひきわたされたのは二砲塔のみであった。

一号（「摂津」後部砲塔）長崎県対馬、竜ヶ崎砲台、昭和四年完成

「河内」1番砲塔
(50口径毘式30cm砲)

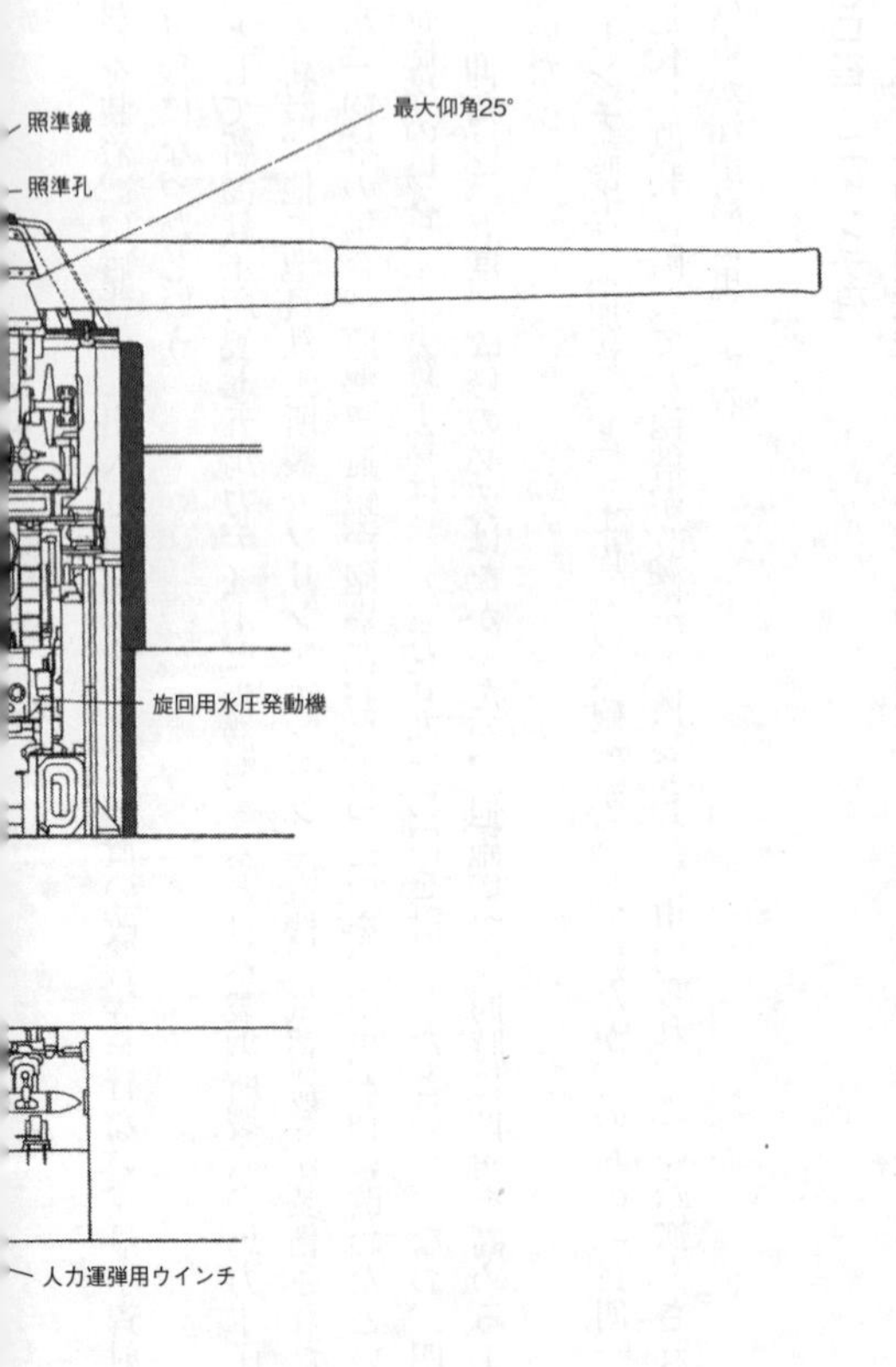

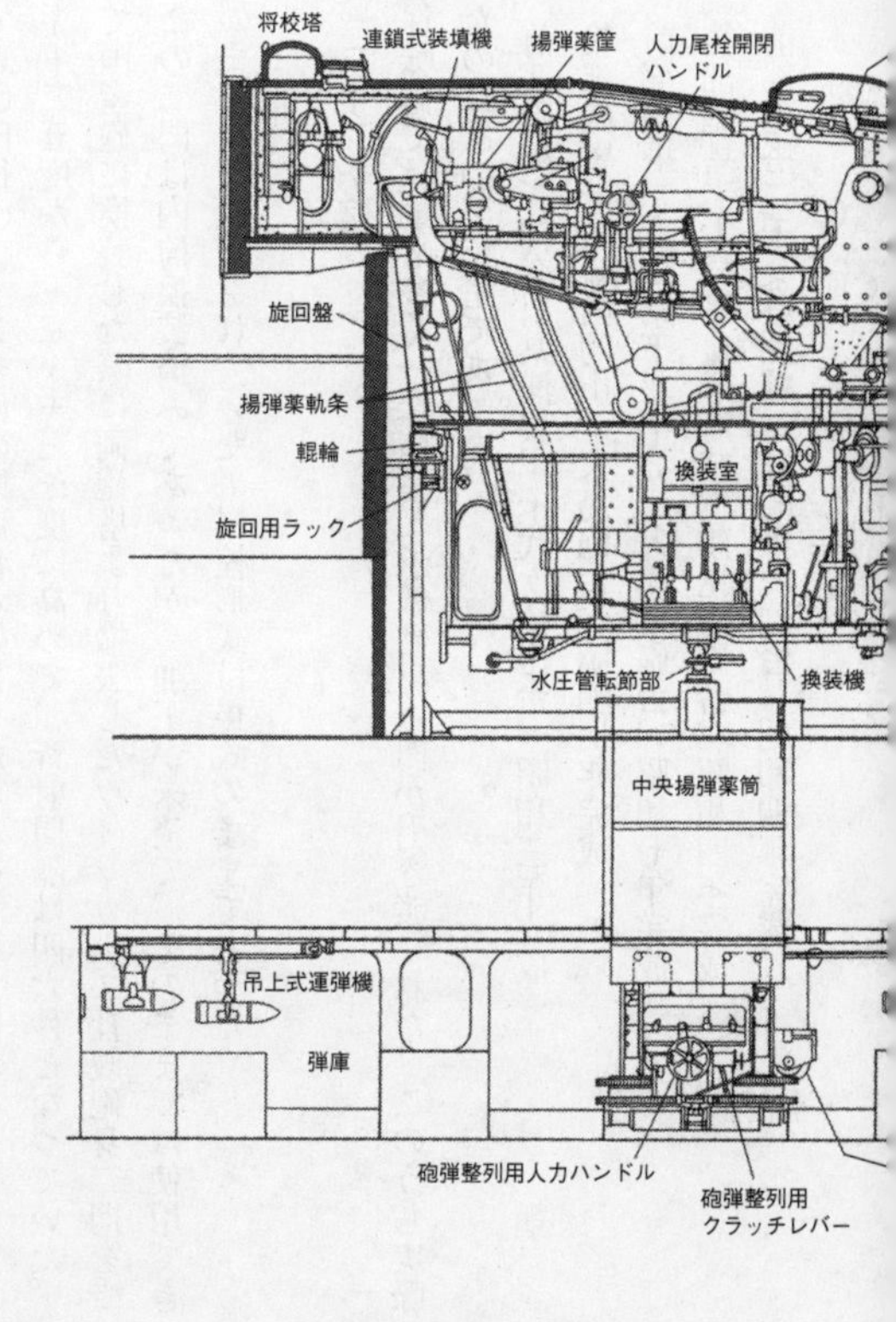
将校塔
連鎖式装填機
揚弾薬筐
人力尾栓開閉
ハンドル
旋回盤
揚弾薬軌条
輥輪
旋回用ラック
換装室
水圧管転節部
換装機
中央揚弾薬筒
吊上式運弾機
弾庫
砲弾整列用人力ハンドル
砲弾整列用
クラッチレバー

二号（「摂津」前部砲塔）長崎県対馬、竜ヶ崎砲台、昭和十年完成
両砲塔とも右砲身は新造時の英ヴィッカーズ社製砲身の内筒を大正五年に換装したもので、左砲は大正五年に呉工廠で製造された国産砲身だった。砲身番号が呉#3と#2だったからこの時期に初めて五〇口径一二インチ砲の国産化が始まったことを示している。改修により俯仰角度を－五～＋二五度から－二～＋三三度に高めて、斉射間隔は四六秒となっていた。
予備砲身として国産砲に換装した際に両砲塔より撤去したヴィッカーズ社製砲身二門を受け取っており、この二門は内筒換装済みであったが、加工が未済で、そのままでは使用できなかったが、そのまま在庫保管されていた。尾栓形式は毘式のままであった。

三、四五口径一二インチ砲

これは今回の保転砲では最も多く一二砲塔、予備砲身六門が引き渡された。このうち実際に要塞砲となったのは次の五砲塔であった。

一号（「鹿島」前部砲塔）神奈川県浦賀、千代ヶ崎砲台、昭和三年完成
二号（「鹿島」後部砲塔）長崎県的山、大島砲台、昭和七年完成
三号（「伊吹」前部砲塔）青森県下北半島、大間崎砲台、昭和七年完成
四号（「伊吹」後部砲塔）大分県豊予海峡、鶴見崎砲台、昭和四年完成
五号（「生駒」前部砲塔）千葉県洲崎、洲崎第一砲台、昭和四年完成

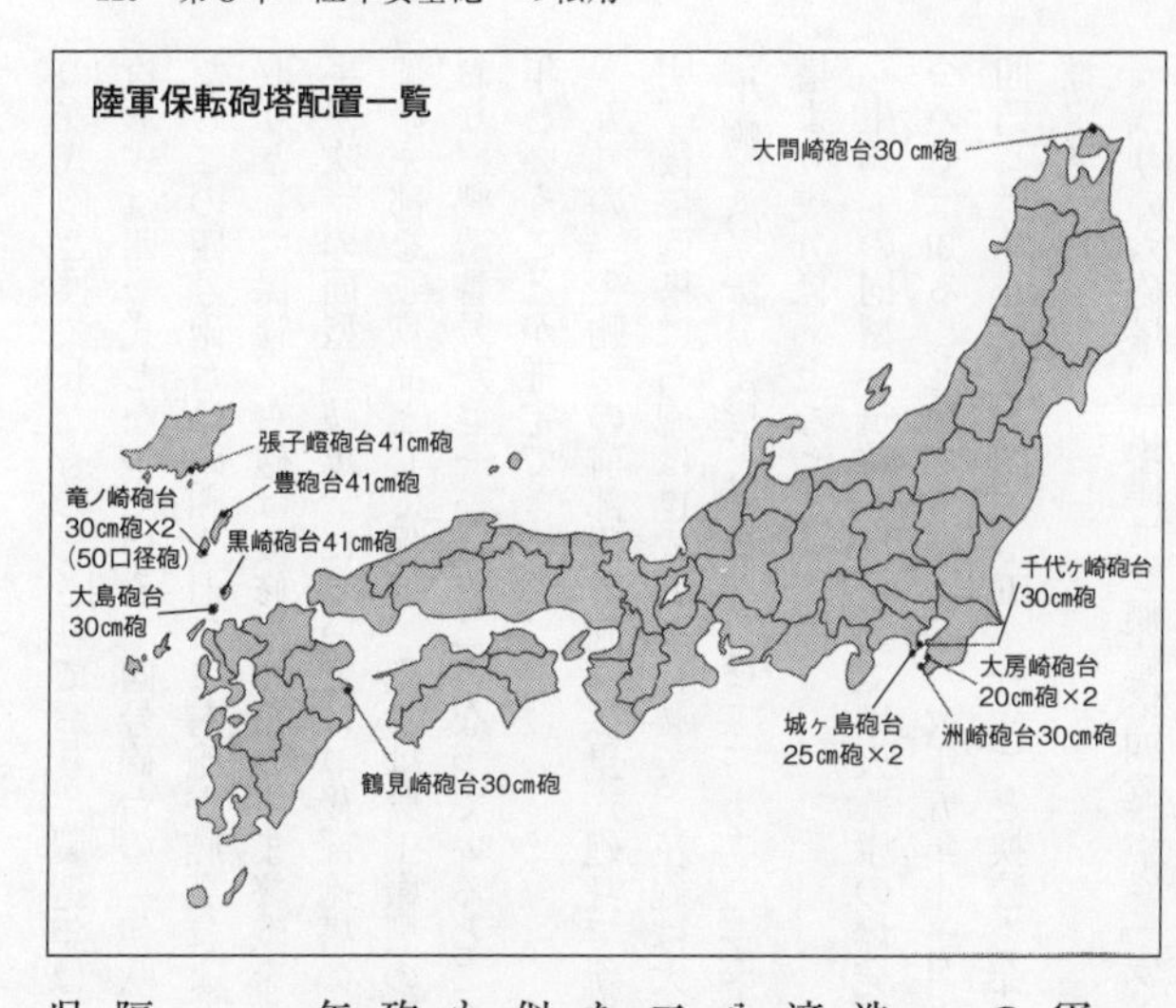

六号（「生駒」後部砲塔）改修後東京陸軍兵器補給廠走水倉庫に保管、終戦までそのまま

この内、「鹿島」の前後砲塔の砲身は新造時のままの安式砲身で、ただし内筒換装済みかどうかは不明、俯仰角は－五～＋一八度から－三～＋三五度に改修、最大射程二万六〇〇〇メートル、斉射間隔四六秒となる。「香取」の二砲塔は未改修、補給廠似島分廠に保管のまま終戦、砲身はいずれも呉工廠製造の国産砲で四一式尾栓、前部砲塔の砲身は大正元年、後部砲塔は大正八年に換装したものとされている。

「伊吹」の砲塔は俯仰角－三～＋二三度を－一～＋三五度に改修、最大射程、斉射間隔は同様。前部砲塔砲身は右砲は製造番号呉＃1という国産砲で、大正七年に新造時の安式砲と換装したものとされており、製造年は不明、左砲は新造時の安式砲身、ただし尾栓形式は四一式となっている。四号砲台の「伊吹」後部砲塔は砲身内容については不明、ただしこの四号砲台は昭和十七年に右砲が腔発により破壊、廃砲、取り外して予備砲身の部品取りとして保管、右砲は後修復しないまま終戦をむかえたもよう。

「伊吹」の同型「鞍馬」については、後部砲塔のみ引き渡されたが、未改修のまま砲身と砲架の一部を予備品として保管、砲身は呉工廠製の国産砲で、製造年が明治四十三年となっており、製造番号が#一一、一二となっているところから、初砲完成年は明治四十一～四十二年ということが推定できる。

五号の「生駒」の前部砲塔砲身は毘式砲身で新造時のまま、ただし内筒の換装の有無は不明、後部砲塔は右砲は毘式の英社製で、左砲は大正三年日本製鋼所製の国産砲となっていた。「生駒」の砲塔改修では俯仰角は－三～＋二三度から－一～＋三〇度となっており、他の砲塔より幾分低めとなっている。

「生駒」の同型「筑波」については火薬庫の爆発事故で喪失されており、砲塔砲身の履歴については知ることはできないが、大正五年十一月七日の訓令で四一式四五口径一二インチ砲四門（呉#一三、一四、一五、一六）と換装を命じていたが、多分換装前に爆沈したものと推定される。

残りの六砲塔、「摂津」舷側砲塔四砲塔と「安芸」の二砲塔についてはいずれも未改修の

巡洋戦艦「鞍馬」。45口径12インチ砲および45口径20センチ砲を搭載する。

まま設置未了のまま予備品として保管されていたようで保管は完成砲塔状態ではなく、ばらばらに分解した状態で保管されていたらしい。

「摂津」の四砲塔砲身の履歴はいずれも英毘社より購入の毘式砲身で、各砲身の発射弾数は五八発以下と記録されており、就役時からとするといささか発射弾数が少なく、途中内筒換装を実施した可能性もある。

「安芸」の砲塔砲身はいずれも呉工廠製の四一式尾栓の国産砲で、製造年は明治四十四年と記録されている。この「安芸」の砲身について、陸軍側では現役末期に長時間発射実験に供されたため、予備砲身としてはそのまま使えず、尾栓周辺部品のみ予備部品として保管、砲身本体はスクラップして再利用可能としている。「安芸」は実艦的に供される際、砲身を外した砲室、砲架は存続のまま撃沈されたので引き渡されたのは砲身のみであった。

同型の「薩摩」も同様の状態で撃沈されており、砲身は事前に外されていたが価値無しとして陸軍には引き渡されなかった。以上より、正確には一二砲塔と予備砲身六門が四五口径一二インチ砲の陸軍に引き渡された数となる。

保転砲海軍時の諸元

砲身諸元

		毘式40口径25㎝砲		安式40口径20㎝砲
	一般名称	毘式40口径25㎝砲		安式40口径20㎝砲
砲身名称	型　名	Ⅲ	Ⅳ	Ⅴ
	外　型	毘式		安式
	尾栓型式	41式	呉式	41式
砲身寸法・重量	実口径(mm)	254		203.2
	砲身全長(mm)	11869.80		9487
	腟　長(mm)	9746		9207
	口径数(弾程/実口径)	45		45
	薬室容積(ℓ)	163.86		56.0
	腟腔断面積(cm²)	518/516		332/331
	砲身重量 (t)	35.80	36.80	19.00
施条	施条本数	60		48
	施条纒度	30口径	28口径	28口径
	深　さ(mm)	2.03/1.73	2.03/1.52	1.78/1.40
	溝　幅(mm)		9.97	9.97
砲性能	初　速(m/sec)	825		760
	貫通力(砲口における)	クルップ甲鈑335mm		
製造	砲身構造	鋼線式		半鋼線式3層
	初砲製造年	M4	M44	M42
	製造所	呉工廠		呉工廠
	製造数	12+	12+	24+
使用弾薬	徹甲弾 弾　長(mm)	867(被帽徹甲弾)		771.4(被帽徹甲弾)
	徹甲弾 弾　重(kg)	235.541		113.4
	徹甲弾 炸薬量(kg)	7.027		3.678
	通常弾 弾　長(mm)	966(被帽通常弾)		966(被帽通常弾)
	通常弾 弾　重(kg)	235.541		113.4
	通常弾 炸薬量(kg)	16.517		11.352
	常装薬量(kg)	67.8		26
	同薬種	80C2(1)		70C2
	薬嚢数	3		2
搭載艦名		薩摩	安芸	伊吹、鞍馬
備　考				

保転砲海軍時の諸元

砲塔・砲架諸元

	一般名称	45口径25cm連装砲	45口径20cm連装砲
砲塔・砲架機構	最大仰角/俯角(度)	30/5	25/3
	最大射程(m)	22300	15200
	装填秒時(秒)	30	15
	装填方式		
	操作人員数	14	14
主要寸法	焜輪盤直径(m)	5.334	3.924
	バーベット直径(m)	7	
	砲身間隔(m)	2.083	1.828
	砲身退却長(m)	0.686	0.568
駆動方式	旋回能力	電動機	電動機
	俯仰動力	電動機	電動機
	駐退推進機構		
	駆動動力源		
砲塔(楯)装甲厚	前　楯(mm)	203	203
	側　面(mm)	152	152
	後　面(mm)	152	178
	天　蓋(mm)	38	38
	床面(mm)	51	8
	バーベット(mm)	178	127
各部重量	砲　身(t)	73	37.69
	俯仰部(t)	29.44	8.52
	旋回部(t)	58.11	22.37
	水圧機構部(t)	34.18	3.87
	装甲部(t)	112.4	99.98
	旋回部全体(t)	307.11	174.42
製造	製造年	M44	M44
	製造所	呉工廠、横須賀工廠	横須賀工廠
	製造数	12	8
	価　格		
搭載艦名		薩摩×6、安芸×6	伊吹×4、鞍馬×4
備　考			

四、四五口径一〇インチ砲

この砲は「香取」、「鹿島」の中間砲として最初に採用。中間砲というのは準ド級戦艦時代において、主砲と副砲の中間口径の準主砲を指すもので、次の国産戦艦「薩摩」と「安芸」にも連装砲塔六基ずつが搭載された。陸軍側に引き渡されたのは一〇砲塔、砲身五門である。

「安芸」は実艦的に際して、一〇インチ中間砲は真ん中の三、四番砲塔のみ砲室、砲架ごとはずしており、これは陸軍側からの要望にこたえたもので、他の砲塔からも砲身は外されていた。

「安芸」の二砲塔は改修の上、神奈川県三崎の城ヶ崎第一、二砲台に設置され、完成は昭和四年であった。四五口径一〇インチ砲で実際に設置されたのはこの砲塔だけで、改修で俯仰角は－一五～＋三〇度から－二～＋三五度に変更、最大射程二万三三〇〇メートルとなっている。

砲身は呉工廠製の国産砲で、予備砲身として取り外された二番、六番砲塔の砲身も同様で製造年大正三～四年とされており、尾栓形式は四一式となっている。これから推測するに新造時の搭載砲は日露戦争末期に購入した安社からの一〇インチ砲粗材二四門分でまかなわれた毘式砲と途中換装したものと推定される。

「薩摩」の搭載砲はこの際除外され、保転砲から外されているのは、「安芸」の搭載砲だけで十分との判断があったのであろう。なお、「安芸」の四番砲塔は改修未了のまま、東京補給廠の走水倉庫に保管されて城ヶ島砲台の予備部品とされていた。

残りの「鹿島」「香取」の八砲塔も改修未了のまま予備として広島補給廠の包分廠に保管されていた。「鹿島」の三砲塔砲身はいずれも安社製のままで、多分、内筒を換装したものと推定される。同様に「香取」の場合も三砲塔は毘社製のままで、ただ「鹿島」の一番砲塔砲

戦艦「香取」。45口径12インチ砲および45口径10インチ砲を搭載する。

身と「香取」の二番砲砲身のみは大正二年製造の日本製鋼所の国産砲に換装ずみであった。「鹿島」「香取」の八砲塔分、八門の砲身の他に「香取」の予備砲身一門（毘式）を加えた九門が保管の対象だったらしい。

五、四五口径二〇センチ砲

この砲は「伊吹」と「鞍馬」の副砲として装備されていたもので、合計八砲塔一六門が引き渡されており、実際に要塞砲として設置されたのは「鞍馬」の一番砲塔と四番砲塔で改修の上、千葉県大房崎の大房崎第一、二砲台として昭和三～七年に完成した。俯仰角は－二・五～＋二五度から－二～＋三〇度に改修、砲身は明治四十二～四十三年製造の呉工廠製の国産砲で尾栓は四一式となっている。

これ以外の六砲塔分の一二門の砲身はこの大房崎砲台の予備として、広島補給廠の包分廠に保管する

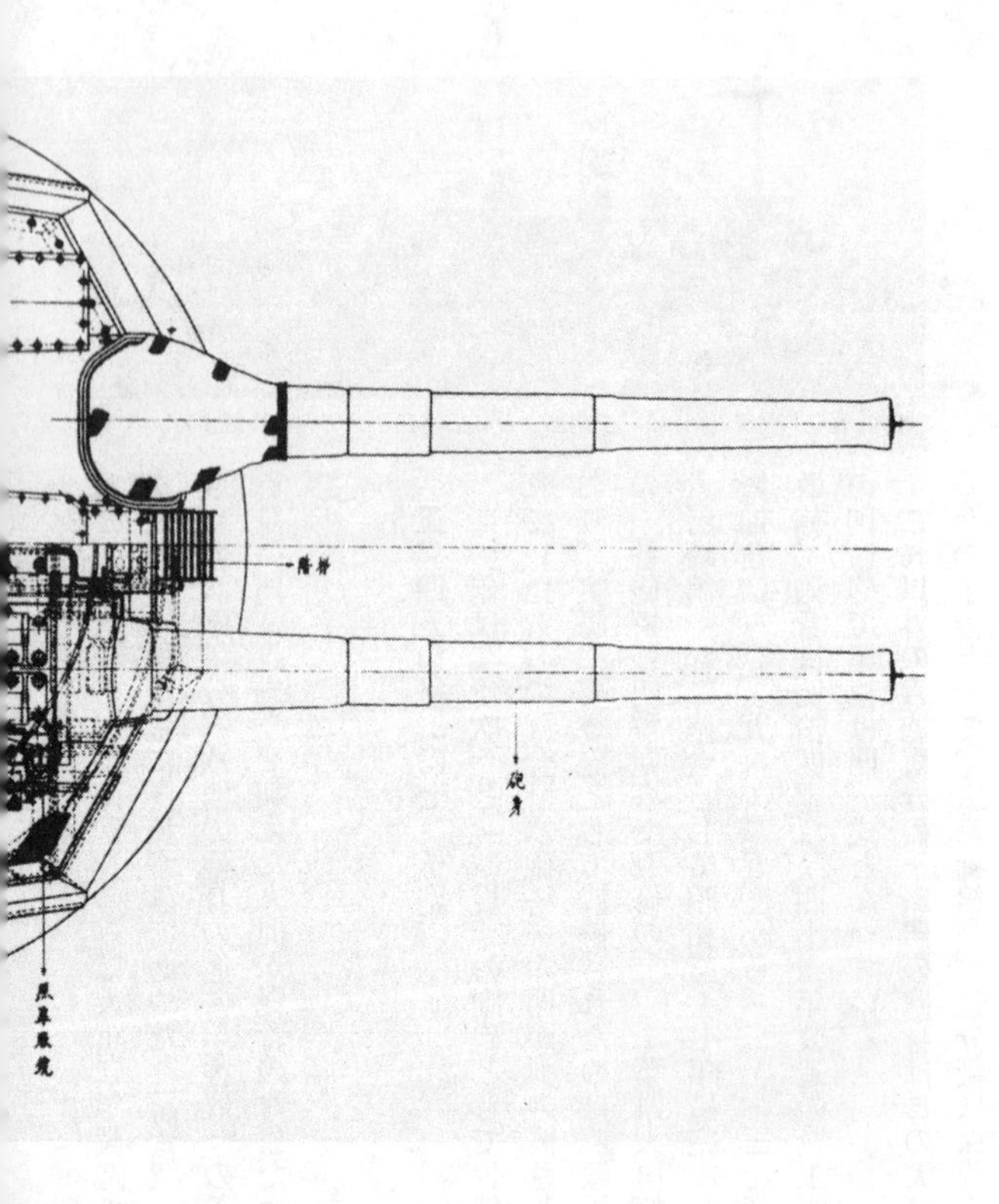
階梯
砲身
照準眼鏡

「鞍馬」45 口径 20 ㎝砲塔上面（保転砲に改修後の図面）

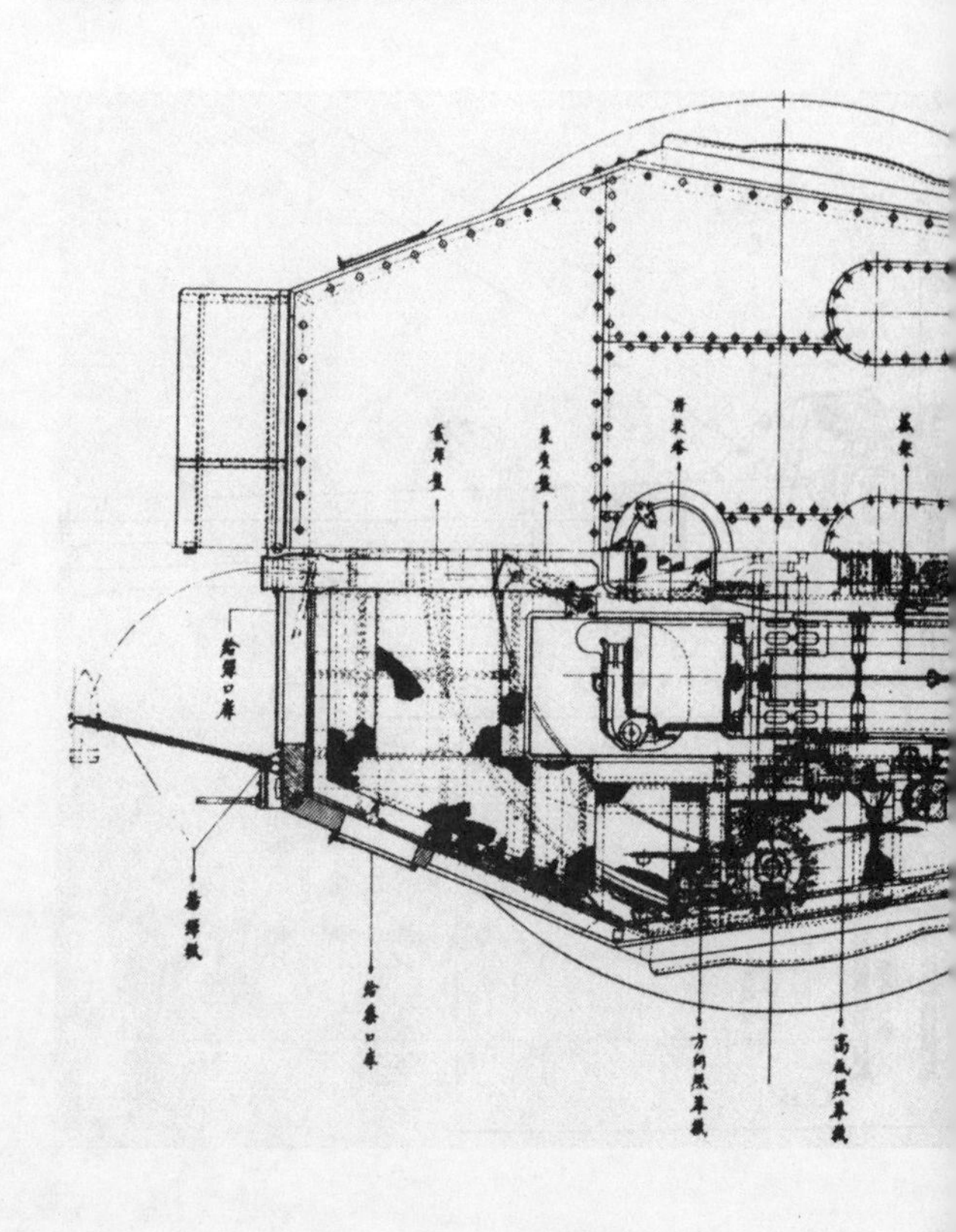

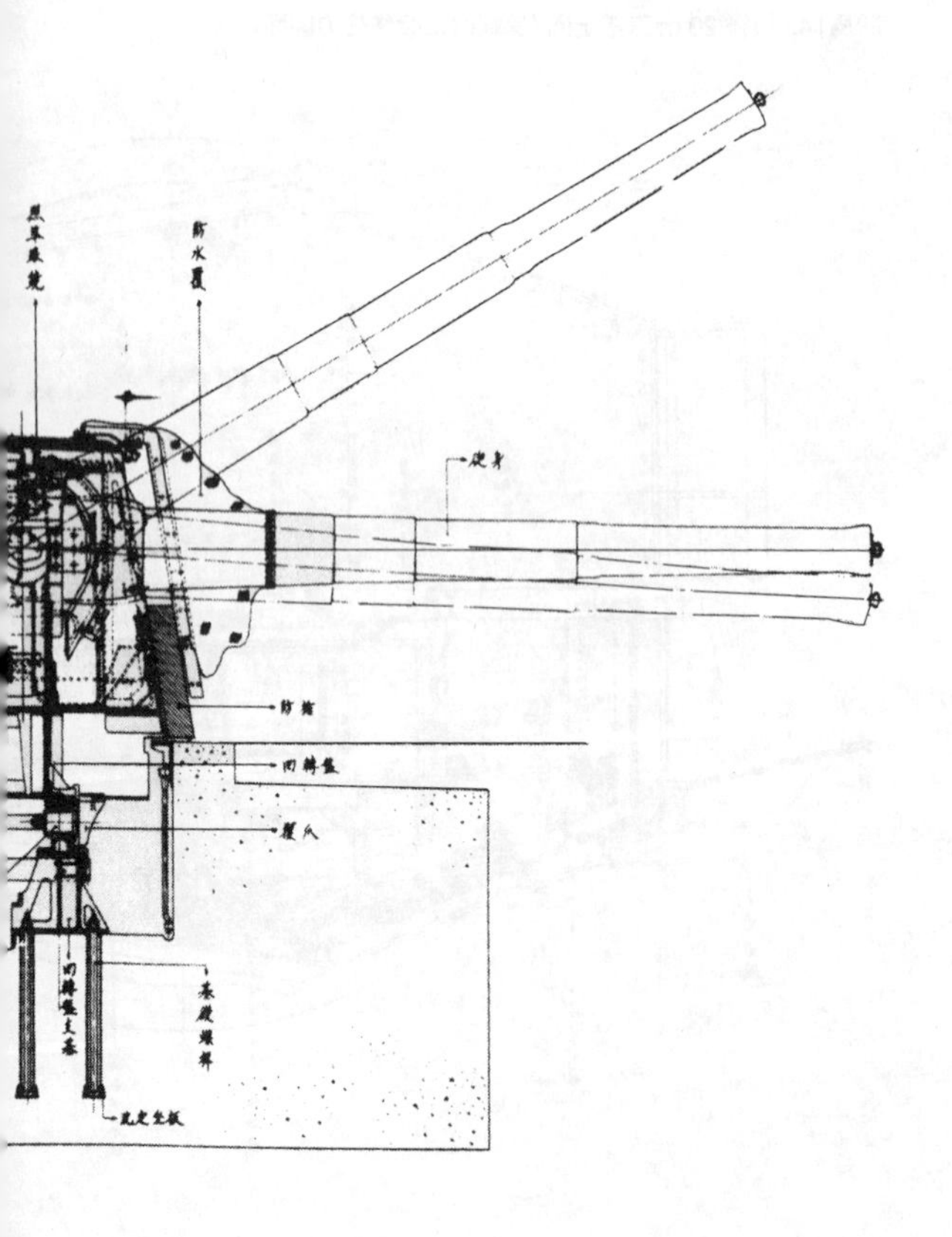
防水覆
砲身
防楯
回轉盤

「鞍馬」45口径20㎝砲塔側面

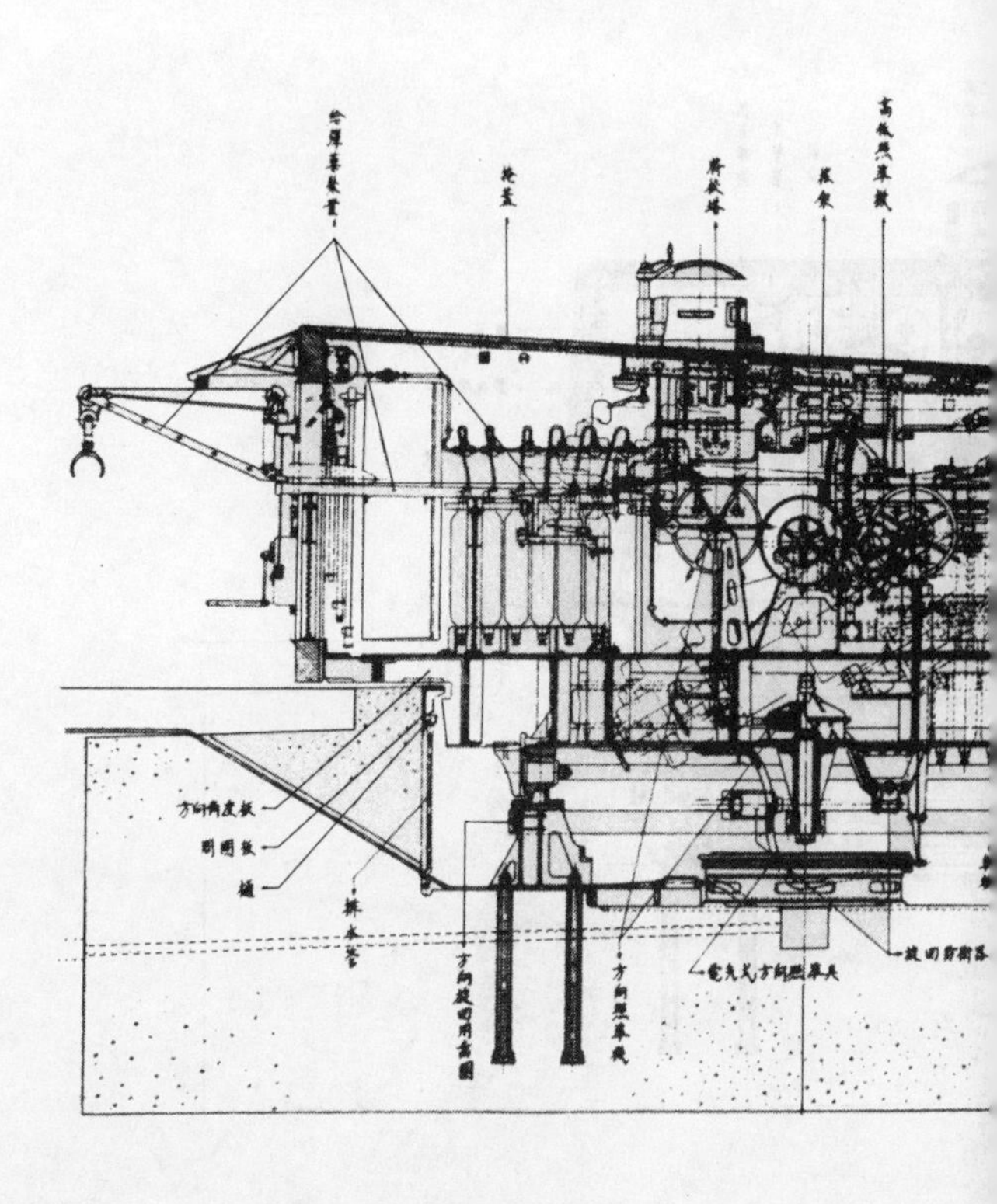

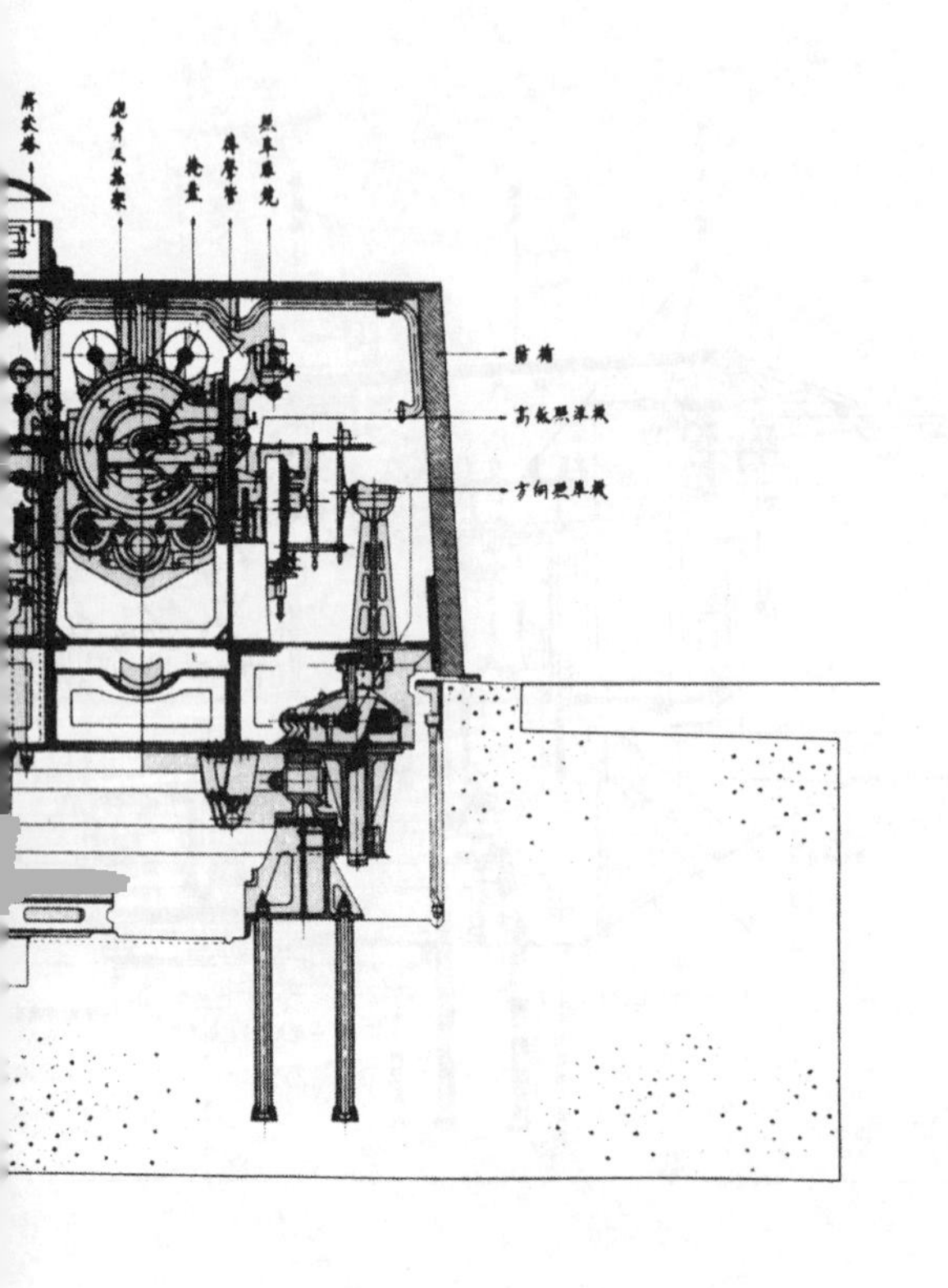
砲身及基架
傳聲管
防楯
高低照準機
方向照準機

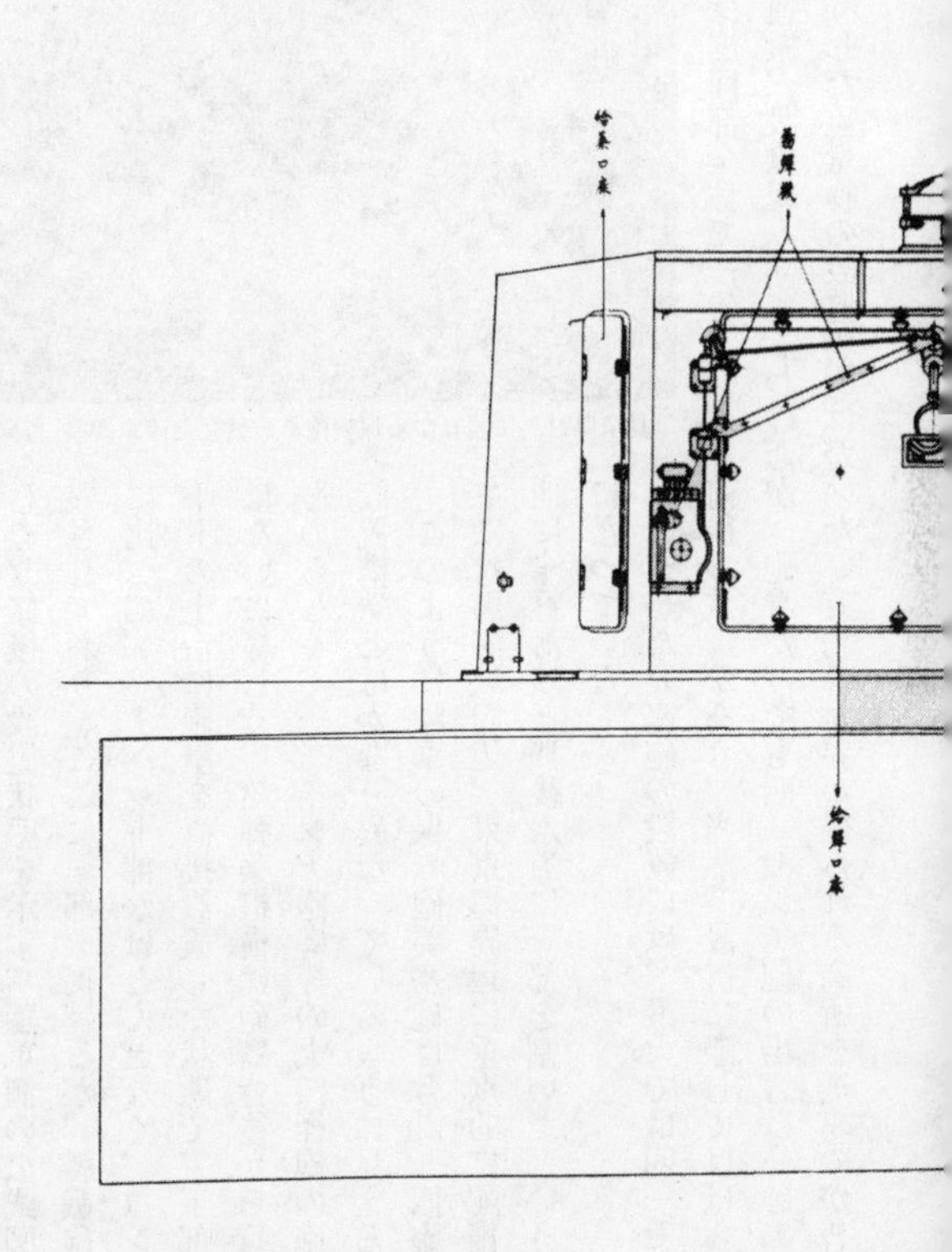

「鞍馬」45口径20㎝砲塔後面

とされている。

この四五口径二〇センチ砲の保転砲については珍しく改修後の設置状態を示す、陸軍側の公式図面が残されており、ここに一部を掲げるが、艦載砲時代に比べて、バーベット部がほとんどなく、コンクリートの土台に砲室を直接設置した状態で、下部構造はないに等しく、給弾薬機構は砲塔背後から行なうものらしく、一二インチ砲塔等の大口径砲の砲塔の設置構造とはかなり異なっているように見える。

このように陸軍の保転砲要塞砲は合計一四砲塔が主に対馬海峡周辺、東京湾周辺に重点的に配備され、他に津軽海峡と豊後水道に一部を割いたという配置になっていた。

長崎県対馬に現存する保転砲を装備した陸軍要塞「豊砲台」跡。

こうした要塞砲の設置には、最大では四一センチ連装砲塔では旋回部全体で一〇〇〇トン前後の重量があり、当然、設置に際してはばらばらに解体して運搬、設置組み立てるわけだが、砲身だけでも四一センチ砲の場合は一〇二トンもあり、こうした重量物の設置場所はだいたい有利な射界が得られる高所を選ぶのが普通で、

陸軍兵器本廠の注文により大正15年に建造された陸軍砲塔運搬船「蜻州丸」。

そこまで運搬するのは大変やっかいな作業であったのは言うまでもない。

そのため、まず横須賀や呉の海軍工廠に砲塔を運搬して改修工事を行ない、改修が終わった砲塔をまた現地に運搬するために、専用の輸送船が考案されたのは当然であった。このとき陸軍の兵器本廠の注文で石川島造船所で大正十五年に完成したのが「蜻州丸」一三〇〇総トンで、一五〇トン起重機を前甲板に装備した重量物運搬船で、石川島造船所はこうした重量物クレーンの専門メーカーで、後の戦艦「大和」の艦尾クレーンの製造でも担当していた。

もっとも、これ以前に陸軍は要塞砲を運搬する目的で砲運丸という、その名もずばりの五三〇総トン、四〇トン・クレーンを持つ要塞砲運搬船を川崎造船所で明治二十三年に建造していたが、これでは今回の保転砲運搬には力不足ということであった。

こうして多大な労力と時間と金をかけて建設された要

塞砲であったが、太平洋戦争ではほとんど意味のない兵器となり、本土決戦が回避されたことで、威力を示す機会はなかった。

今日でも全国各地にこうした要塞砲の痕跡は残っており、まさに兵どもの夢の跡として草生す跡地をしのぶこともできる。

第9章　海軍休日下の戦艦近代化

条約下の既成戦艦の改装

大正十二（一九二三）年八月十七日にワシントン条約が発効した。かくして、太平洋を挟んだ日米海軍の建艦競争は終止符をうち、日本は海軍予算により国家財政が破産する危機をのがれたものの、条約では保有を認められた主力艦の数は対米六割の劣勢に規定されて、海軍当局の危機感と不満が増長されることになる。

条約では既成主力艦の近代化改装について、基準排水量三〇〇〇トン以内での水平、垂直防御力の強化を認めており、すなわち、この制限内なら舷側甲鈑厚みを増しても、主砲口径（一六インチ以内）を増加しても、主砲数を増してもよいとされていた。

軍令部ではすでに条約発効前の大正十年末にこれを予期してか、軍令部次長の名で、海軍次官あてに、「戦艦、巡洋戦艦の戦闘力充実に関する件」と題する海令機密二七四号を提出している。ここでは条約の細目はわかなかったはずだが、「金剛」型以下、「扶桑」「伊勢」型、さらに最新の「長門」型を含めて、具体的に改善すべき事項を挙げている。特に「金剛」「扶桑」、「伊勢」型については主砲天蓋の甲鈑厚増加と主砲仰角を三〇度とすること、主砲初速の増加等の砲関係強化改善策が盛り込まれていた。

これから約一年後の大正十一年九月十二日付きで同じく、軍令部次長から海軍次官あてにより具体的に同上案件について商議を提出しており、ここでは既成戦艦、巡洋戦艦の主砲について、「金剛」「扶桑」、「伊勢」型の主砲の仰角を三〇度以上に高めて、「長門」型とほぼ同一の射程に整合すること、水圧機の力量を増して連続斉射能力の向上を要求していた。

こうした軍令部の動きは条約により主力艦の保有量を抑えられたことに対する、危機感の表われと見られ、個艦の戦闘能力を高めて、米戦艦の量に対抗せんとするものであった。

このため大正十二年の議会にとりあえず、「長門」型以前の八隻の主力艦の水中、空中攻撃に対する防御力改造に要する費用として五〇〇〇万円が大正十二年より同十九（昭和五）年継続予算として承認された。主力艦改造予算は以後増額を繰り返し、昭和八年度までには合計一億五六六二万円に達していた。五〇〇〇万円というのは「長門」の新造建造費にほぼ匹敵するものである。

真っ先に実施されたのは、主砲砲塔天蓋の甲鈑増加と仰角引き上げであった。主砲塔天蓋の甲鈑は第一次大戦のジュットランド海戦において、英国巡洋戦艦三隻がその薄弱な砲塔天

「扶桑」型戦艦「扶桑」。14インチ連装砲塔6基搭載(昭和11年5月、撮影)。

蓋をドイツ巡洋戦艦の砲弾に撃ち抜かれ、砲塔内で炸裂した火炎が下部の火薬庫に達して誘爆を生じ瞬時に轟沈するという、惨事から得られた戦訓で、これを指してこの戦訓を盛り込んだ戦艦、巡洋戦艦をポスト・ジュットランド型として、これ以前の主力艦と区別することになる。

英国では海戦後、応急処置として砲塔天蓋に甲鈑を重ねて対処したが、日本では「長門」が起工直前で工事を一時中断して、平賀造船中監が担当して設計改正を行なって、ポスト・ジュットランド型戦艦として完成したのはよく知られている。「長門」型以前の一四インチ砲艦の砲塔天蓋は三インチ厚であったものを、六インチ厚ＶＣ甲鈑に交換された。従来の三インチ甲鈑に三インチ甲鈑を重ね張りする工程はかえって手間がかかるとして、一枚の新規甲鈑に代えられた。甲鈑は天蓋を四分割して継ぎ目は重ね張りする方式で行なわれた。

ちなみに「長門」型の天蓋は前方二枚が六インチＶＣ甲鈑、後方二枚が五インチＶＣ甲鈑と異なっており、同型の陸奥ではＮＶＮＣ甲鈑と表面焼入れをしないＶＣ甲鈑が用いられている。

同時に主砲仰角の引き上げも実施され、「金剛」の－五度／＋二五度、他は－五度／＋二〇度の新造時俯仰角を「金剛」型－三度／＋三三度、「扶桑」型－一〇度／三〇度、伊勢型－五度／＋三〇度にそれぞれ改正された。

仰角上げを行なう日英米海軍

日本戦艦は二度にわたる主砲仰角引き上げにより、最終的に一四インチ砲の最大射程は二万メートルから三万五四五〇メートルまで延伸し、「長門」型の四一センチ砲は三万二〇〇メートルから三万八三〇〇メートルまで延伸している。

こうした射距離の向上は相手をアウトレンジできる可能性を秘めており、量的に劣る日本主力艦にとっては願ってもないことだが、もちろん、これに伴う射撃指揮方式が必要とされ、必然的に高所に大型の測距儀を置き、光学式砲戦装置を多数前檣楼に配置する、日本戦艦独特の形態を形成することになった。

砲塔天蓋の甲鈑張り替え費用については、さまざまの数字があり、特定が困難だが大正十

米ペンシルベニア級は近代化改装で主砲の仰角を15度から30度に改造した。

一年四月のデータでは「金剛」型一隻あたり一四万八〇〇〇円。「伊勢」型二二万一〇〇〇円とされている。一方仰角引き上げ費用についてはデータがなく、おそらくこの数倍の価格と推定される。

ワシントン条約では主力艦の主砲仰角引き上げについては規定がなく、条約発効後、米国務長官が議会で自国主力艦の仰角引き上げについて説明中に、英国が主力艦の主砲仰角引き上げを行なっている旨の発言をした際、英国政府より英国は主力艦の主砲仰角の引き上げた事実なしとの抗議を受け、発言を取り消したことがあった。

米海軍はこの条約時代にアーカンソー以降、ニューメキシコ級までの一〇隻の戦艦に近代化改装を実施していた。

主砲の仰角についてはこれらの艦はネバダ以降の七隻が一五度から三〇度に引き上げており、テネシー級以降は本来三〇度砲塔として完成していた。米海軍の一四インチ砲はニューメキシコ級以降は五〇口径砲を採用していたので、三〇度でも最大射程は三万三〇〇〇メートル前後に達しており、四三度の日本戦艦に比べてそれほど遜色はなかった。

大正期に英国は日本に対して主力艦の主砲仰角引き上げは、条約の意義に反するとして反対を表明し、日本にも賛同を求め、日本の新聞報道が日本戦艦の仰角引き上げを報じていたことにたいして真偽を問いただしてきたことがあったが、日本の外交筋は否定したものの、事実は第二回の引き上げ工事の真っ最中であった。

英国海軍は事実、昭和十二年の条約明けまで既成艦の近代化改装を実施したものの、仰角引き上げは行なっていず、クイーン・エリザベス級の大改装に際して二〇度の仰角を三〇度に引き上げたのが最初で、同様の改装は巡洋戦艦のレナウンが実施したのみで、三〇度仰角で完成したフッド以外は二〇度のままであった。一つに欧州方面においてはアウトレンジすべき敵がなく、全般に北海方面は視界が狭く、二〇度で十分と考えていたふしがある。

日本海軍ではこの仰角引き上げを機密扱いして、海軍部内でも二度にわたった引き上げの事実を知らずにいた関係者が少なくなかった。

全般に条約時代における日本海軍の主力艦近代化は条約の制限、基準排水量三〇〇〇〇トン以内に収めることに忠実だったとはいえず、平賀アーカイブにある幾つかの文書でも、改造案の多くは制限を超過しており、さらに平賀の本音と見られる「扶桑」型の一四インチ砲を四一センチ砲一〇門艦（二連装二基、三連装二基）に改装する私案？　では得意の持論を述べており、八門艦ならさらに容易とうそぶいている。

各戦艦の改装を行なう日本海軍

主砲の仰角引き上げは甲鈑張り替えに比べるとそう簡単な工事ではない。俯仰装置、装填装置の改修の他、砲塔の前楯と床面の改造も必要になり、砲塔下部の換装室に砲身尾部が下がってくるため、砲塔下部構造が圧迫され全体のレイアウトの変更をよぎなくされる。日本海軍ではこうした砲塔改修を船体、機関に及ぶ全体の改装工事に先立って実施しており、大正十二（一九二三）年末から着工している。この時、「榛名」のみは大正九年に砲塔爆発事故を起こしており、例外的に砲塔改修だけではなく、全体の近代化改装工事にかかっていた。

もう一隻、「日向」も大正八年に砲塔爆発事故を起こしていたため、これ以前より砲塔改修工事に入っており、佐世保工廠で仰角引き上げ工事のみを大正十二年春に完成していた。

この二隻を除く六隻は大正十四年中までに仰角引き上げ工事を完了したが、「金剛」型以外は砲塔天蓋の甲鈑張り替えも同時に行なわれた。工事は呉と横須賀の両工廠で行なわれ、一艦当たり一年弱の工期で完成している。

工事中はもちろん砲塔は艦から外して砲塔工場に運び込んで改造工事を行なうもので、この間の艦の戦闘能力は完全に失われるので、こうした一時期に集中工事を行なうのは日本海軍にとって大きなリスクであり、またほぼ一年間で五隻の工事を引き受けた呉工廠の砲塔工場は大変な忙しさであったにちがいない。

本来、軍令部が大正十一年に計画していたこの特定修理施工予定では、大正十一年度、「山城」「榛名」、以後毎年ごとに「扶桑」「霧島」／「日向」「金剛」／「伊勢」「比叡」／「長門」／「陸奥」という順序で大正十六年まで続くはずであった。担当工廠は呉と横須賀二ヵ所で、工期は一隻一年三ヵ月ほどを見込んでいたことが、平賀アーカイブに残されている。しかし、実際には最初の改装艦「榛名」の場合は工事完成までに五年を要しており、先の見込みとへだたりが大きい。

実際の改装工事は昭和六年九月までに「霧島」と「金剛」の工事が終わり、この工事で砲塔天蓋の甲鈑張り替えも行なわれた。本来は次に「比叡」の工事に着手するはずであったが、ロンドン条約の締結で、「比叡」は練習戦艦に変更されたため砲塔天蓋の甲鈑張り替えは中止された。「金剛」型の改装完了を見越して昭和五（一九三〇）年に「扶桑」「山城」の大改装に着手された。

この二隻の工事も長期工事となり、工事では再度主砲仰角の引き上げが実施されて、新たに－五度／＋四三度という大仰角が可能となった。残る「伊勢」型は「長門」型とともに昭和九（一九三四）年より大改装に着手、各艦ほぼ一年半という工期で完成している。「伊勢」

「長門」型戦艦「陸奥」。主砲仰角引き上げ、バルジ装着などが実施された。

型の「日向」はこの工事前に、昭和三年に砲塔甲鈑の張り替えをすましていた。さらにこの時期「金剛」型の第二次改装が比較的短期間に実施され、これらの工事で主砲仰角の第二次引き上げを実施、一四インチ砲搭載艦の主砲仰角は全て－五度／＋四三度に改修された。

さらにこの時期の砲塔改修工事として、九一式徹甲弾（水中弾効果を盛り込んだ砲弾）採用に伴う弾庫、揚弾装置の改造、砲身複座推進筒を水圧式から空気式に変更、揚弾薬通路に防炎扉の設置等の改善も実施された。また砲塔測距儀も数度に渡り換装を実施している。

「金剛」型の「比叡」は条約明け後の最後に改装を実施して、上記の改修を全て盛り込んでいる。

他方、「長門」型は大改装で新造時の俯仰角－五度／＋三〇度を－三度／＋四三度に引き上げていたが、これは「加賀」型の砲塔を改修して新造

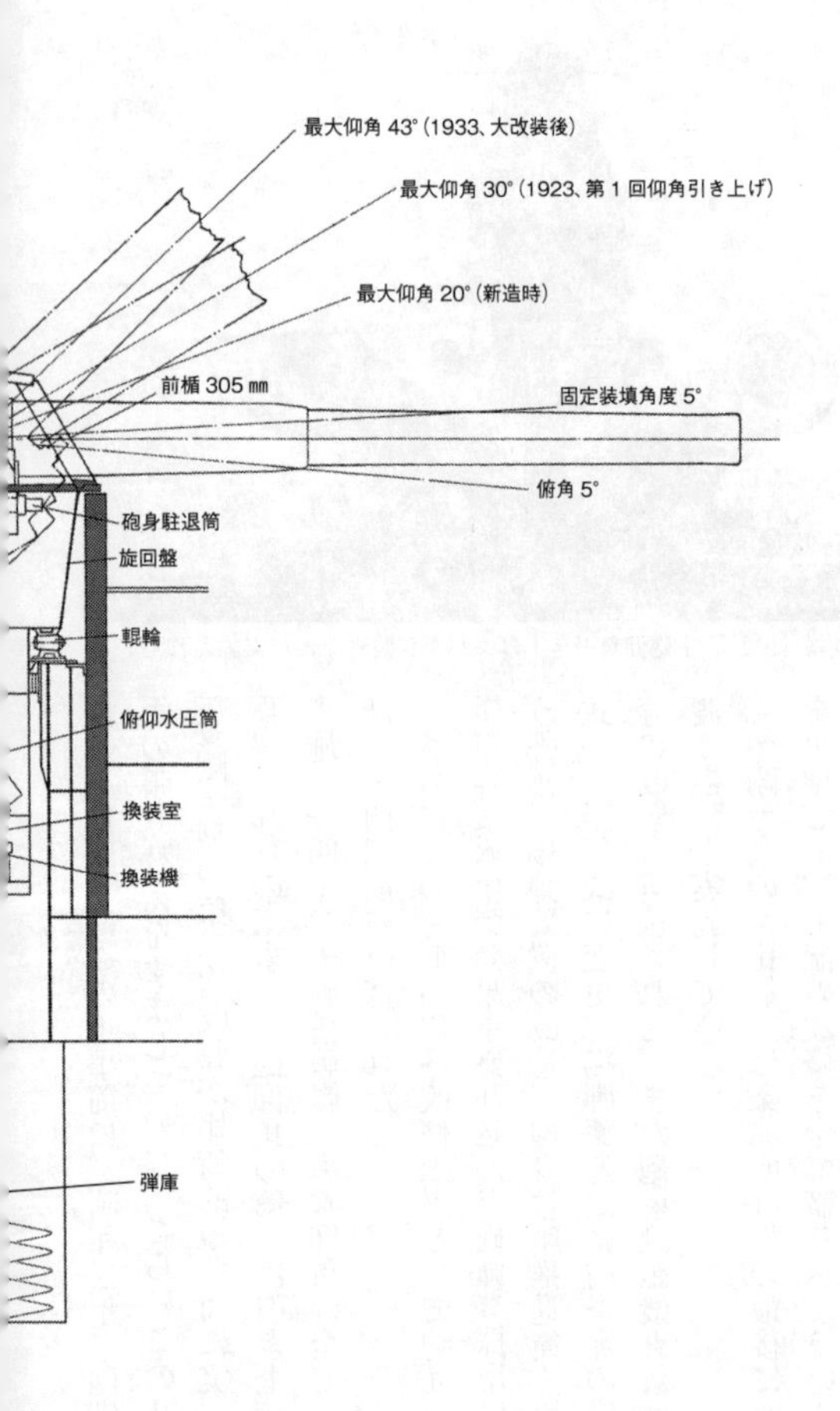
最大仰角 43°（1933、大改装後）
最大仰角 30°（1923、第 1 回仰角引き上げ）
最大仰角 20°（新造時）
前楯 305 ㎜
固定装填角度 5°
俯角 5°
砲身駐退筒
旋回盤
輥輪
俯仰水圧筒
換装室
換装機
弾庫

「扶桑」1番砲塔構造図（最終状態）

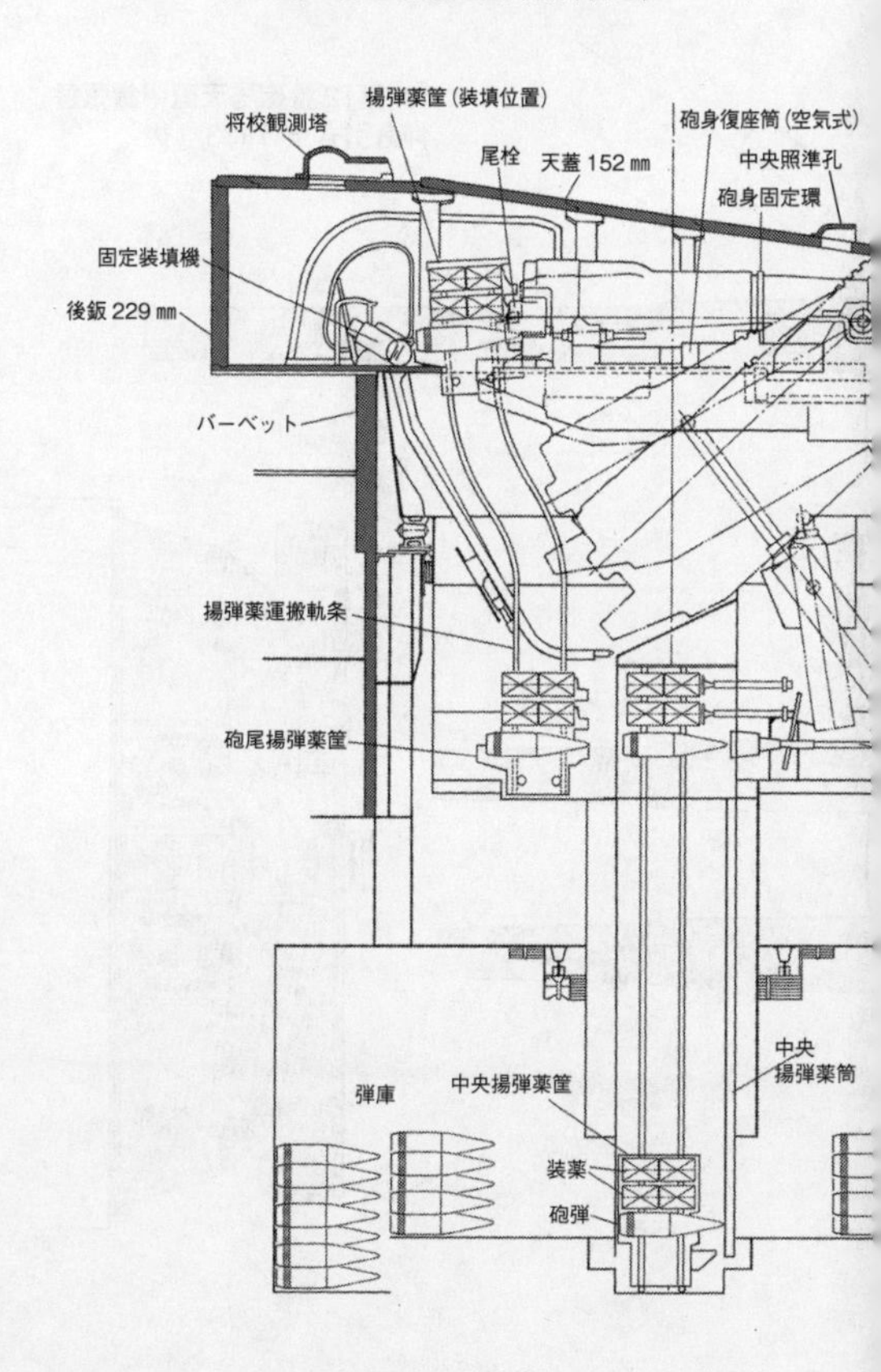

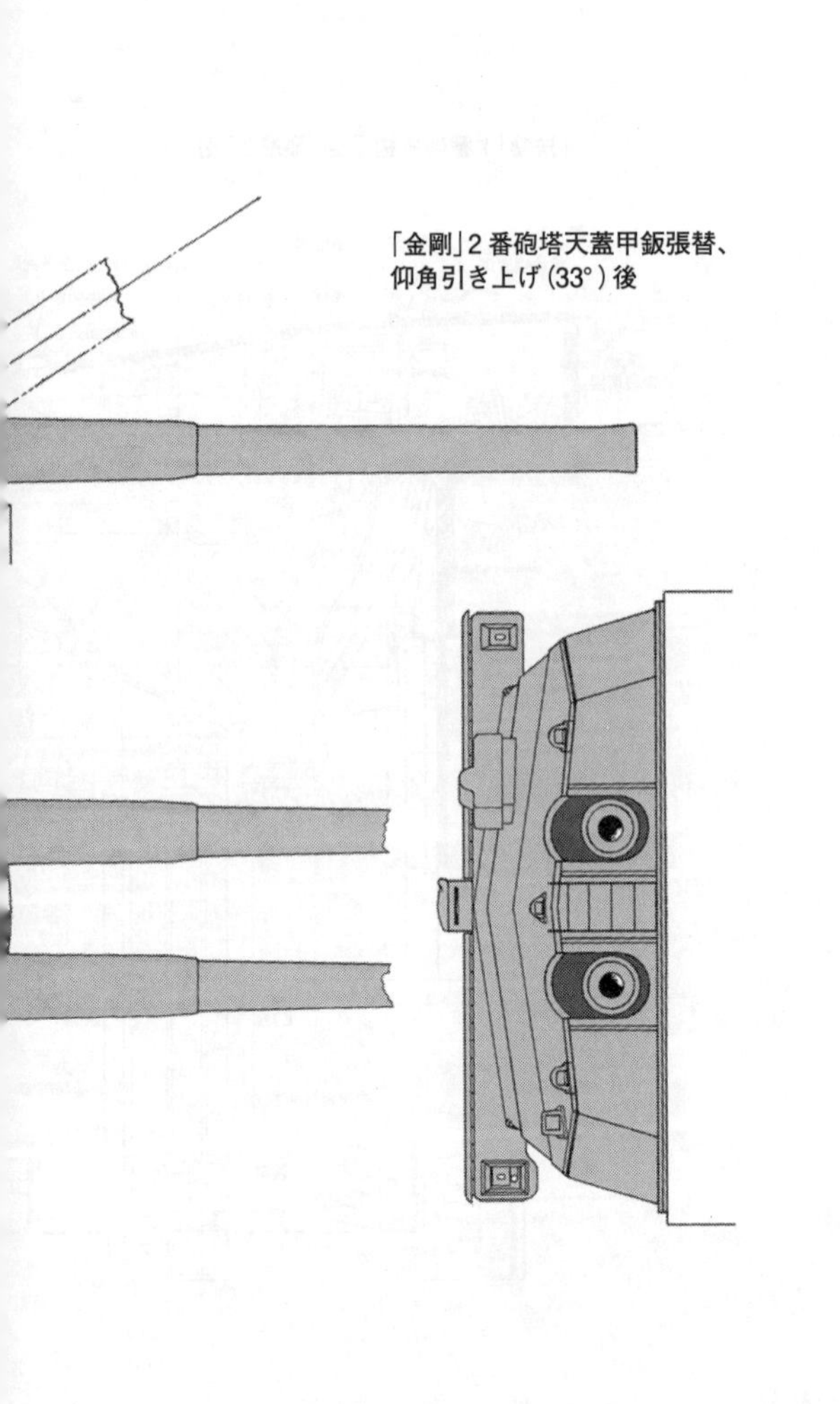

「金剛」2番砲塔天蓋甲鈑張替、
仰角引き上げ(33°)後

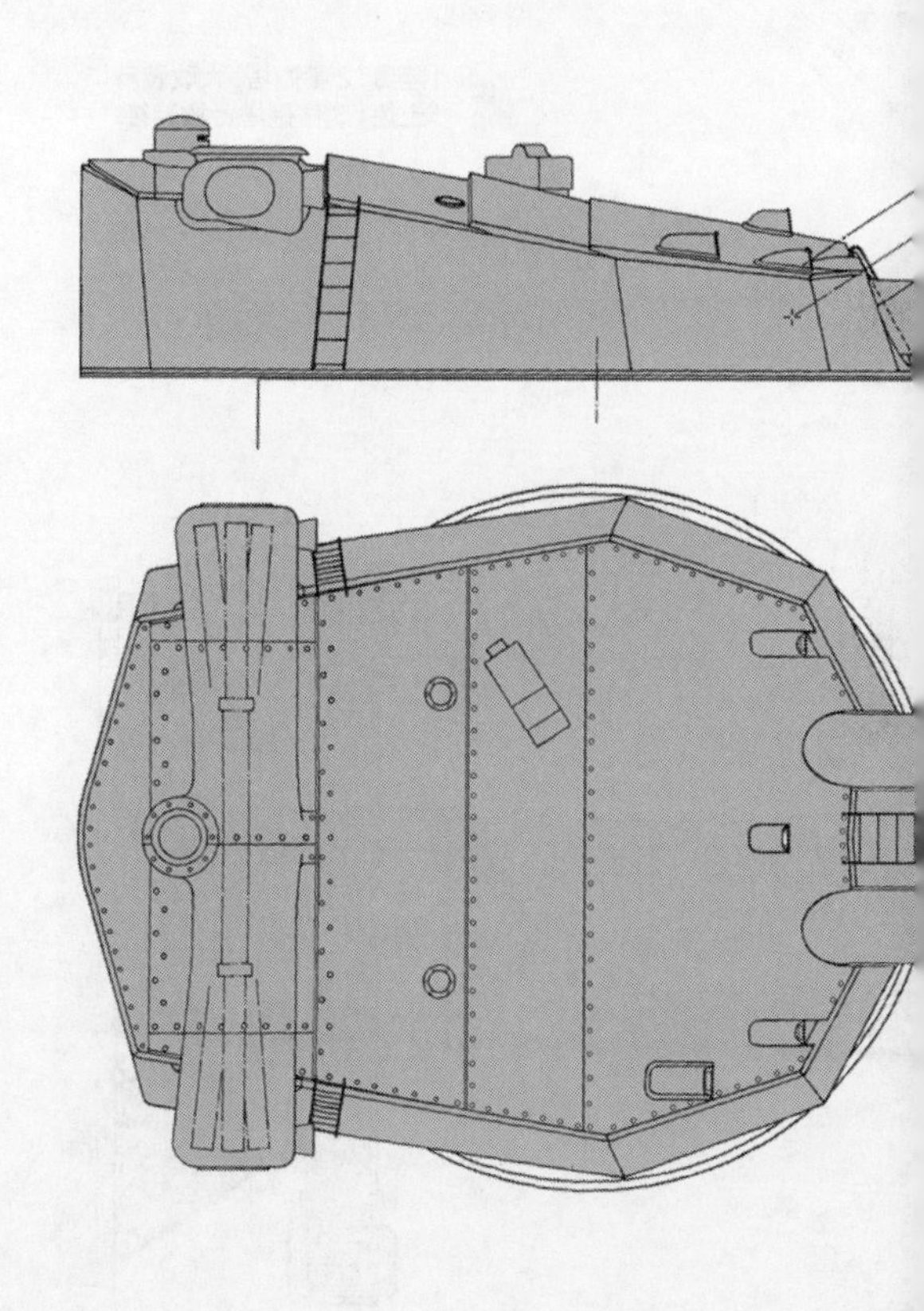

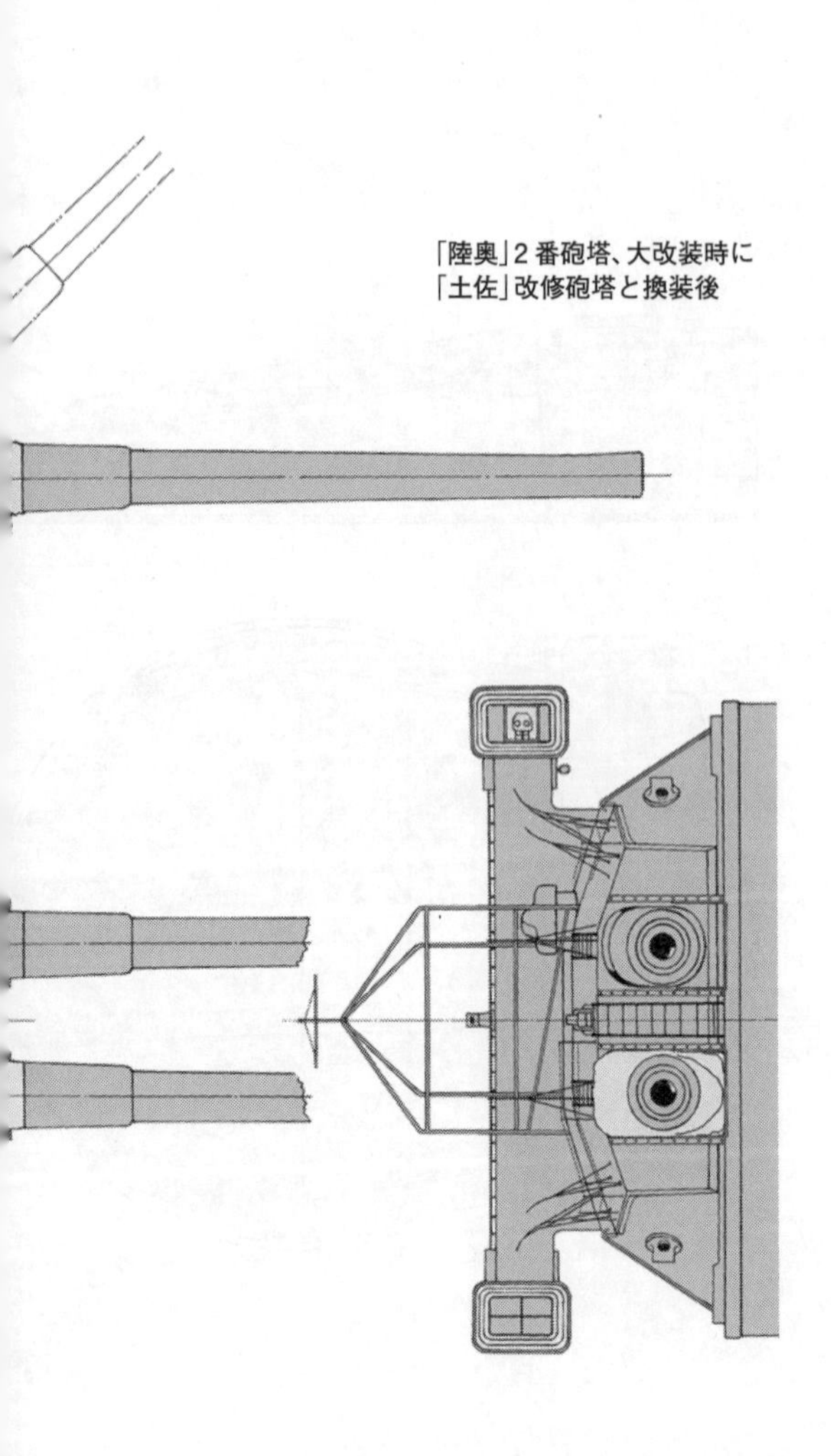
「陸奥」2番砲塔、大改装時に
「土佐」改修砲塔と換装後

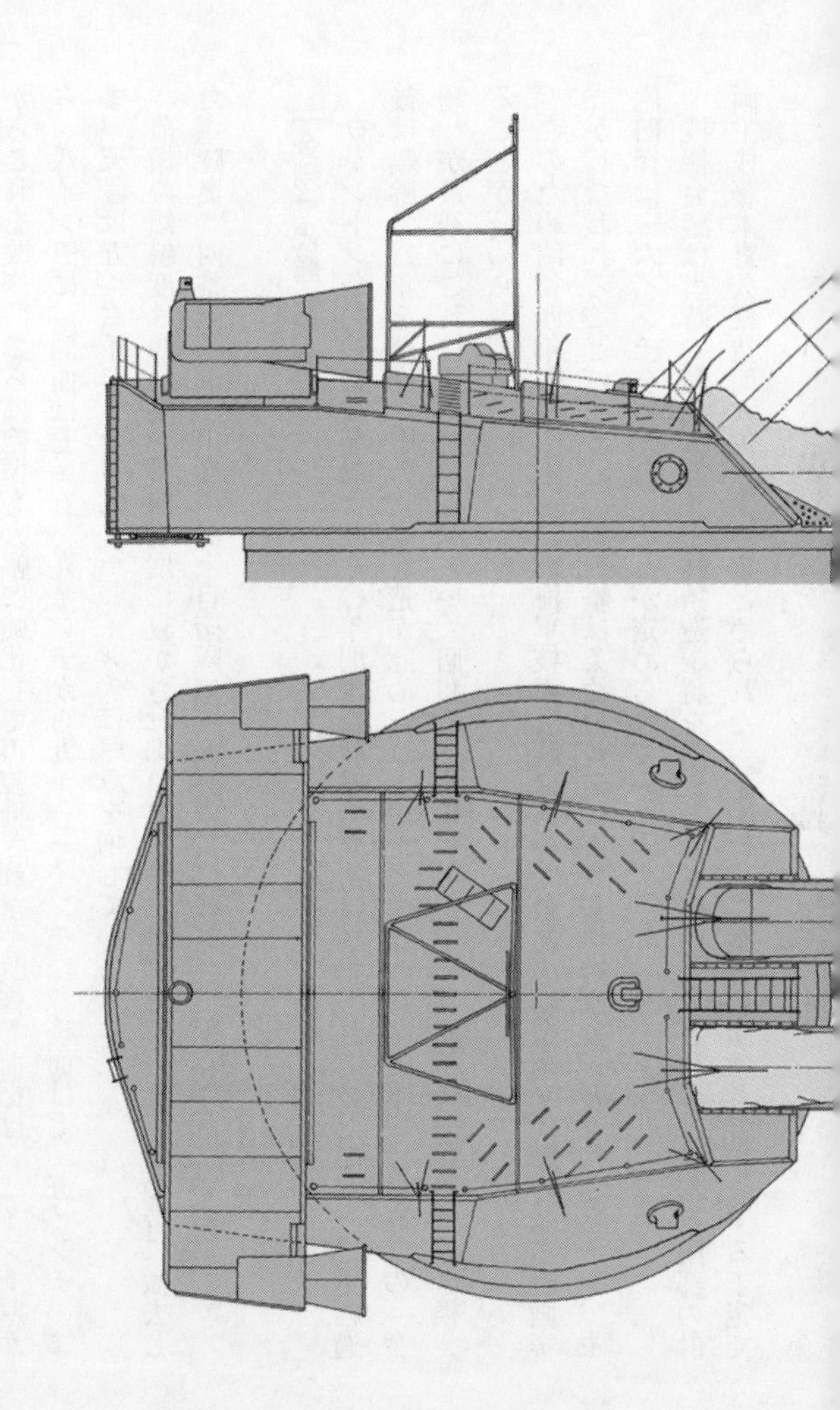

時の砲塔とそっくり入れ替えたものでる。「加賀」型の俯仰角は－五度／＋三〇度であったからこれを改修、さらに砲楯も大幅に強化して再装備された。改修で前楯は一二インチ厚から一八インチに、側面は七・五－九インチから九－一一インチに、後面は七・五インチのまま、天蓋は五－六インチから九－一〇インチに厚みを増している。

前楯の傾斜度は四〇度から四五度に寝かされ仰角アップに対処していた。この時に撤去した「陸奥」四番砲塔が江田島の海上自衛隊第一術科学校に残されて保存されている。

「金剛」代艦の主砲

ワシントン条約締結後発効より一〇年間は新戦艦の建造は禁止されていたが、一〇年経過後は艦齢二〇年を超えた艦の代艦建造が認められていた。すなわち、日本では最高齢の「金剛」が最初にこれに該当し、一九三一（昭和六）年に起工、一九三四年に完成して置き換えることが認められていた。

このため昭和四年七月三十一日の海軍技術会議において最初の「金剛」代艦の基本計画審査が行なわれることになった。新戦艦は条約の規定により基準排水量三万五〇〇〇トン、主砲口径は一六インチを超えないことが定められていた。

技術会議は当時の艦政本部長小林躋造中将を議長として開かれ、これには艦本第四部の計画主任藤本喜久雄造船大佐の下でまとめられた「金剛」代艦案を各関係者で審査する予定であった。会議の出席者のメンバーには、当時、技術研究所長だった平賀譲造船中将も含まれており、当然平賀も出席した。

しかし、会議の劈頭から平賀は自分の設計した「金剛」代艦案を突如提出して、詳細な資料を示しながら、艦本案に対する優越性を論じるという波乱が生じた。平賀の立場ではこうした行為は越権であり、本来ならたしなめられるはずであったが、平賀の階級と名声から誰も表立って制止することなく、会議は具体的議論のないまま終わったという。

これはもちろん裏のある話で、かねてより確執のあった藤本に対する、外遊中に艦本を追われた平賀の逆襲であった。このために平賀は艦本内で息のかかった昔の部下を通じて入手した艦本案に対抗して自案をデザインして、会議で発表して藤本に恥をかかせることが狙いであった。会議のあと温厚な藤本もさすがに怒りを隠さなかったといわれている。

今日、平賀アーカイブにこの平賀案「金剛」代艦の資料はそっくり残されており、艦型模型まで作製され、その写真が残されており、平賀の周到な用意ぶりがうかがえる。

これに対して艦本—藤本案は今日、故福井静夫氏の著書（共作）『造艦技術の全貌』（一九五二年）に掲載された小さなシルエットと簡単な要目しかなく、以後代々『日本の軍艦』と改題後もそのまま掲載され続けられている。生前、福井氏に何度もお会いしたが、このことは聴き漏らしてしまい、今日、呉の大和ミュージアムにある福井資料にも残っていないようである。

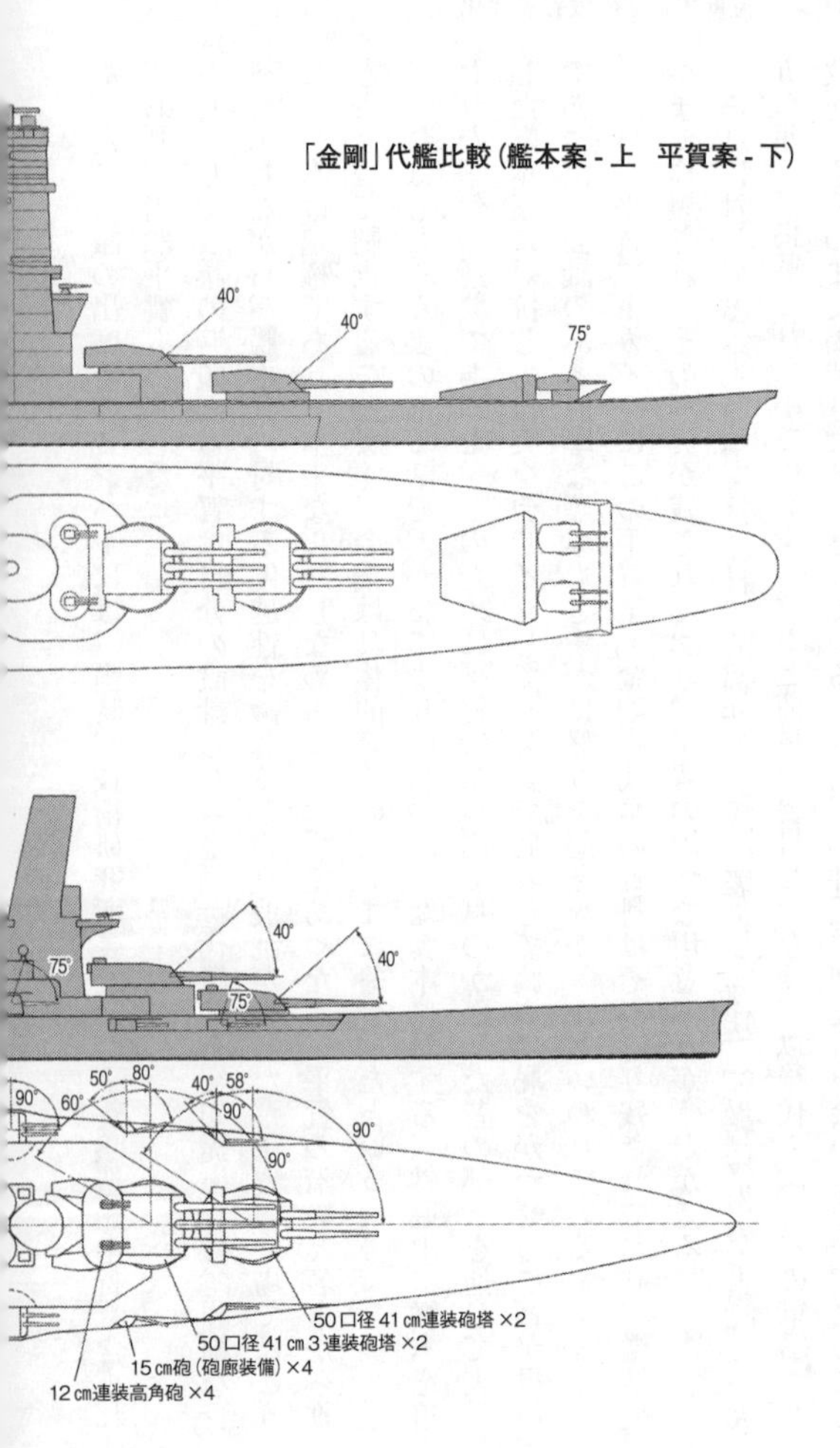
「金剛」代艦比較（艦本案 - 上　平賀案 - 下）
40°
40°
75°
75°
40°
40°
75°
90°
60°
50°
80°
40°
58°
90°
90°
90°
50口径41㎝連装砲塔×2
50口径41㎝3連装砲塔×2
15㎝砲（砲廊装備）×4
12㎝連装高角砲×4

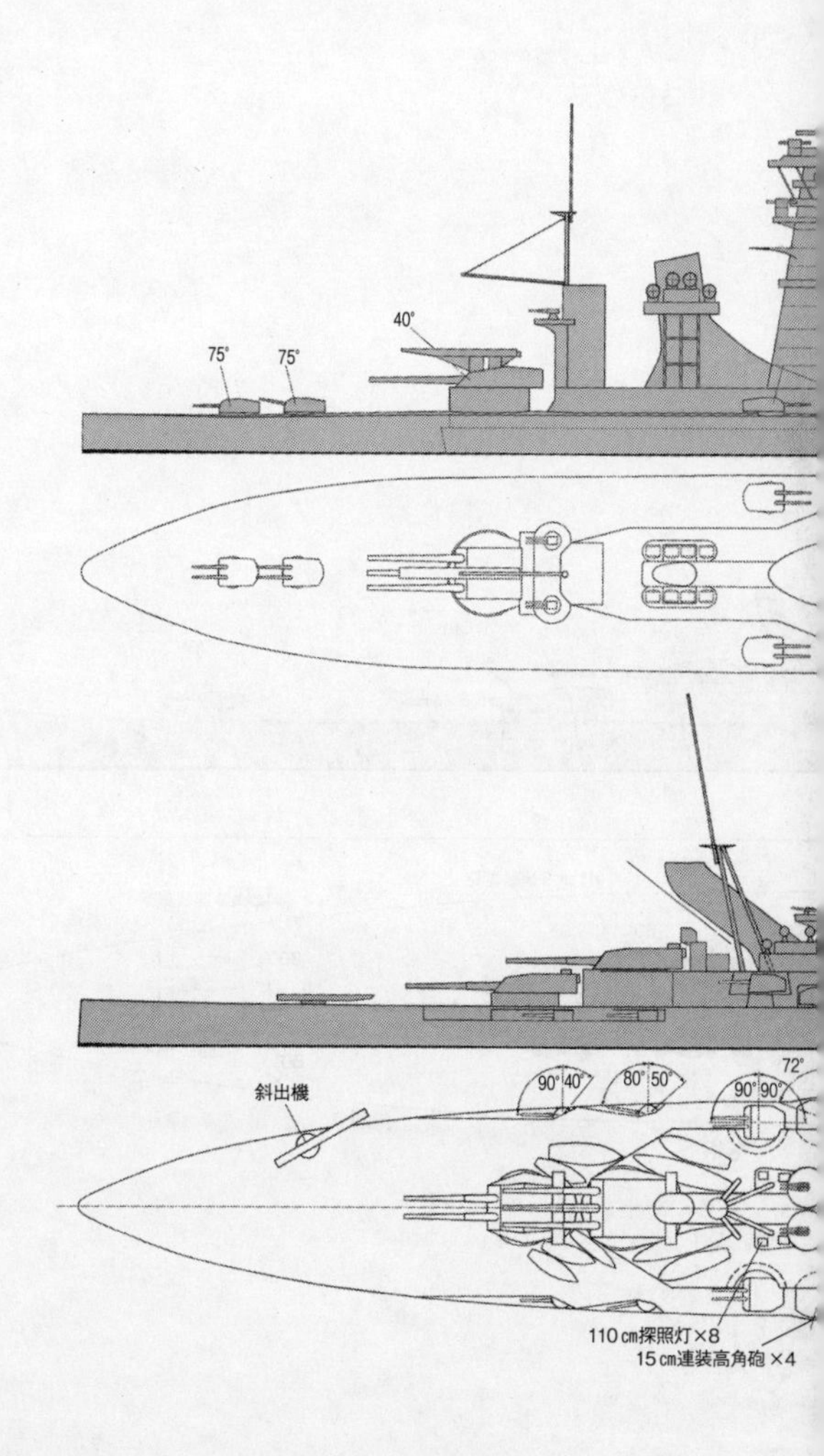
75°
75°
40°
90°
40°
80°
50°
72°
90°
90°
斜出機
110㎝探照灯×8
15㎝連装高角砲 ×4

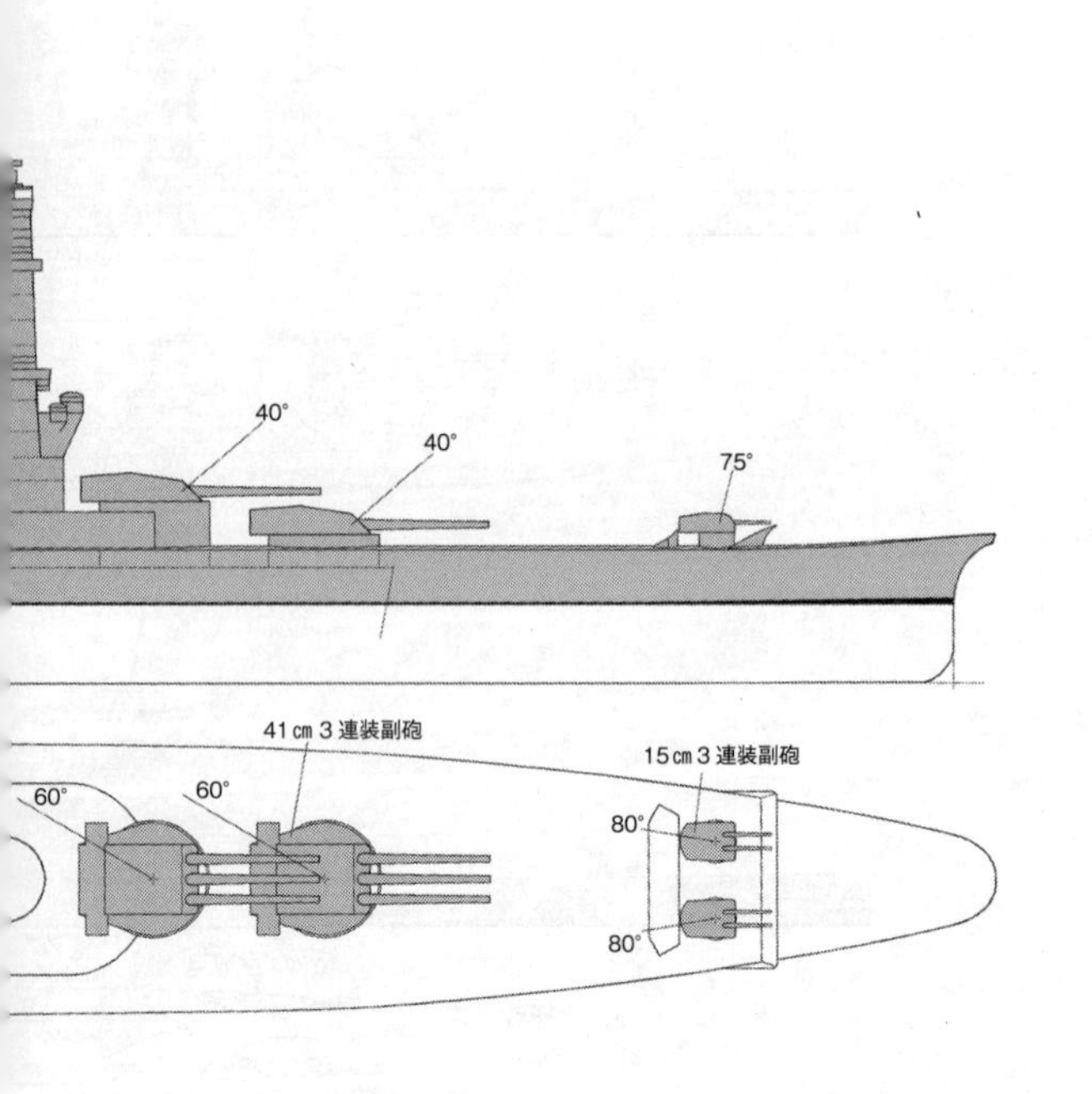

40°
40°
75°
41㎝3連装副砲
15㎝3連装副砲
60°
60°
80°
80°

新たに見つかった「金剛」代艦艦本案

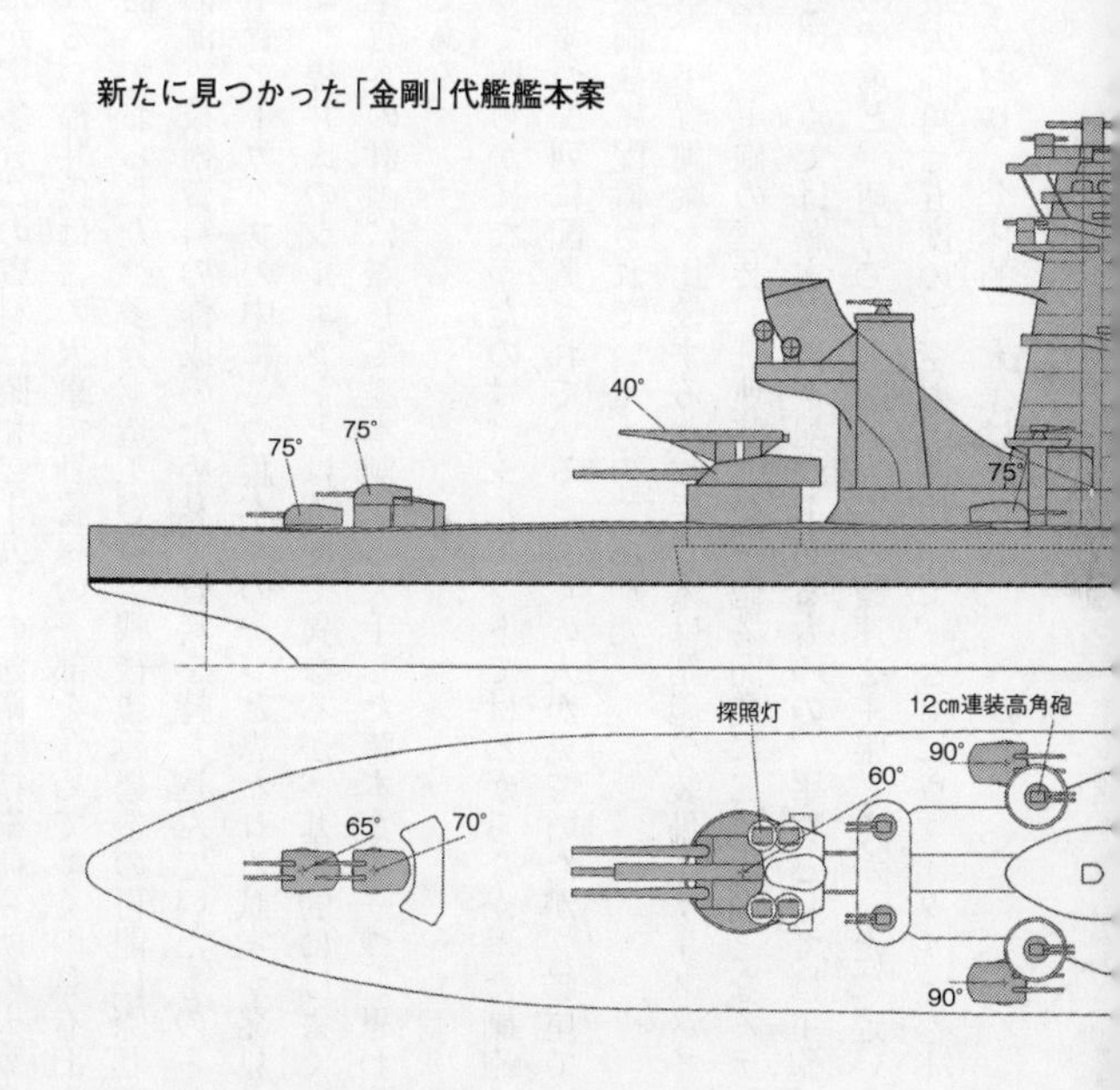

これは推測だが、多分この資料は昭和二十九年の防衛庁技術研究所の火事において焼失したものと思われる。福井氏はこの火事で勤務録の一部を含めて多くの私有旧海軍資料類を失ったと自身で語っておられた。多分、造工資料―戦後艦艇建造の再開に際して、造船大手七社に配布した旧海軍技術資料の作成のため私物資料を持ち込んでいたものらしい。

ところが、平賀アーカイブの中にこの藤本案の一つと思われる試案が発見されたのである。図に示すように、福井氏のシルエットとは細部で異なるが、基本的にはよく類似している。これは多分、平賀案の計画に際して艦本側から入手した藤本案の一つと思われ、原図は主砲爆風の分布図である。

この図によって明らかになったのは、シルエットではわからなかった副砲の配置で、副砲は艦尾では二基ずつ二列に配置されていると多くの人が見ていたが、艦尾では中心線に二基、もう二基は中央両舷に配置されているものであった。

この際の藤本、平賀両案を比較すると、平賀案は副砲の装備にケースメイト方式を残したのに旧式さが残り、主砲の連装、三連装混載が砲塔開発に二重手間となるデメリットが認められ、近代性という点では藤本案に軍配が上がるものの、平賀としては主砲一門増、四砲塔による発射数の凌駕と、速力で〇・四ノットの優速を主張したかったに違いない。両案とも、砲塔式副砲は最大仰角七五度の対空射撃兼用砲で、ともにヴァイタル・パートを短縮した集中防御策をとっており、全体的に大差はない。

「長門」型戦艦「長門」。三年式45口径41センチ連装砲塔4基を搭載していた。

中止された五二口径四一センチ砲

さて、この「金剛」代艦に搭載すべき主砲については最大口径一六インチ（四〇・六四センチ）という制約があったものの、従来通りの「長門」型搭載の三年式四五口径四一センチ砲を搭載することにはいささか抵抗があった。すなわち、これでは新米戦艦の搭載するであろう一六インチ五〇口径砲に対抗できず、これを凌駕する新型砲が要求されたのは当然であった。

艦本の造兵関係者はこの要求に応えて新たな五二口径四一センチ砲を開発して、昭和二年に呉海軍工廠に試作訓令が発せられ、砲身、砲架一門分、砲塔の一部の試作が行なわれたが、昭和五年のロンドン条約の締結により、砲身四四パーセント、砲塔一四パーセントの進捗状態で中止された。

計画では旋回盤、換装室、揚弾薬筒を三連装砲塔一基分、砲塔は砲楯は試験板のみ製造、揚弾薬装置は一砲身分のみが製造されるはずであった。中止後に再開して試験データ取得のための発射可能性が検討されたが、七ヵ月を要するとして断念された。

八門、九門、一〇門、一一門が検討される

この五二口径四一センチ砲は当然「長門」型と同一砲弾薬を使用するため、実口径は条約違反を承知で四一センチを継承、ただ、薬室の長さを増して「長門」型の装薬嚢四個を六個（二八七キロ）に増加して、初速八四六メートル／秒を予定し、仰角四〇度で最大射程四万二五一九メートルを得られると計算されていた。

砲身全長は二二・〇七七メートル、重量一二三・六二九トン、砲身五二口径という長砲身であったが、全鋼線四層構造とし、これは「長門」型の三年式四五口径砲と同様であった。長砲身砲はあまり軽量化を図ると、発射時の振動が高まり命中精度を阻害するともいわれており、この五二口径砲が所期の設計値の予定通りの成績を残せたかは、実際には試射するまではわからないことである。尾栓開閉は油圧式で、発射速度は換装室にある五〇発までは二二秒に一発の間隔で発射可能ということで、装填は五度から一五度間の自由装填式とされていた。

被帽徹甲弾（重量一〇〇〇キロ）を射程三万メートルで発射すると仰角一一度二二分、三一秒の飛行時間で存速五三二メートル／秒で弾着する計算で、これは米戦艦の五〇口径一六インチ砲の射程二万メートルにおける存速とほぼ同等で、一・六倍の威力と称している。

この最初の「金剛」代艦計画では、主砲は三連装三基九門艦が選択されていたが、計画過程では連装、三連装、四連装砲塔の組み合わせによる、八門艦、九門艦、一〇門艦、一一門艦（四連装二＋三連装二）が検討の対象になったとされており、平賀案のように一〇門艦や一一門艦ではどうしても二種の砲塔の混載となり、砲関係者としては開発過程が二重になるため嫌われる傾向にある。多分、最終的に残ったのは連装と三連装砲塔と思われ、その優劣が検討されたと思われた。

計画は中止となる……

図に示したように代艦砲塔の旋回部は三連装砲塔の場合、「長門」型より相当大型になり、バーベット直径は三連装で一二・八〇二メートル、連装で一一・二二八メートルの設計値となる。一砲塔あたりの重量は三連装二二五六トン、連装一七六〇トンとなり、三連装三基では六七六八トン、連装四基では七〇四〇トンとなり、重量的には三連装三基が優れていることは明白であった。

砲塔楯部の詳細は知られていないが、最厚部の前楯は五一センチともいわれている。全般に条約時代の日本戦艦主砲の前楯装甲厚は「長門」型で一二インチであったのに対して、米

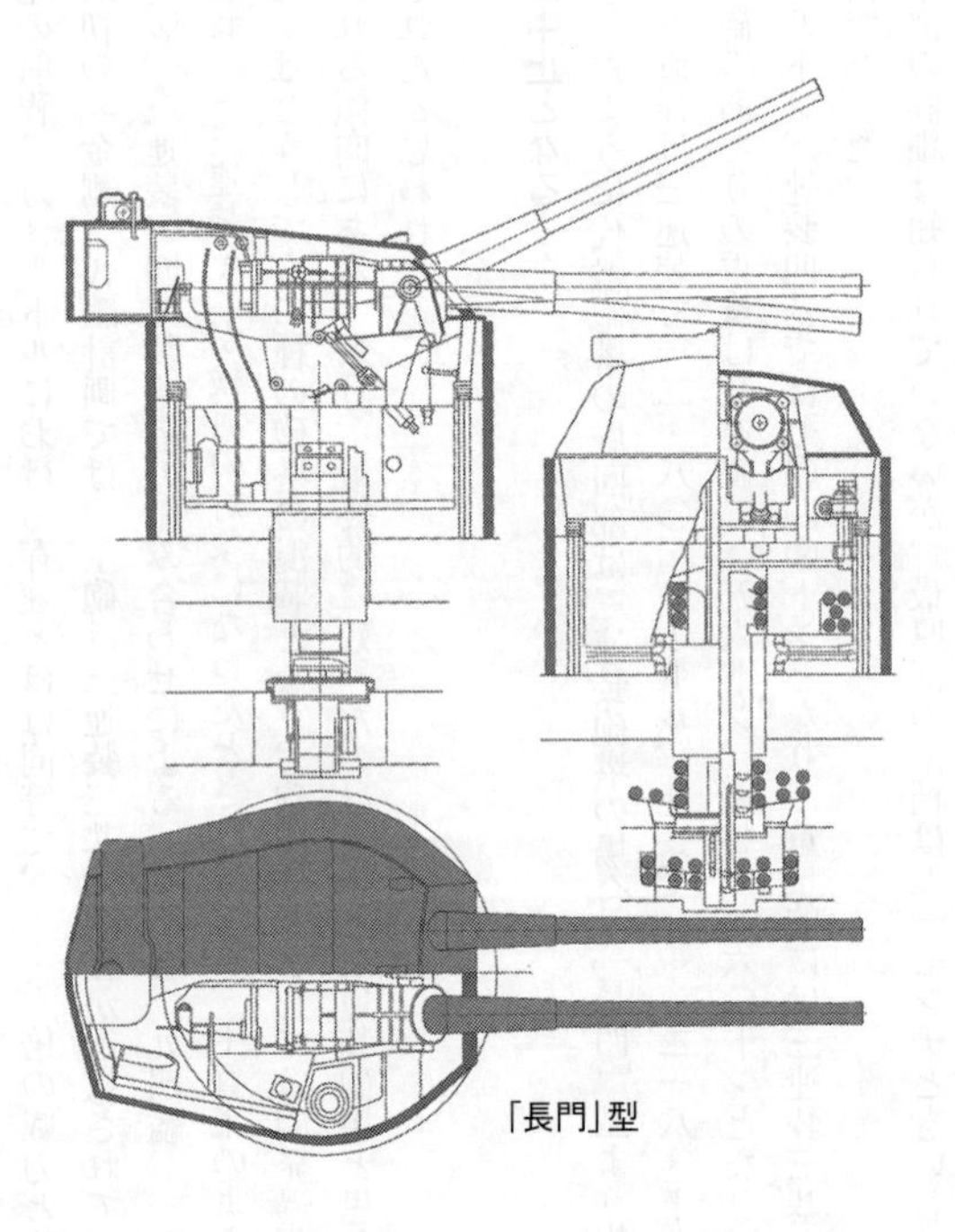
「長門」型

主砲塔比較

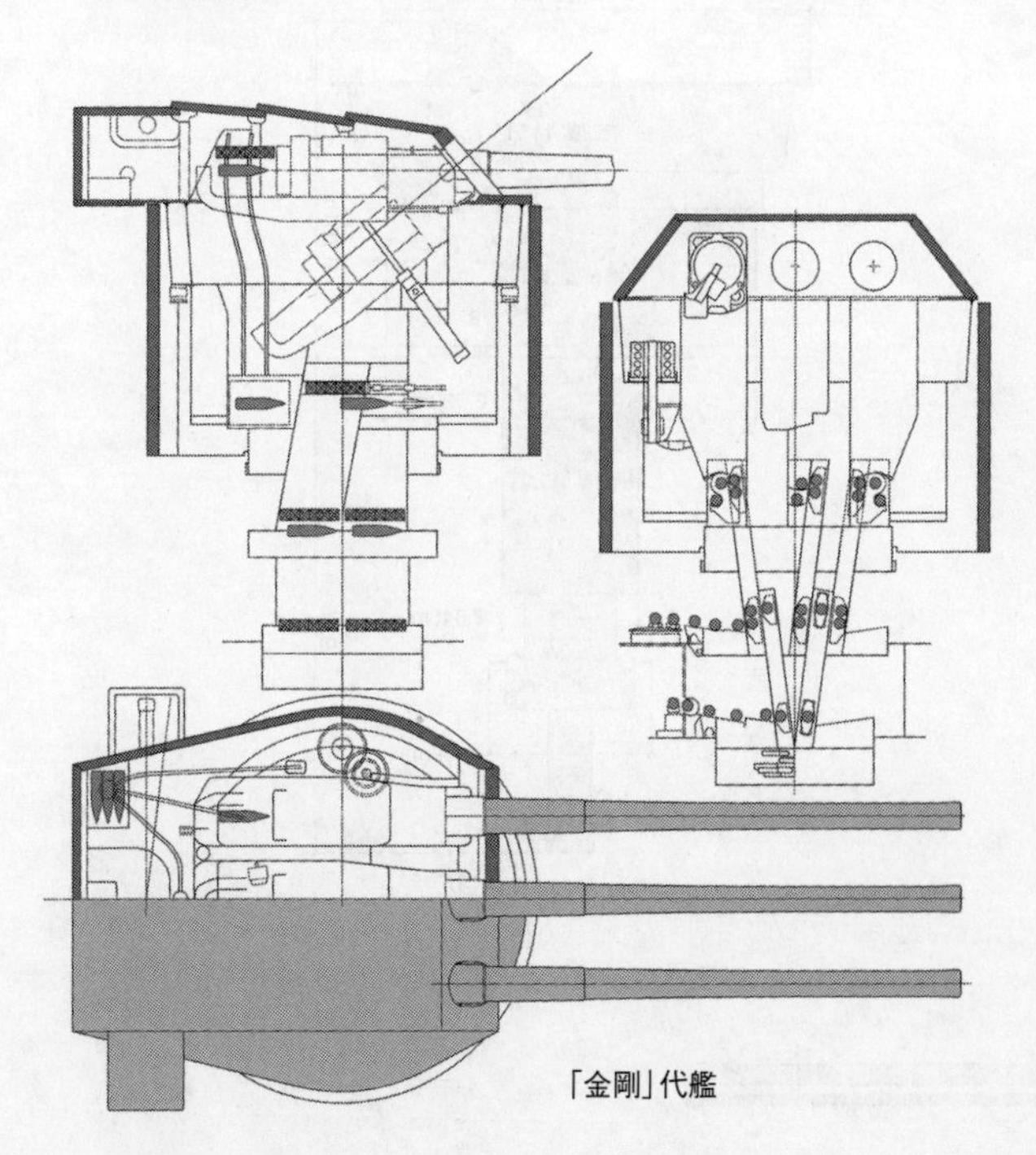

「長門」型

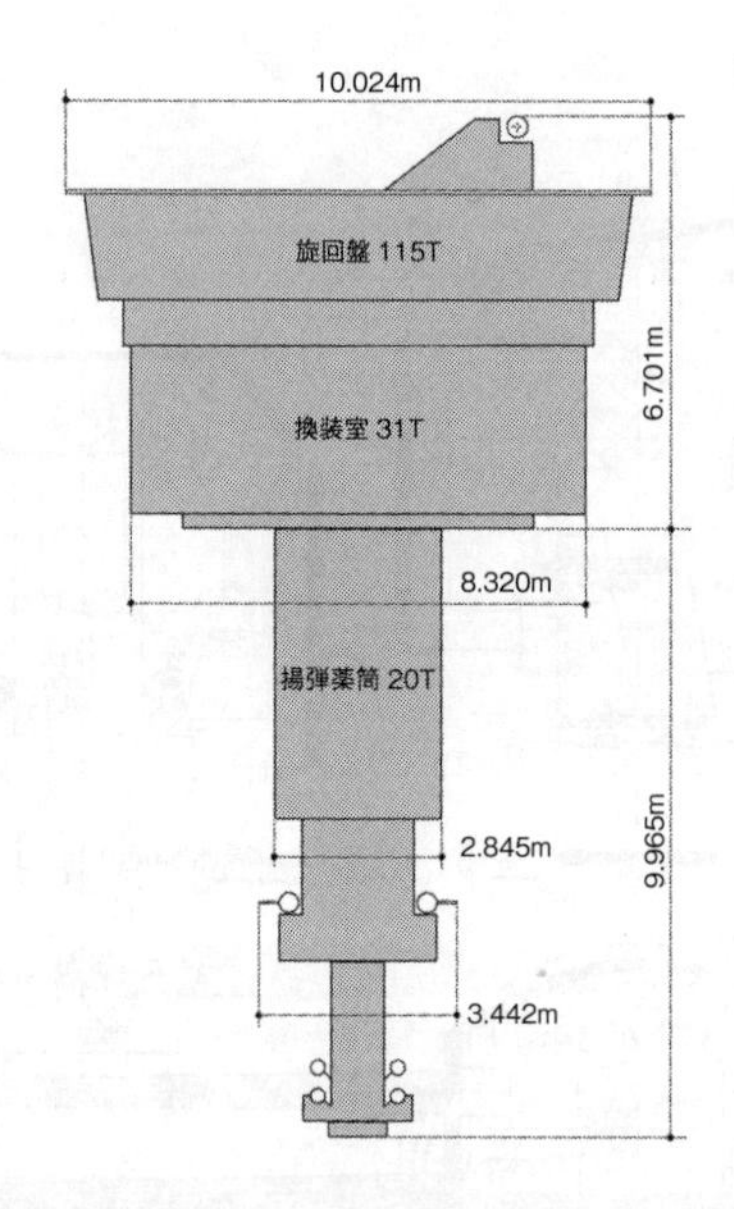

砲塔旋回部(砲室部を除く)寸法重量比較

「金剛」代艦

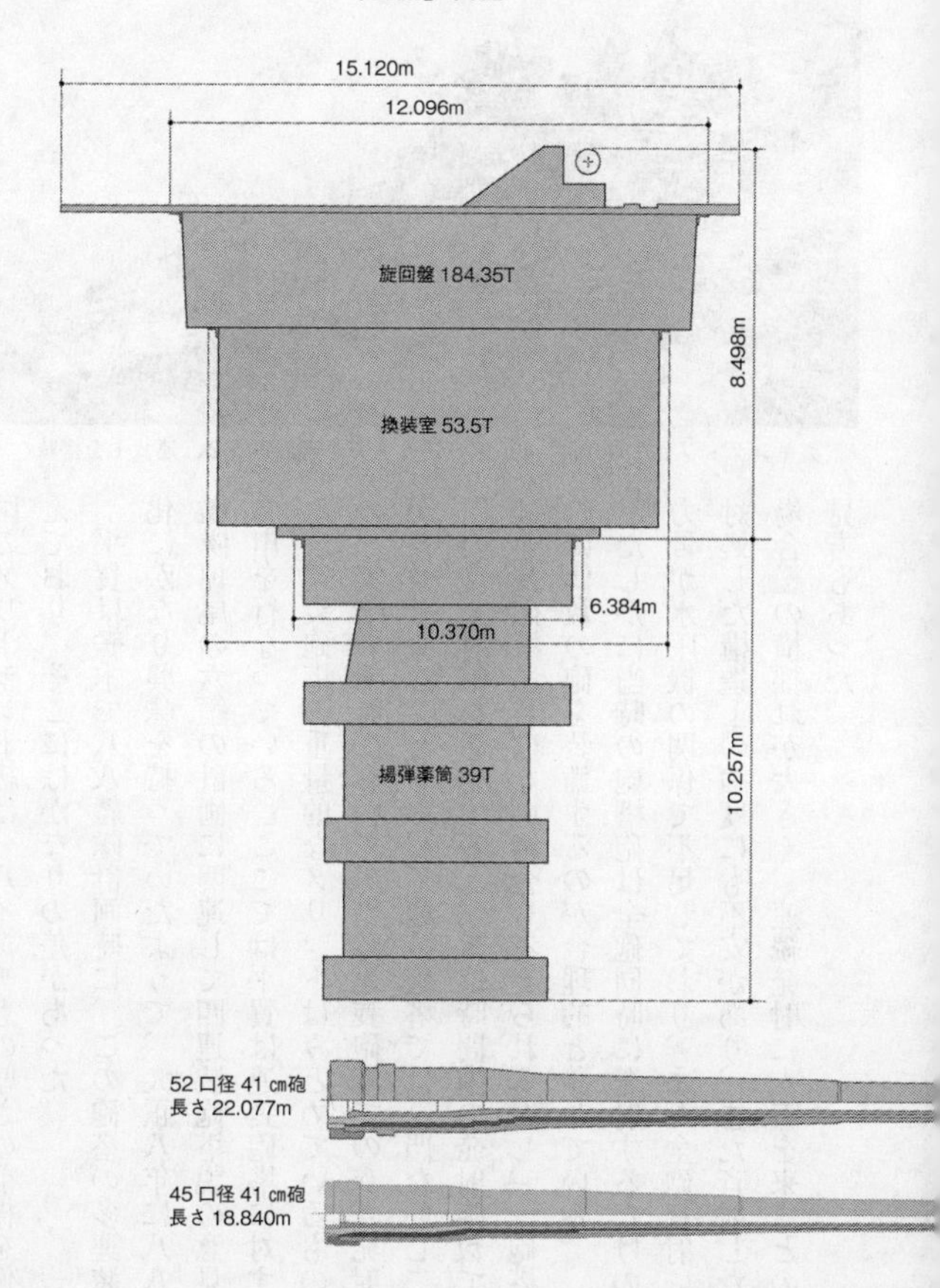
15.120m
12.096m
旋回盤 184.35T
換装室 53.5T
8.498m
6.384m
10.370m
揚弾薬筒 39T
10.257m
52 口径 41 ㎝砲
長さ 22.077m
45 口径 41 ㎝砲
長さ 18.840m

英キング・ジョージ５世。45口径35.6センチ４連装砲塔２、連装１を搭載。

国のメリーランド級は一八インチもの厚さの前楯を備えており、そこにはかなりの差があった。

平賀は艦本で八八艦隊計画時に、この砲塔の多連装化にかなり興味を持っていたようで、大正八年に八八艦隊掉尾の六艦の計画に関連して四連装砲塔説の意見具申を行なっている。ここでは平賀は連装砲塔に対する三連装砲塔の重量的なメリットはみとめているものの、実際の発射において、当時連装砲塔での交互発射が普通であることから、三連装砲塔では一門ないし二門の交互射撃を想定すると、単位時間内の発射弾数では連装砲塔に及ばない場合も考えられるとし、一砲塔内に偶数の砲を装備するのが合理的と論じている。

たしかに当時の砲塔砲は全砲同時に発射するだけの力量が水圧機の関係で不足しており、また全砲斉射に対処した構造上の強度にも不安があり、また斉射した場合艦の横揺れが大きく、連続発射に支障を来すとの見方もあった。

平賀は結論的に四連装砲塔が理想的で、二門ずつ同一砲鞍構造として二門ずつの交互射撃を行なうのが理にかなっているとしている。また、防御重量的にも連装砲塔に比べてより強力な砲塔防御が可能としている。

一砲塔に砲を集中すると、構造的には砲塔構造が巨大になり、船体幅に対して舷側部の防御構造を圧迫することになり、どうしても船体幅の大きい中央部に装備せざるをえないという、デメリットもあるが、平賀の持論では「金剛」代艦のように、前後に背負式に装備した場合は多連装砲塔を内側に配置して、重心点の上昇よりは舷側防御を優先させるべきとしている。

もっとも、これは絶対的な造船学上のセオリーではなく、実際に世界で自国の戦艦に四連装砲塔を採用したのは後のフランス戦艦ダンケルク級とリシュリュー級さらに英国のキング・ジョージ五世級があるのみで、この級は連装砲塔を内側に配置して、平賀理論とは逆の配置となっていた。

いずれにしても、「金剛」代艦計画はワシントン条約を五年間延長するロンドン条約により、これ以上の進展を見ることなく中止となり、課題は条約明け後の新戦艦計画に移ることになる。

第10章　最後の戦艦時代

新戦艦を模索する

「金剛」代艦問題がロンドン条約により中止となり、舞台は次の条約明け後の新戦艦に移ることになる。すなわち、ワシントン条約の主力艦新造休止期間がロンドン条約により延長されて、昭和十一年末の同条約明けの時期までにのびたことで、条約明け後の新戦艦は条約に縛られない自由な計画が可能となる見込みであった。

ワシントン、ロンドンの両条約により、日本海軍の主力艦、補助艦の保有量が制限されたことで、米、英海軍に劣る兵力整備を強いられた日本海軍としては、こうした制限条約から一日も早く離脱したいというのが本音であった。

平賀の去った艦政本部第四部では藤本造船大佐が主任設計者として腕をふるっており、「金剛」代艦も彼の計画であった。艦本としては次期新戦艦の準備、特に搭載主砲については早めに決定しないと、条約明け後の新戦艦新造計画に間に合わないおそれがあり、藤本自身もいろいろ腹案を温めていた。

藤本は日本海軍が無条約時代において米英と対抗する上で、量的競争では太刀打ちできないことから、質的凌駕を考えざるをえなかった。そのために、思い切って主砲口径を二〇インチ、五一センチ砲とすることを考えていた。

これまで述べたように、大正末期に日本海軍は四一センチ砲に続いて一八インチ、四六センチ砲の採用計画を持っており、実際の試作はさらにその上の四八センチ砲（五年式三六センチ砲）で行なった実績があり、二〇インチ砲も全く夢ではなかった。

藤本案の新戦艦は昭和九年三月二十一日の「軍備制限研究委員会」に提出され、これは軍令部の石川慎吾中佐と藤本の部下の江崎岩吉造船中佐がまとめたもので、

基準排水量：五万トン（公試排水量六万トン）

長さ二九〇メートル、幅三八メートル、吃水九・八メートル

主砲：二〇インチ砲一二門、副砲六・一インチ砲一六門、一二・七センチ高角砲八～一〇門、機銃若干、飛行機一二機、射出機三基

防御：舷側一六インチ一七度傾斜、甲板一一インチ、一六インチ砲弾二万メートル以上三万八〇〇〇メートル以下では安全なること

機関：速力三〇ノット、一四万馬力、ディーゼル主機、航続距離一六ノットで一万二〇〇

○浬以上、重油搭載量六〇〇〇トン

といったものであった。

基本的には当時の軍令部の要求仕様を艦本側で具体化したものと見てよく、艦型的には藤本の好んだ主砲をネルソン式に前部に集中する方式と推定された。

一二門という主砲を前部に集中するには、この場合四連装という多連装砲塔を採用して三砲塔艦とするか、三連装として「利根」のように四砲塔艦とするかの選択はあったが、バイタル・パートを短くするには三砲塔艦が有利である。

しかし、この二〇インチ砲案は当時の艦本の造兵部門から時期尚早として、より確実な一八インチ砲を推奨する声が強く、結局は実現しなかった。

藤本自身もこの会合の直前に転覆した水雷艇「友鶴」の復原性能不足の責任者として糾弾される立場となり、新戦艦どころではなくなり、翌年、新年早々に急逝してしまった。

この時の藤本のディーゼル主機高速戦艦案は、軍令部としては乗り気であったが、藤本の不運もあって、さらに「友鶴」事件を契機に艦本嘱託として艦本に返り咲いた平賀の影響力にはさからえず、新戦艦計画は徐々に保守的計画に変わり行く運命にあった。

肝心の主砲については以後二〇インチ砲は完全にはずされたが、この時点で艦本の造兵部の考えていた二〇インチ砲の該案は諸元表に示すようなもので、後の昭和十六年の⑤計画で超「大和」型の主砲として再浮上して、甲砲の名の下に試作にかかった経緯があった。

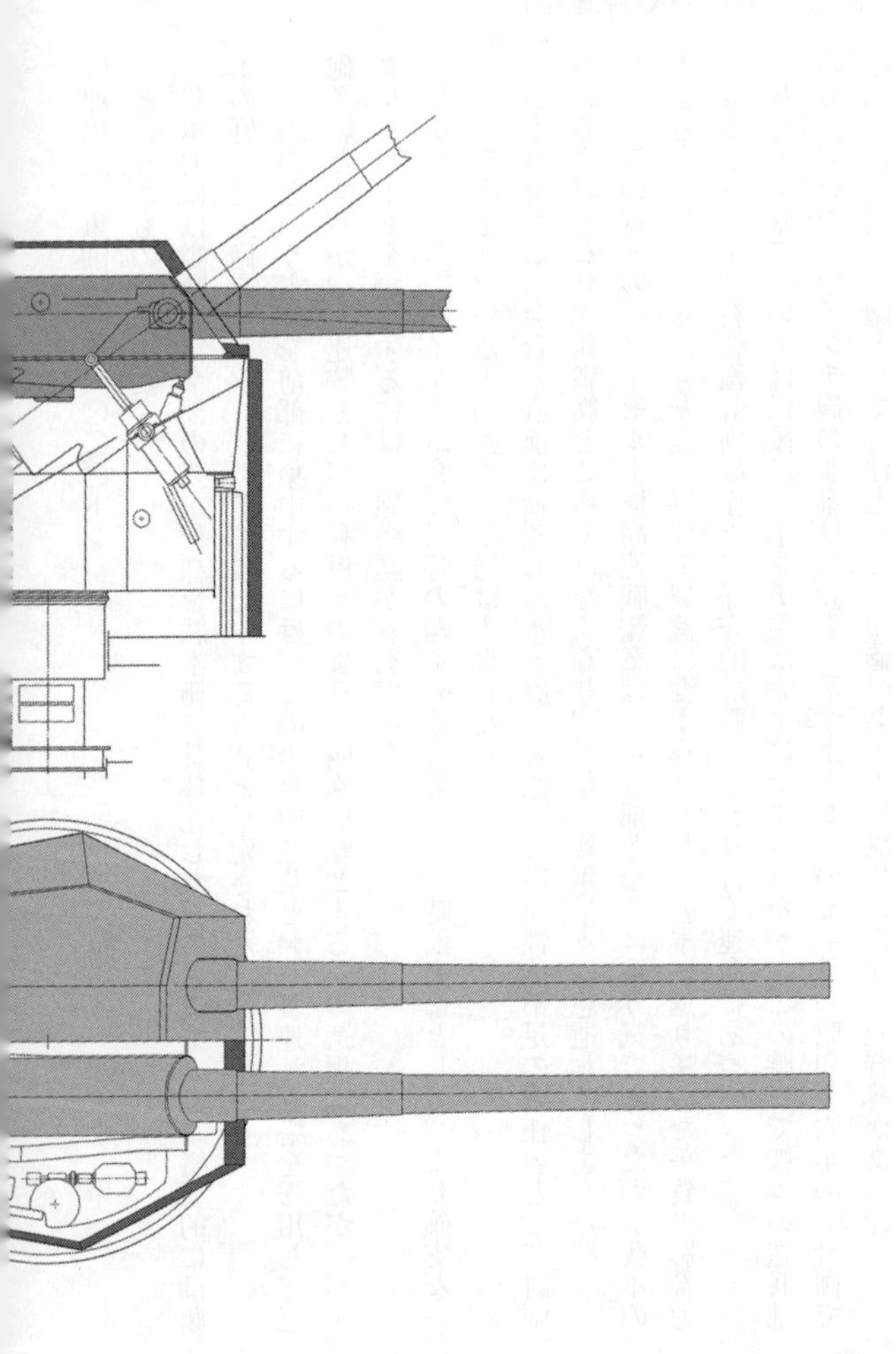

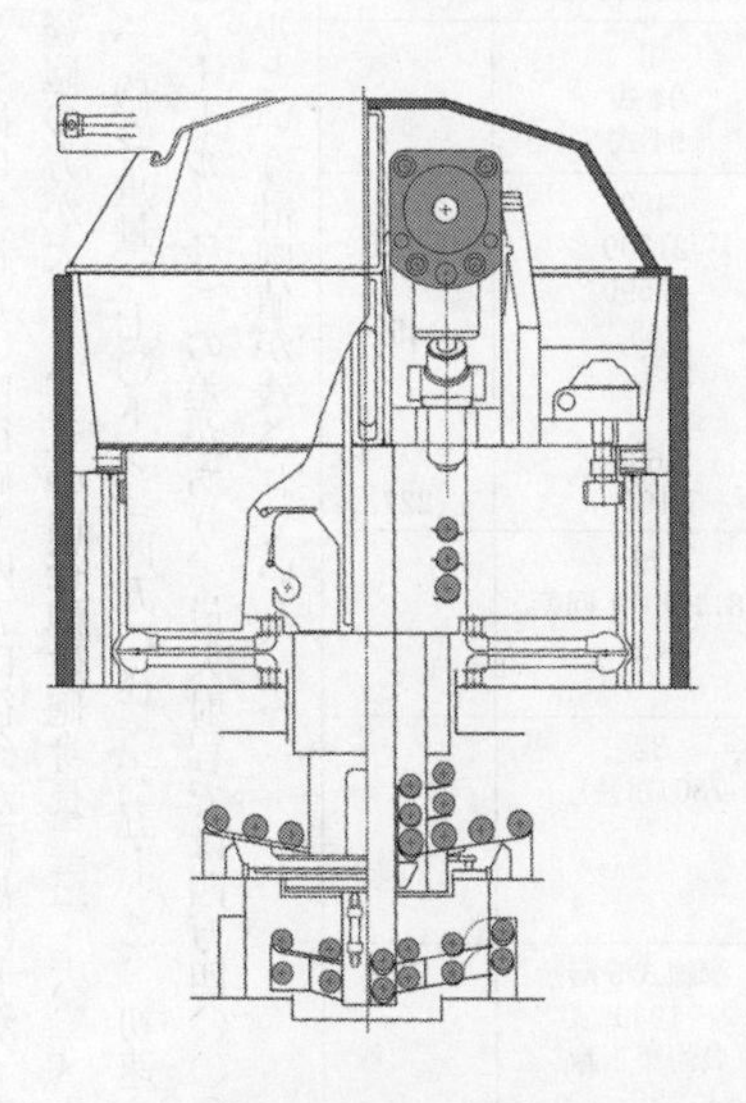

八八艦隊時計画された
18インチ50口径連装砲塔

一八インチ砲は当初五〇口径砲と四五口径砲が候補に上がっていた。当然、砲威力としては五〇口径砲の方が大きく、五〇口径砲は砲身長二三・六二メートル（四五口径二一・三〇メートル）、砲身重量一七〇トン（四五口径一六五トン）、初速八三五メートル／秒（四五口径七八〇メートル／秒）の差があり、最大射程では四万四〇〇〇メートルに対して四万三〇〇〇メートルという計画値が残されている。

大和型、藤本案砲身諸元

		大和型砲身	藤本案 20インチ砲
	一般名称	45口径94式46cm砲	
砲身名称	型　名	Ⅱ	
	外　型	94式	
	尾栓型式	94式	
砲身寸法・重量	実口径（mm）	460	510
	砲身全長（mm）	21300	23860
	弾　程（mm）	17590	
	口径数（弾程/実口径）	45	45
	薬室容積（ℓ）		
	薬室長（mm）		
	腟腔断面積（cm²）	1698	
	砲身重量（t）	165	227
施条	施条本数	72	
	施条纒度	28口径で１回転	
	深　さ（mm）	4.6	
	溝　幅（mm）		
砲性能	最大腟圧（kg/mm²）	32	
	初　速（m/sec）	780（常装）	
	砲口威力（t-m）		
	貫通力		
	命　数		
製造	砲身構造	鋼線式５層	左同
	初砲製造年	1939	
	製造所	呉海軍工廠	
	製造数	25	
	価　格		
使用弾薬	徹甲弾　弾　長（mm）	1953.5（91式）	
	徹甲弾　弾　重（kg）	1460（91式）	1950
	徹甲弾　炸薬量（kg）	33.85（91式）	
	通常弾　弾　長（mm）		
	通常弾　弾　重（kg）	1360（0式）	
	通常弾　炸薬量（kg）	61.53（0式）	
	常装薬量（kg）	360	480
	同薬種	110DC1	
	薬嚢数	6	8
搭載艦名		「大和」「武蔵」	試案
備　考			

日本海軍はこれまで一二インチ砲で「河内」型搭載の五〇口径砲があったのみで、しかも部内には五〇口径砲は命中率が悪いという根拠のない評判もあったが、米国海軍は積極的に五〇口径砲を採用しており、一四インチ砲でも一六インチ砲でも四五口径から五〇口径に進んでいる。

大和型、甲砲砲塔諸元

		大和型	甲砲
砲塔・砲架機構	最大仰角 / 俯角（度）	45/5	
	最大射程（m）	42000	
	装塡秒時（秒）	33	
	旋回速度（角度 / 分）	2°	
	俯仰速度（角度 / 分）	8°	
	装塡方式	3°固定式	
	揚弾方式及び速度	6 秒	
	1 砲搭弾薬定数	300	
	操作人員数	6～12①	
主要寸法	焜輪盤直径（m）	12.274	12
	バーベット直径（m）	14.74	15.04
	砲身間隔（m）	3.05（6.6 口径）	
	砲身退却長（m）	1.43	
駆動方式	旋回能力	水圧斜盤式500 HP×2	
	俯仰動力	水圧円筒	
	駐退推進機構	液圧 / 空気圧	
	駆動動力源	2850 HP ×4	
砲塔（楯）装甲厚	前　楯（mm）	660	800
	側　面（mm）	250	
	後　面（mm）	190	
	天　蓋（mm）	270	295
	床　面　（mm）		
	バーベット（mm）	560～380	
各部重量	砲　身（t）	495	457
	俯仰部（t）	228	
	旋回部（t）	350	
	水圧機構部	647	
	装甲部（t）	790	
	砲架部（t）		
	旋回部全体（t）	2510	2780
製造	製造年	1939～41	
	製造所	呉海軍工廠	
	製造数	7	
	価　格		
搭載艦名		「大和」「武蔵」	超大和型
備　考			

四五口径四六センチ砲を採用

結局、ここでも保守性がはたらいて最終的には四五口径砲が採用されて、昭和十年三月に砲身構造の決定をみて、腔圧は三六センチ砲、四一センチ砲とほぼ同一とされた。

試作砲は砲身一門、砲塔一基として試作にはいり、昭和十二年に最初の砲身、昭和十三年に砲塔が完成して、本番製作に先立って各種の実験や試験が行なわれて、本設計に移行することになった。この新型砲は秘密保持のため公式には九四式四〇センチ砲と呼称された。

砲塔は日本戦艦としては最初の三連装砲塔で、先に「最上」型軽巡で採用した最初の三連装砲塔に次ぐものであった。砲塔旋回部の重量は二五一〇トンと駆逐艦一隻分の重量に匹敵する巨大なもので、呉海軍工廠の砲塔工場で製作、組み立てられ、第一艦「大和」搭載の砲塔三基は、昭和十二年半ばから着手して、昭和十五年末までに完成した。実際の「大和」への主砲搭載は昭和十六年七月から始まり、完成期が繰り上がったこともあって昭和十六年十二月の竣工時期まで続いていたらしい。

二番艦の「武蔵」は三菱長崎造船所で建造されることになったため、呉海軍工廠で製作された砲塔を長崎まで運ぶ必要性が生じ、既存の船舶では運ぶことができないために新規の運送艦が建造されることになった。

これが運送艦「樫野」でおひざ元の三菱長崎で建造、昭和十五年七月に完成して、「武

「大和」型戦艦二番艦「武蔵」。45口径46センチ３連装砲塔３基を搭載する。

蔵」用の砲塔を長崎に運搬した。巨大な砲塔を搭載するために大型のハッチを設けて、砲塔一基分を砲塔、砲身バラバラの状態で運搬することができた。砲身、砲塔の製造は呉でしかできなかったので、将来的には神戸の川崎重工や横須賀海軍工廠への運搬はもちろん、二〇インチ砲の運搬も可能なように考慮されていたといわれている。

この「大和」型戦艦の主砲塔は当然のことながら上部の砲室の装甲厚はその搭載砲四六センチ砲の砲弾に耐えるという対応防御が施されており、特に前盾部は砲戦時に相手の砲弾を直接受ける可能性があるため、もっとも厚い装甲を施すのが普通である。「大和」型の砲塔前盾は砲身の開口部が三個あるため、それぞれの開口部を真ん中から分割する形で、四分割された形になっており、これを接合して前盾を形成している。

厚さは一般的資料では六五〇ミリとされている

が、米国ワシントン海軍工廠にある、終戦後米海軍が接収して本国に持ち帰った「信濃」用と言われる砲塔前盾を実測した結果は六六〇ミリとする情報もある。さらに、当時の甲鈑製造担当者の回想では五六〇ミリという数字も存在する。昭和十年ごろの四六センチ砲塔の計画図では前盾の厚さを二二インチ、五六〇ミリとした図も残っているのでこの数字も無視できない。一番確かなのは海底にある「大和」の砲塔を実測することだが、これも将来的に砲塔一基を引き揚げでもしないかぎり無理なようである。

「大和」型砲塔の装甲厚では他に天蓋部二七〇ミリ、側部二五〇ミリ、後部一九〇ミリという数字があり、もちろん、当時の列強新戦艦と比べても装甲厚はトップである。

「大和」型の主砲塔は基本的には「金剛」型以来の英国式砲塔構造を踏襲して、なおかつ、日本海軍が条約型巡洋艦等の砲塔でつちかった日本式の独自の改良を加えた技術の結晶のような機構と構造を持つ、日本海軍掉尾の戦艦の主砲塔にふさわしい工業製品であった。

幸いなことに、この砲塔の構造上及び動作の詳細は、終戦時焼却をまぬがれた海軍砲術学校の編纂した兵器学教科書「九四式四〇センチ砲塔」に多数の図面、図解とともに記されており、今日一部書籍に全ページが復刻掲載されており、誰でも見ることができる。

ここに掲げた「大和」型の砲塔構造図はこの教科書の図から複製したもので、他の日本戦艦に比べて、もっとも機密度の高い砲塔内部図が公にされているのは皮肉である。ちなみに、「金剛」から「長門」までの改装後の砲塔構造公式図はほとんど知られていない。

「大和」型の砲塔の特徴のひとつは、これまでの日本戦艦と違って、砲塔下部の二段の給弾室に一砲塔砲弾定数の六〇パーセントに当たる一八〇発を、しかも縦置きに収納していることで、これらの砲弾は自動的にリンクして一発ずつ砲側に送られる機構が採用されており、一分間に二発弱の発砲（一砲身）が可能とされている。

本来一砲塔三門、全部で九門の斉射も可能ではあるが、同一舷に指向して発砲すると八〇〇〇トンの反動力が生じて、船体が傾き、船体各部に衝撃による損傷が生じる可能性もあるため、通常は一砲塔一門または二門の状態で三砲塔の斉射を行なうことになっている。

装薬は常装一発の発射で六嚢（一嚢五五キロ）を要し、二〜三嚢ずつ金属製火薬缶に収納して、火薬庫に格納されており、揚薬筒では火薬缶から出した六嚢分を一遍に砲側に揚げるシステムで、被弾時の装薬の延焼誘爆を防ぐために、火薬缶以外に通路の各所に防炎扉等を設けて、薬嚢がまとまって延焼することのないように配慮されている。

こうした巨大な砲塔を駆動する動力源としては、これまで通り水圧を用いた原動機を用いたものの、「長門」型の六六五九馬力五基に対して、二八五〇馬力四基が装備された。これはスイスのブラウン・ホベリー社の七〇〇〇馬力のタービン・ポンプをモデルに新たに広海軍工廠で開発した原動機で、戦艦「比叡」の改装時に装備して実証試験を行なって、「大和」に装備された。

四基の内一基は予備で、船体下部の防御区画内に配置されていた。砲塔旋回用には一基あ

各艦砲塔比較

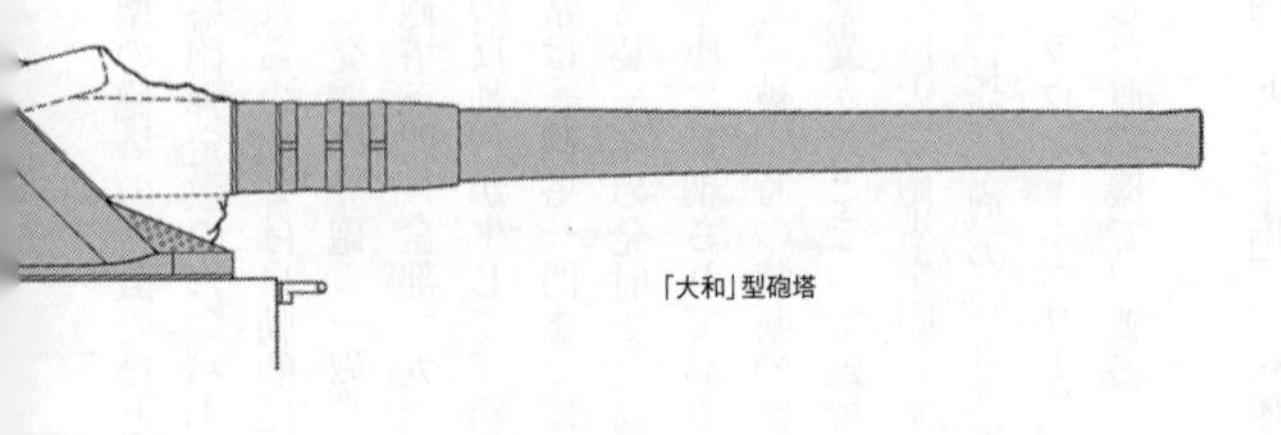

「大和」型砲塔

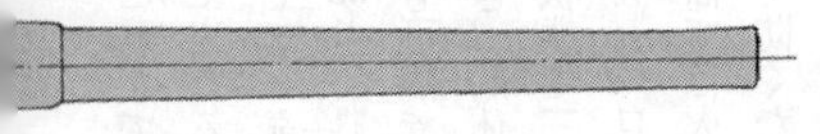

「長門」型砲塔（改造後）

「長門」型砲塔（新造時）

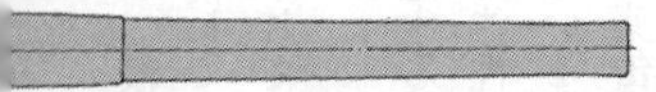

「金剛」型砲塔（新造時）

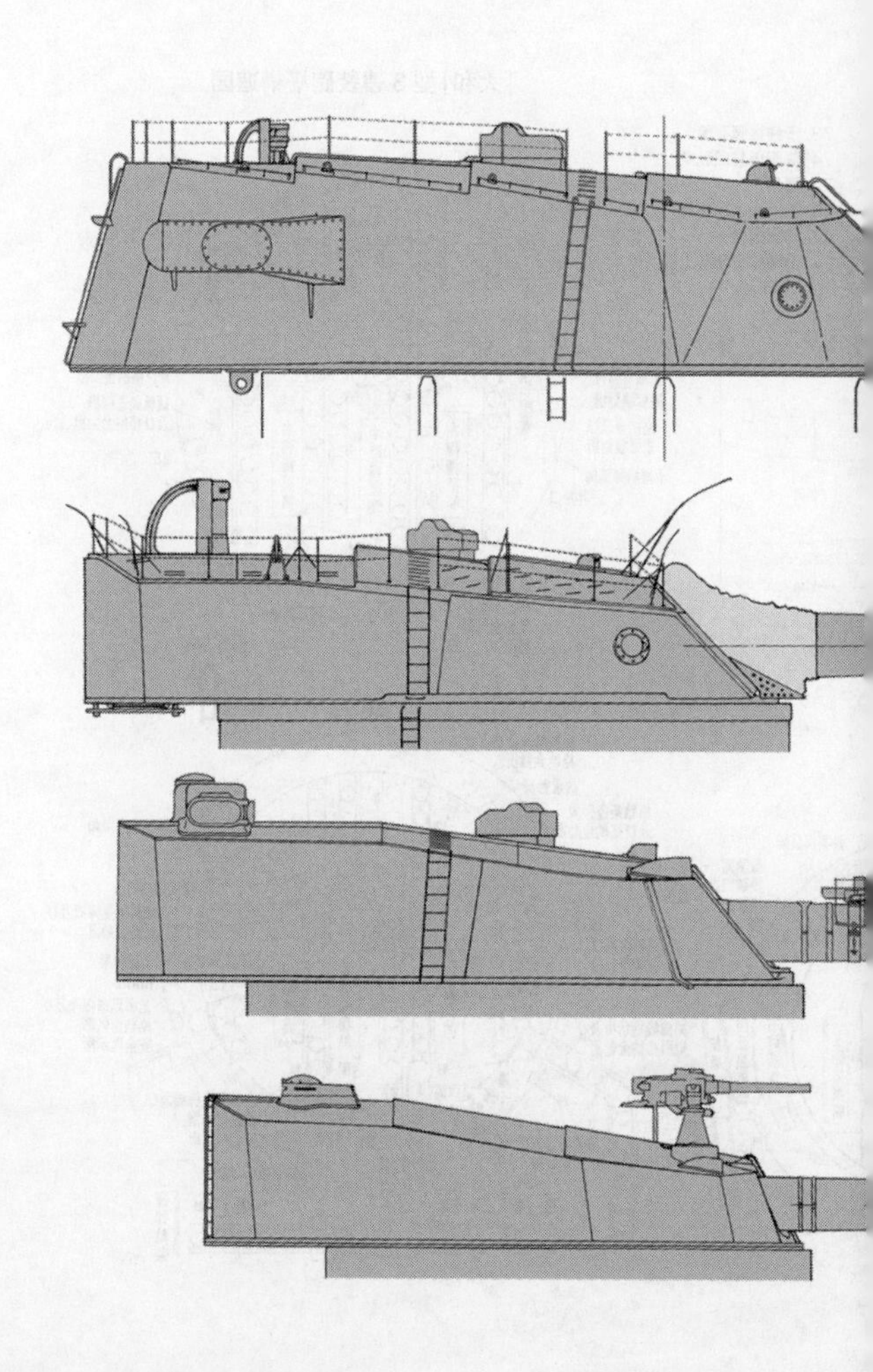

「大和」型3連装砲塔構造図

73 予備揚弾薬筒
74 測距儀旋回軌条
75 弾架
76 人力装填吊上桿
77 砲室隔壁
78 予備揚弾薬巻上機

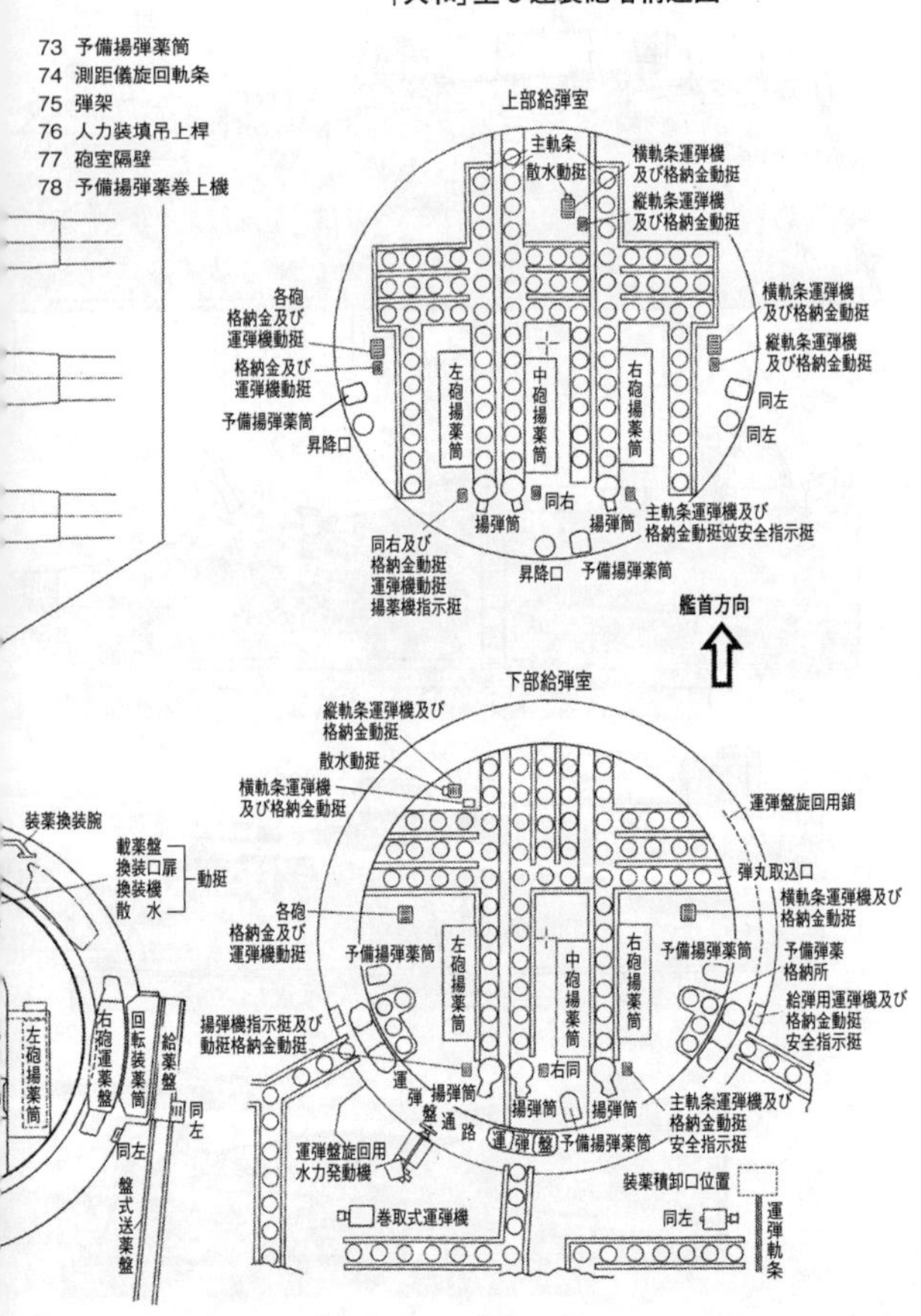

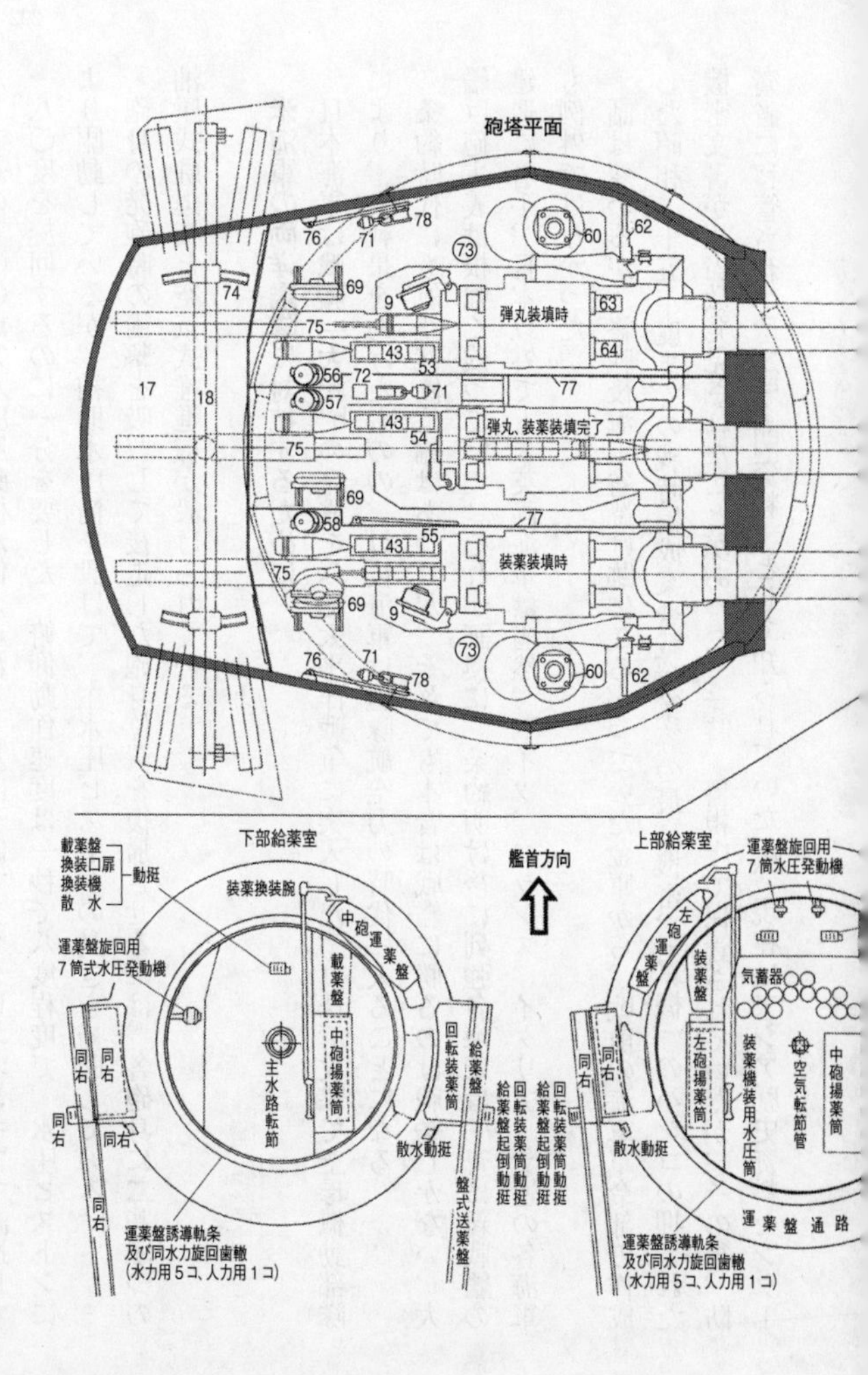
砲塔平面
弾丸装填時
弾丸、装薬装填完了
装薬装填時
下部給薬室
上部給薬室
艦首方向
載薬盤
換装口扉
換装機
散水
動挺
装薬換装腕
運薬盤旋回用
7筒式水圧発動機
中砲運薬盤
載薬盤
中砲揚薬筒
主水路転節
回転装薬筒
給薬盤
散水動挺
盤式送薬盤
給薬盤起倒動挺
回転装薬筒動挺
給薬盤起倒動挺
回転装薬筒動挺
同右
運薬盤誘導軌条
及び同水力旋回歯轍
(水力用5コ、人力用1コ)
運薬盤旋回用
7筒水圧発動機
左砲運薬盤
装薬盤
気蓄器
左砲揚薬筒
装薬機装用水圧筒
空気転節管
中砲揚薬筒
運薬盤通路

たり二基の五〇〇馬力水圧原動機が備えられ、一基は予備でラックピニオンギアで減速して、一八〇度を旋回するのに一分を要した。俯仰動作速度は一秒で八度程度で、水圧ピストンにより駆動しているが、補助水圧筒を設けて、主水圧ピストンの動きを補助している。

砲身の発砲時の衝撃を吸収して後退した砲身位置を復帰させるには、各砲身に二基ずつの油圧式駐退機と空気式推進機が設けられている。

米海軍の両洋艦隊に対抗するために

日本海軍は戦艦「大和」の完成をみて太平洋戦争に突入した。真珠湾攻撃で空母機動部隊により、大戦果をあげたものの、以後海軍は艦隊航空力の時代に入ることになる。

条約時代にも航空機優位論はあったが、それでも本音は戦艦に勝るのは戦艦しかない、大艦巨砲主義は根強く残っていた。それが証拠に、条約明け後に列強各海軍は一斉に新戦艦の建造に着手、日本以外でも米英両海軍は当然、ドイツ、フランス、イタリア、ソ連の各海軍も例外ではなかった。

話は変わるが、終戦後海軍省焼け跡にころがっていた金庫から、戦前の海軍軍令部の作成した昭和二十五年度までの戦時編成案や戦策案等の最高機密、「軍機」のハンコの押された機密文書が相当数発見されたことがあった。一時、警視庁で保管されていたが、その後、防衛省に移管されて、「霞ヶ関資料」として知られていたが、現在はアジア歴史資料センターの手によりネット上で公開されており、誰でも閲覧可能である。

この文書は昭和十三‐十六年に作成されたものらしく、約一〇年後の昭和二十五年度の日本海軍の戦時編成を想定していて大変興味深いものがある。

日本海軍は条約時代に昭和六年の①計画以来、昭和九年の②計画、昭和十二年の③計画、昭和十四年の④計画と艦艇建造計画を実行してきた。昭和十二年からは無条約時代となって③計画で最初の戦艦「大和」「武蔵」が建造されたわけで、次の④計画では同型の一一〇号艦と一一一号艦の二隻を建造することになっていた。この二隻は「大和」型戦艦と同型の四六センチ砲搭載艦で、ただ高角砲は長砲身の九八式一〇センチに換えることになっていた。実際にはこの④計画の戦艦は一隻「信濃」のみが空母に改造完成したのみで、もう一隻は工事を中断してしまった。

昭和十六年春に次の⑤計画が策定されて、ここでは戦艦三隻が計画、一隻は④計画艦と同じ四六センチ砲搭載艦であったが、二隻には五一センチ砲を搭載する計画であった。四六センチ三連装砲塔と五一センチ連装砲塔がほぼ同サイズに収まることから、艦型の増大を抑えて五一センチ砲を搭載できる案として、これが選択されたようであった。

昭和十六年、⑤計画がまだ固まらない内に米国で両洋艦隊法案という太平洋と大西洋両海洋に対処した大規模な艦艇建造計画が成立して、日本海軍もこれに対抗せざるをえず、次の⑥計画を策定した。この計画では戦艦四隻、さらに⑤計画で二隻建造予定であった超甲巡をここでも四隻を建造することになっていた。この戦艦四隻は⑤計画の二隻と同じ五一センチ砲搭載艦であったと推定される。
これらの⑥計画までの計画艦がほぼ完成した昭和二十五年を想定した昭和二五年の戦時編成案は次のようなものであった。

第一艦隊
第一戦隊：新戦艦二（⑤計画）、新戦艦三（⑥計画）
第二戦隊：戦艦「大和」「武蔵」「信濃」、一一一号艦
第三戦隊：「長門」「陸奥」
第四戦隊：「扶桑」「山城」「伊勢」「日向」
第一航空戦隊：「赤城」「加賀」、「秋月」型直衛艦四
第九戦隊：「高雄」型重巡四
第一水雷戦隊：新軽巡一、駆逐艦一六
第三水雷戦隊：新軽巡一、駆逐艦一六
付属：特設空母三
第二艦隊
第五戦隊：超甲巡二（⑤計画）、超甲巡一（⑥計画）

第六戦隊：「比叡」「霧島」
第二航空戦隊：新空母二（⑤計画）、「秋月」型直衛艦四
第三航空戦隊：「翔鶴」「瑞鶴」「大鳳」、「秋月」型直衛艦六
第四航空戦隊：「蒼龍」、「飛龍」、「秋月」型直衛艦四
第五航空戦隊：「瑞鳳」「祥鳳」、駆逐艦二
第八戦隊：「利根」型重巡二
第一〇戦隊：「最上」型重巡四
第二水雷戦隊：新軽巡一、駆逐艦一六
第四水雷戦隊：新軽巡一、駆逐艦一六
付属：「龍驤」、秋月型直衛艦四

以上、主力の第一、二艦隊のみを抜粋してみた。一部加筆して③④計画の戦艦、空母及び改造空母は実際の艦名を当てはめてある。③から⑥計画までの計画艦が全て完成すれば、四六センチ砲搭載新戦艦五隻、五一センチ砲搭載新戦艦六隻、超甲巡六隻の主力艦が揃うはずであるが、この編成では戦艦では四六センチ砲搭載艦一隻、五一センチ砲搭載艦一隻、超甲巡三隻が欠けており、これらがまだ未完成なのか、整備中の想定なのかは不明である。

この間、太平洋戦争が勃発しない平時状態が続いたとして、果たして当時の日本の造艦能

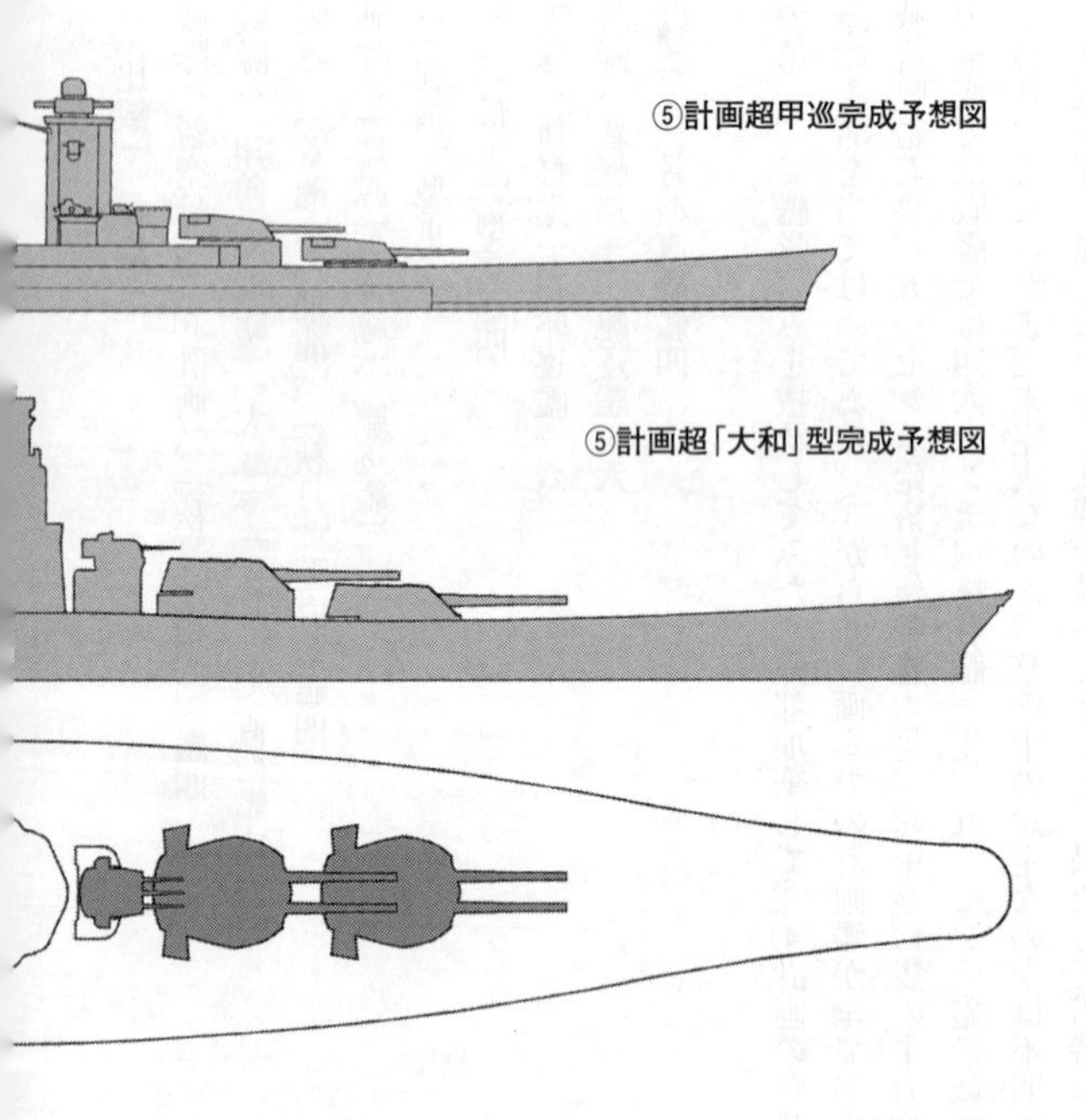
⑤計画超甲巡完成予想図

⑤計画超「大和」型完成予想図

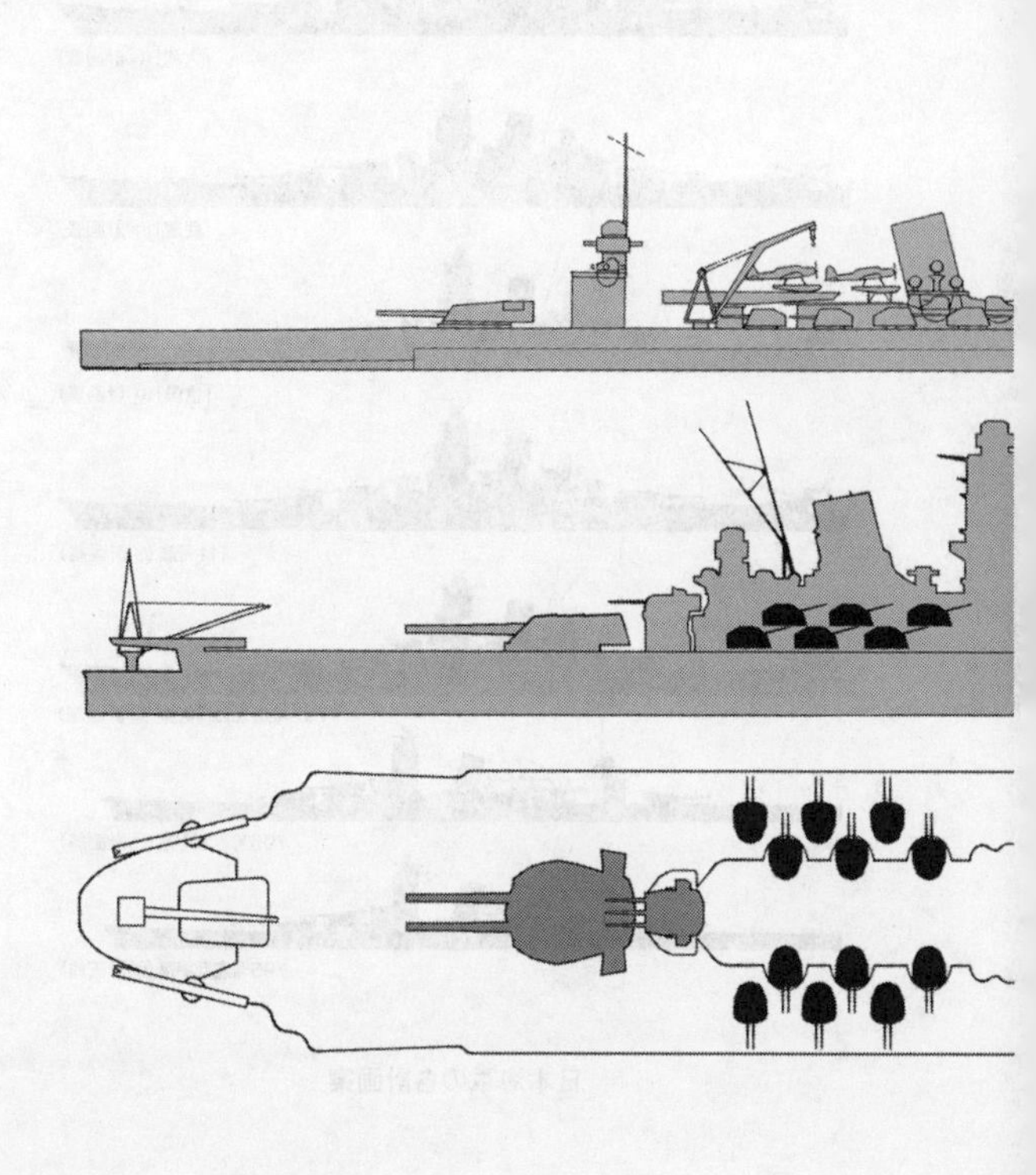

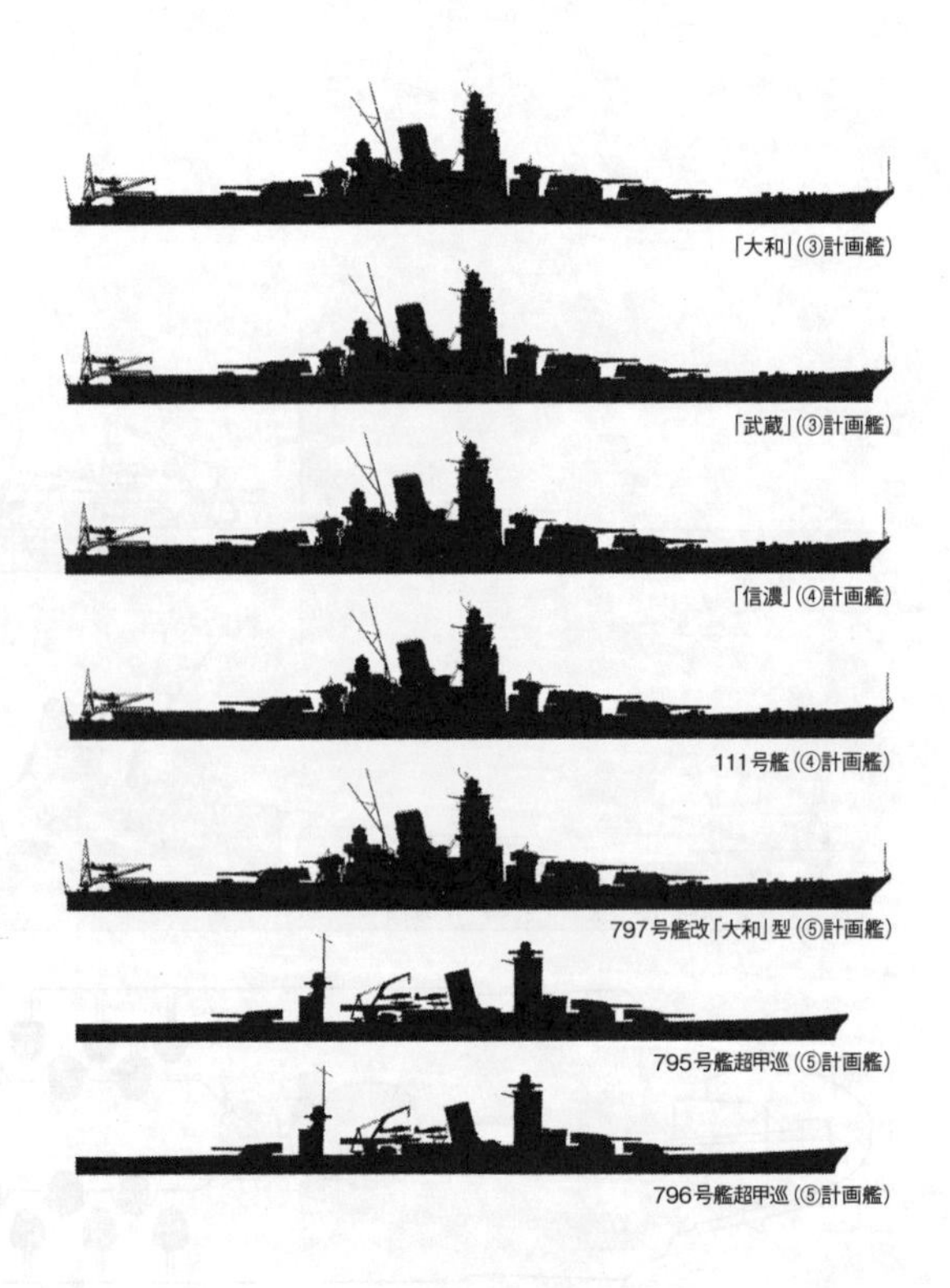

「大和」(③計画艦)
「武蔵」(③計画艦)
「信濃」(④計画艦)
111号艦(④計画艦)
797号艦改「大和」型(⑤計画艦)
795号艦超甲巡(⑤計画艦)
796号艦超甲巡(⑤計画艦)

日本海軍の各計画案

超「大和」型 798 号艦（⑤計画艦）
超「大和」型 799 号艦（⑤計画艦）
超「大和」型 3 番艦（⑥計画艦）
超「大和」型 4 番艦（⑥計画艦）
超「大和」型 5 番艦（⑥計画艦）
超「大和」型 6 番艦（⑥計画艦）
超甲巡 3 番艦（⑥計画艦）
超甲巡 4 番艦（⑥計画艦）
超甲巡 5 番艦（⑥計画艦）
超甲巡 6 番艦（⑥計画艦）

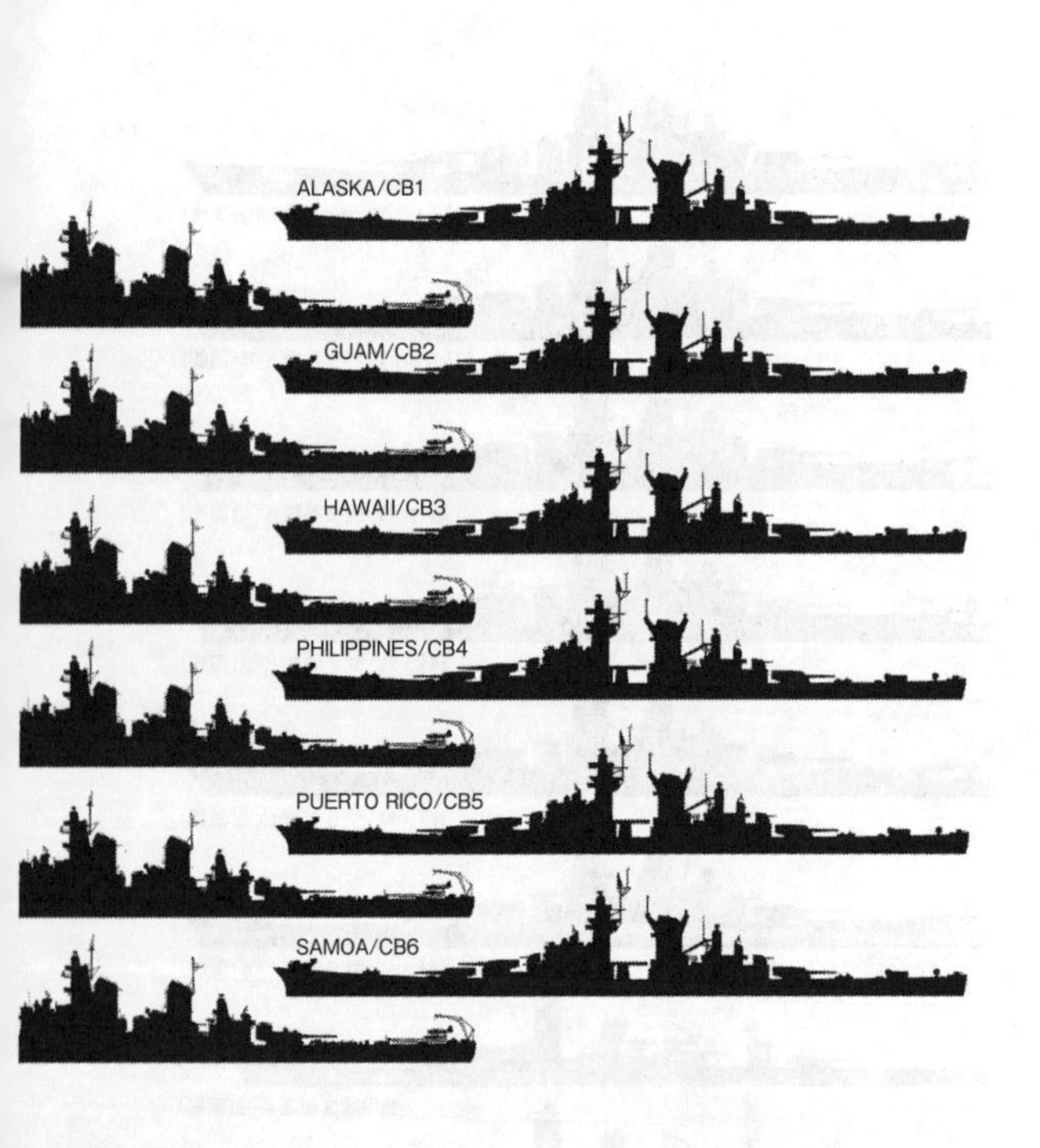
ALASKA/CB1
GUAM/CB2
HAWAII/CB3
PHILIPPINES/CB4
PUERTO RICO/CB5
SAMOA/CB6

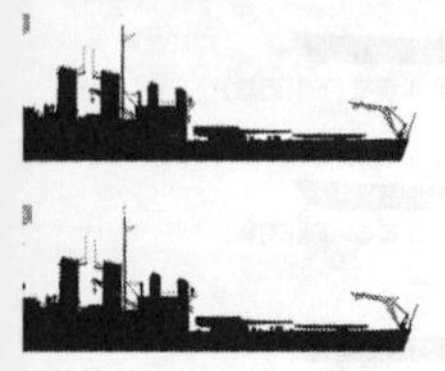

米海軍の両洋艦隊案

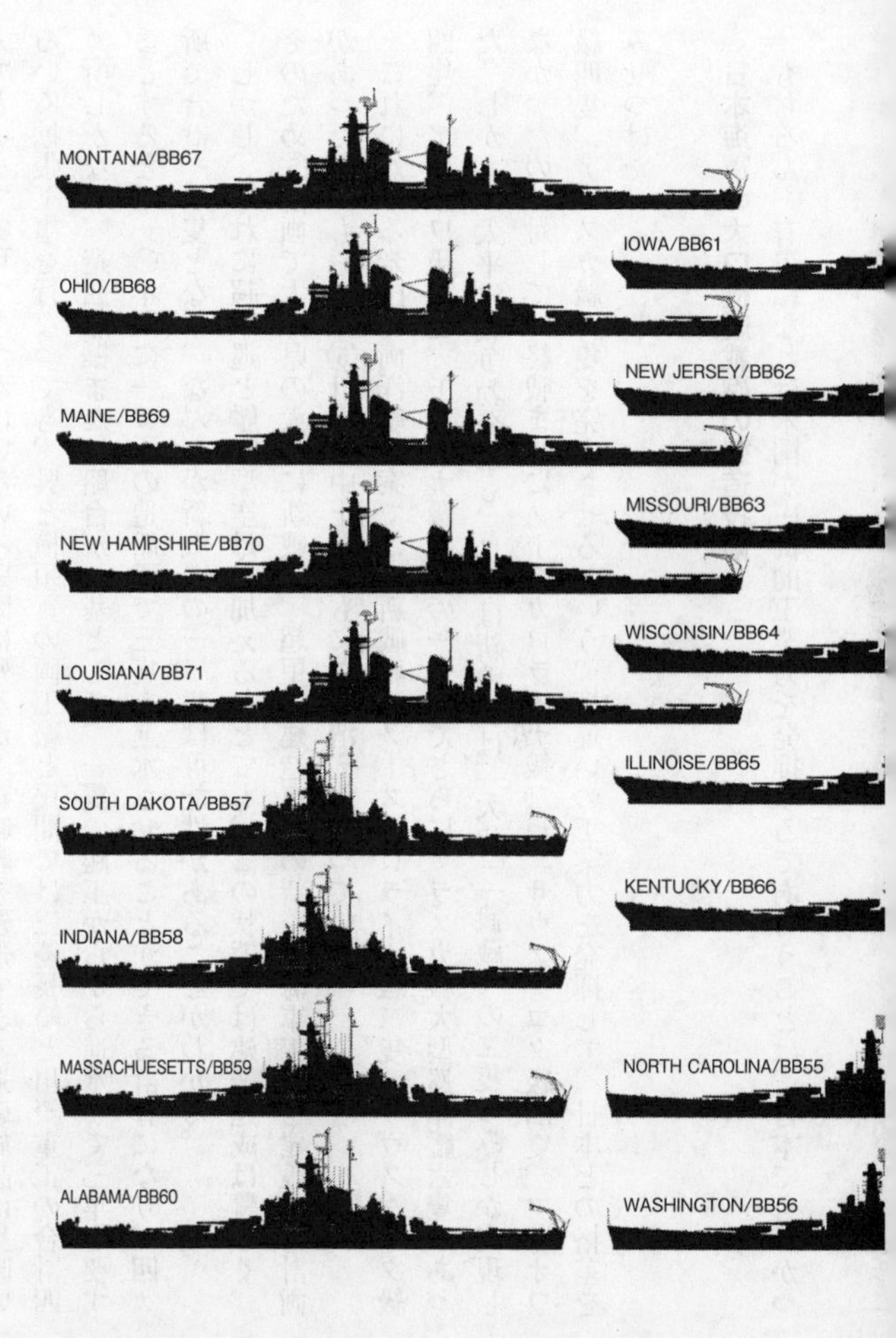
MONTANA/BB67
IOWA/BB61
OHIO/BB68
NEW JERSEY/BB62
MAINE/BB69
MISSOURI/BB63
NEW HAMPSHIRE/BB70
WISCONSIN/BB64
LOUISIANA/BB71
ILLINOISE/BB65
SOUTH DAKOTA/BB57
KENTUCKY/BB66
INDIANA/BB58
MASSACHUESETTS/BB59
NORTH CAROLINA/BB55
ALABAMA/BB60
WASHINGTON/BB56

力でどこまで実現できたかはいろいろ疑問は残るが、新戦艦を建造できる造船施設は当時いろいろ拡張工事を行なっても、呉と横須賀の両工廠と民間では三菱長崎と川崎重工の合計四ヵ所しかなく、造船船渠または船台が一基として、一隻の起工から進水まで三年を要するとすると、一〇年間に一ヵ所の造船所で三隻を進水させることができる計算になり、四ヵ所で合計一二隻となり、なんとか新戦艦の一一隻は可能性があることがわかる。

しかし、これに超甲巡と艦隊型空母を加えるとても、この状態では建造達成は難しく、そのため⑤計画で大分県の大神に新戦艦、超甲巡建造専門の新たな海軍工廠を建設する計画があったが、もちろん⑤計画の中止とともにたち消えとなっている。

これに対する米国の両洋艦隊案では、新戦艦はノースカロライナ級二隻、サウスダコタ級四隻、アイオワ級六隻、モンタナ級五隻の一七隻でさらにアラスカ級大型巡洋艦六隻があった。しかも、太平洋戦争勃発後も、日本は新戦艦は「大和」「武蔵」の二隻のみしか実現しなかったのに対して、終戦までにノースカロライナ級二隻、サウスダコタ級四隻、アイオワ級四隻、アラスカ級二隻を完成させるという、桁違いの工業力を発揮して、日本との格差をみせつけた。

日本海軍の大口径艦載砲の製造技術

もちろん、有事になれば米国が圧倒的工業力を発揮するであろうことは、日本でもわかっていたと思われ、そのために、四六センチ砲さらには五一センチ砲という大口径砲を採用することで質的凌駕をはかろうとしたものであったが、とてもそんな小細工が通じる相手ではなかった。

日本海軍は昭和十六年初めの高等技術会議で⑤計画新戦艦七八九号艦、七九〇号艦に五一センチ砲の搭載を決定して、甲砲と称して正式に開発に着手、同年六月に呉海軍工廠に対して試作訓令がだされた。予定では砲身二門と砲架、砲鞍部を試作するはずであったが、開戦後、ミッドウェー海戦後の新戦艦中止にともなって、試作も中止された。

試作の砲身一門は尾栓取り付け直前、砲架、砲鞍部、駐退機、推進機は完成寸前だったという。この甲砲は口径五一センチ、砲身全長二三・五六メートル、同重量二二七トンの四五口径砲であったという。

砲塔のローラーパス直径は一二・〇メートル（四六センチ砲一二・二七四メートル）、バーベット直径一五・〇四メートル（四六センチ砲一四・七四メートル）となっているが、旋回部二七八〇トン（四六センチ砲二五一〇トン）と大和型の四六センチ三連装砲と五一センチ連装砲塔はほぼ同一となっている。砲塔装甲は前盾厚八〇〇ミリ、天蓋二九五ミリと凄い数字になっているが、これは五一センチ砲の対応防御を考慮した数字と思われる。

この時期の日本海軍にかつての藤本案のように五一センチ砲を搭載しても、防御は対一六インチ砲にとどめて三〇ノット以上の高速を具備した高速戦艦に対する考えがあったかどう

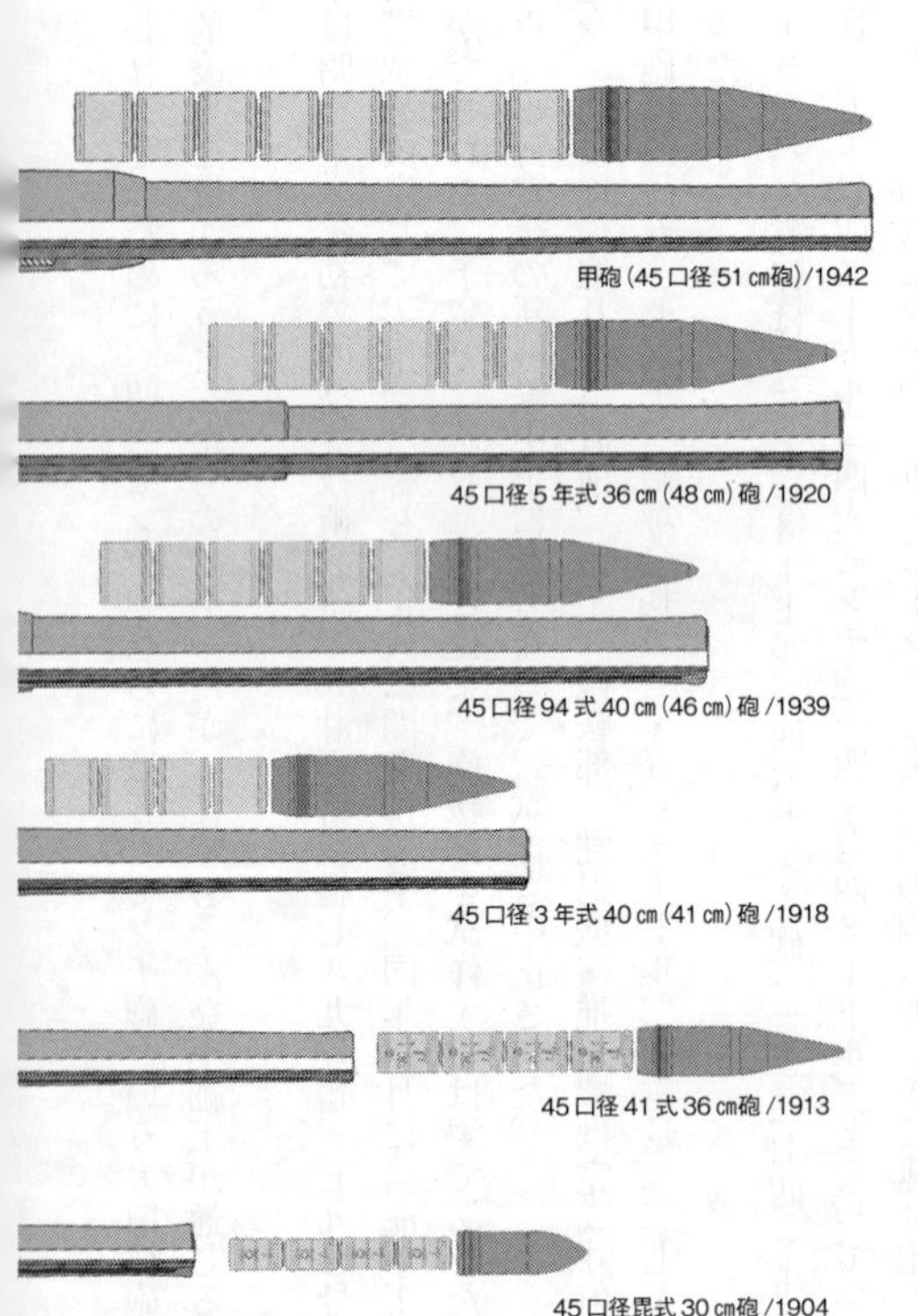
甲砲(45口径51㎝砲)/1942
45口径5年式36㎝(48㎝)砲/1920
45口径94式40㎝(46㎝)砲/1939
45口径3年式40㎝(41㎝)砲/1918
45口径41式36㎝砲/1913
45口径毘式30㎝砲/1904

各砲身と砲弾の比較

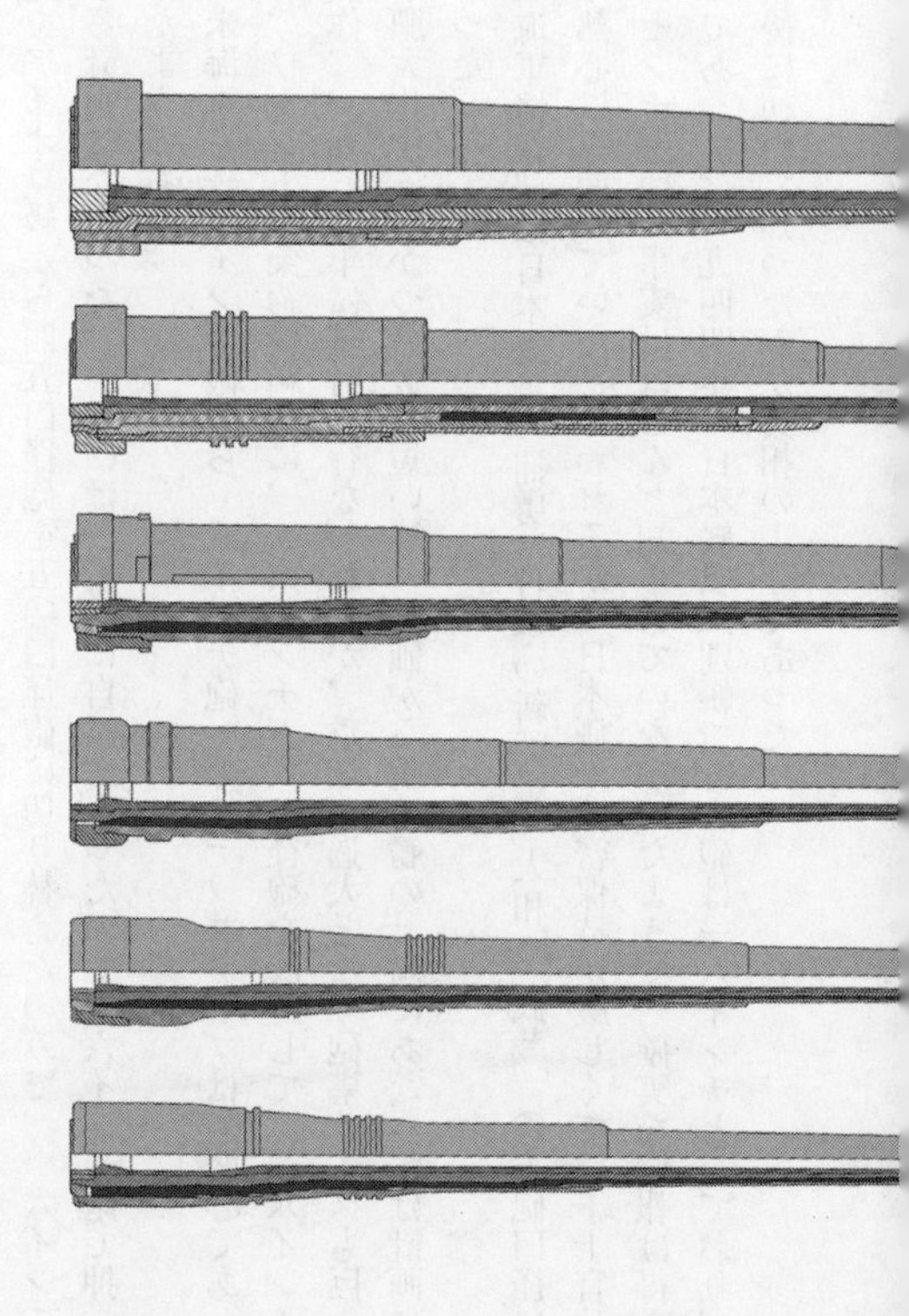

かは明確でないが、米国がアイオワ級高速戦艦の建造を公表していたことは承知していたはずで、その意味では、⑥計画の五一センチ砲搭載艦四隻は防御を対四一センチ砲または対四六センチ砲におとして、速力三〇ノット以上の高速戦艦仕様としてほしかったと思う。

事実、米海軍は新戦艦搭載主砲の大口径化に日本海軍のようにあまり神経を使っておらず、一六インチ砲をアイオワ級から四五口径砲を五〇口径砲に切り替えたのみで、一六インチ砲を大口径化する計画はなかった。一つには、量的に自信があったので一六インチ砲で押しまくる方針だったようである。

もちろん、米海軍も一六インチ砲から一八インチ砲へのステップアップは無関心であったわけではなく、ワシントン条約締結時に、一六インチ五六口径砲を改造して、一八インチ四七口径砲を試作、一九二七年に試射も行なわれたが、重量が過大となり砲塔サイズも巨大となって船体が肥大化する、かつ命数も短い等の評価から新戦艦の計画にあたっては計画にはふくまれなかった。

大戦中に米海軍情報部は日本海軍の捕虜に日本の新戦艦「大和」「武蔵」の主砲口径について、かなり熱心に尋問していたといわれるが、日本側の機密保持が厳しくて、下士官兵クラスでは四六センチという事実はほとんど知られていなかったようで、確実な情報は得られなかったようであった。一九四四年の日本艦艇識別帳でも主砲は一六インチとしており、最終的には終戦後に初めて知ったのが真相のようであった。

米戦艦はパナマ運河通行のためアイオワ級までは艦幅最大三三メートルを保ってきたが最後のモンタナ級では艦幅を三六メートルまで広げて、運河通行を断念して大型船体を具備しており、搭載する気なら一八インチ連装砲四基に置き換えることも可能であったし、砲の製造もし決定すればそれほど時間はかからなかったと思われた。

終戦後、米海軍は亀が首試射場にあった「信濃」用の四六センチ砲身と砲架、さらに砲塔前盾等を持ち帰ってテストを行なったらしく、ワシントン海軍工廠にはこの前盾を米海軍の一六インチ五〇口径砲で撃ち抜いたものが展示されており、どのような状態で撃ち抜いたかは不明なるも、米海軍としては自国の一六インチ砲で十分「大和」型戦艦に対抗できるということを、この「大和」型の最大厚の甲鈑を打ち抜くことで証明したかったようである。

甲砲と同時に計画された乙砲は超甲巡に搭載する三〇センチ五〇口径砲で、これの試作も予定されていたが、これは着手前に中止している。なお、超甲巡には三六センチ砲の搭載も考慮されていたといわれているが、これも計画段階で終わっている。

終戦により日本海軍の大口径艦載砲の製造技術と施設は解体され、大型機械は賠償の対象となり、一部は破壊されてしまった。呉海軍工廠砲塔工場等は現在民間の会社に払い下げられ、砲塔を組み立てた巨大なビットと呼ばれた深さ二〇メートル以上もある縦穴もとうに埋め立てられてしまったであろう。もちろん、戦艦そのものが第二次大戦を契機に列強海軍から消え去る運命にあり、大口径艦載砲の歴史も幕を閉じたのである。

雑誌「丸」平成二十七年二月号〜平成三十年四月号隔月連載
・原題「日本海軍『大口径艦載砲』史」に加筆訂正

あとがき

今日、かつての日本帝国海軍に関する様々な史料、文献が残存する中で、砲熕兵器に関するものは極めて限られたものしかない。もちろん、終戦時に多くが焼却されたという状況はあるが、戦前から機密性が高いことからも海軍工廠の各記録からも公開されることなく、関係者のみ知ることであった。

戦後、旧海軍技術者がそれぞれの分野で資料を収集して、関係者の記憶等をまとめた記録文献を公刊しているが、その中で『海軍砲術史』は唯一の文献だが、文字どおり砲術に関するソフト面に主体を置いた内容で、ハード面に関しては極めて不十分である。

旧海軍の技術者の中で、造船や造機とともに造兵関係者はけっして少なくなかったが、戦後、すぐに資料の収集や関係者の記憶を記録する機会のなかったのも影響していよう。

もっとも『海軍砲術史』が発刊された昭和五十年当時、実は防衛庁に昭和三十三年に米国から返還された、終戦時に米国が接収した膨大な旧海軍の図面、技術資料があったのである。防衛庁自体がその整理保管に関心がなく、整理、目録作成を外部に委託したが、その過程で特に造船関係図面はめぼしいものが大量に間引きされ、残ったのは枝葉のものしかなかった。ただ、造兵関係資料は一〇〇〇箱余があって、持て余した技術研究本部では、これらを土浦の武器学校にしばらく置いておき、平成になって、それらを防衛研究所の図書館で整理を開始したという話もあったが、まだ一般公開は実現していない。

もし、当時関係者がこの事実を知っていたらと思うが、後の祭りである。

そうしたことで、戦後七十余年たってもまだ、旧海軍の砲熕兵器に関する基本文献は皆無である。本書は、その意味ではほんのさわりに過ぎない。

数年前に他界した遠藤昭氏が生前、出版目的で執筆した「日本陸海軍大口径砲史」のゲラ刷りを同好会の会員に配布したものが残っているが、出版されていれば、この手の文献としては稀有な存在となったであろう。もちろん、本書はこの原稿に触発された部分は大きく、データ的に引用させていただいたところも多い。

主要な砲のデータは極力同一フォームに諸元表としてまとめるように努めたが、未知の数値も多く、資料による差異も多く、なかなか難しい作業だった。

砲熕兵器の中でも最も機密度の高かった戦艦「大和」の四六センチ砲に関する資料、データ類が最も多く明らかになっているのも何か皮肉である。

平成三十年五月

著　者

NF文庫

日本海軍の大口径艦載砲

二〇一八年八月二十一日　第一刷発行

著　者　石橋孝夫

発行者　皆川豪志

発行所　株式会社　潮書房光人新社

〒100-8077　東京都千代田区大手町一-七-二

電話／〇三-六二八一-九八九一㈹

印刷・製本　凸版印刷株式会社

定価はカバーに表示してあります

乱丁・落丁のものはお取りかえ致します。本文は中性紙を使用

ISBN978-4-7698-3081-8　C0195

http://www.kojinsha.co.jp

NF文庫

刊行のことば

第二次世界大戦の戦火が熄んで五〇年——その間、小社は夥しい数の戦争の記録を渉猟し、発掘し、常に公正なる立場を貫いて書誌とし、大方の絶讃を博して今日に及ぶが、その源は、散華された世代への熱き思い入れであり、同時に、その記録を誌して平和の礎とし、後世に伝えんとするにある。

小社の出版物は、戦記、伝記、文学、エッセイ、写真集、その他、すでに一、〇〇〇点を越え、加えて戦後五〇年になんなんとするを契機として、「光人社NF（ノンフィクション）文庫」を創刊して、読者諸賢の熱烈要望におこたえする次第である。人生のバイブルとして、心弱きときの活性の糧として、散華の世代からの感動の肉声に、あなたもぜひ、耳を傾けて下さい。